우리 곁에 온 미래

4차 산업혁명

하용만 · 장종욱 지음

호모사피엔스의 한계를 넘다

HS 도서출판 한산

들어가는 말

인류는 역사상 대부분의 시기를 자급자족 구조를 유지해왔었다. 필요한 것을 직접 채집하거나 사냥하여 소비하는 수렵채집시대였던 약 7만 년 전 인류는 인지혁명을 통해 지구상 모든 생물종을 제치고 지구의 지배자로 등극하였다. 그리고 약 일만 이천년 전 인류 역사상 두 번째 혁명인 농업혁명을 통해 생산자이면서 동시에 소비자인 시대를 열었다. 인지혁명의 핵심은 소통이었다. 소통을 통한 협업 네트워크 덕분에 호모사피엔스들은 신체적 악조건을 극복하고 매머드를 사냥할 수 있었으며 지구의 지배자가 될 수 있었다. 농업혁명은 흩어진 무리를 한군데로 모으는 역할을 했다. 문화, 예술, 국가, 정치의 토대가 형성되기 시작한 것이다. 이후 문자와 화폐가 발명되기까지 우리의 조상들은 풍족하지는 못했지만 자연과 교감했으며, 개인이 생산과 소비의 주체였다. 스스로 자연과 우주의 일부분임에 만족하며 행복함을 느꼈을 것이다.

이 견고했던 삶의 방식은 18세기 시작된 인류의 세 번째 혁명인 과학혁명으로 인해 완전하고 불가역적으로 바뀌었다. 우리는 이를 제1차 산업혁명이라 부른다. 이를 통해 생산과 소비는 완전히 분리되었고 모든 것이 분업화되었으며 2차, 3차 산업혁명을 거치면서 인류는 역사상 경험하지 못한 풍요를 누리게 되었지만, 개성을 잃고 행복을 잃고 1%를 제외한 99%가 생산을 위한 소모재로 전락하였다. 하지만 사람은 부품이나 소모재로 취급받길 원치 않는다. 그렇다고 산업혁명 이전으로 역사를 되돌 릴 수도 없다.

4차 산업혁명은 인류의 풍요를 유지하면서 동시에 인간의 가치를 회복하고자하는 욕구로부터 시작되었다. 획일화, 중앙 집중, 폐쇄적 독점, 양극화로 대변되는 지나간 산업혁명의 어두운 그림자를 걷어내고 개인의 개성을 살리는 맞춤, 개인이 권력을 나눠 갖는 분권, 폐쇄성을 걷어낸 개방의 가치가 바로 4차 산업혁명의 지향점이다.

역사는 항상 변하여 왔다. 특히 격변의 시기에 변화의 흐름을 정확히 읽은 사람이 승자가 되었다. 지나간 산업혁명은 백년이 넘는 기간에 걸쳐 진행되어 인류가 이에 적응하고 대처할 충분한 시간이 있었다. 그러나 지금은 우리의 인지능력이 기술의 발전을 따라잡지 못하는 시대가 되었다.

4차 산업혁명은 이미 시작되었다. 지금의 코로나19 팬데믹 상황은 다소간 모호했던 4차 산업혁명의 개념을 현실화시키면서 이를 앞당기는 기폭제 역할을 할 것이다. 변화의 흐름과 방향성을 제대로 파악하면 성공의 자리에 오를 수 있다. 그렇지 않으면 그 반대의 자리에 있게 될 것이다.

이 책에서는 4차 산업혁명이 지금 우리에게 어떤 의미인지, 4차 산업혁명의 지향점과 기반기술은 무엇인지를 쉽게 풀어쓰고자 노력했다. 특히 4차 산업혁명의 엔진 역할을 하게 될 블록체인에 대하여 좀 더 많은 지면을 할애하여, 초보자도 개념을 파악할 수 있도록 하였다.

우리는 미래를 알 수 없지만, 외면하거나 무시한다고 미래가 비껴가지는 않을 것이다. 4차 산업혁명은 이미 우리 곁에 온 미래이다.

2021. 2. 1

웨스트비사야주립대학 특임교수 하 용 만

동의대학교 컴퓨터공학과 교수 장 종 욱

목 차

II. 작은 발걸음, 거대한 도약

III. 블록체인, 웹 3.0시대의 서막

"모든 사람들이 오로지 신을 위해 종사하며 살아야 했던 중세 암흑기를 오늘의 우리가 도저히 이해하지 못하는 것처럼, 오로지 돈을 위해 종사하며 살고 있는 우리를 수 백 년 뒤의 사람들은 도저히 이해하지 못할지도 모른다."

- 에리히 프롬 -

제1장 우리 곁에 온 미래, 4차 산업혁명

1.1 4차 산업혁명의 등장 배경

약 38억 년 전 지구라는 행성이 탄생한 이래 인류가 지구상의 주인이 된 결정적인 이유는 사피엔스 종에 의한 인지혁명일 것이다. 다른 생명체와 달리 사피엔스 종은 문화와 예술을 즐겼으며 소규모 집단을 이루어 수렵과 채집을 통해 생활 하였다. 필요한 만큼 사냥했고, 부족하면 적게 먹었던 수렵채집생활은 약 일만 이천년 전 '농경'이라는 첫 번째 혁명에 의해 큰 변화를 맞이하게 된다.

농업혁명 이후 18세기 1차 산업혁명이 있기 전까지, 지구상 전체 부의 약 80% 이상이 중국과 인도를 중심으로 한 아시아 국가에 집중되어 있었다. 사실 18세기 이전의 유럽은 마녀사냥이 횡행하는 등 아시아 국가들과는 비교 자체가 안 될 정도로 법과 제도가 미비한 상황이었다. 특히 중세유럽을 강타한 흑사병은 전체 유럽인구의 3분의 1을 죽음으로 내몰며 유럽을 궤멸시키다시피 하였다. 이러했던 유럽이 르네상스와 대항해시대를 거치면서 인류역사의 전면에 나서게 된다. 유럽 국가들이 취했던 중상주의 정책 덕분이었다. 이러한 정책은 광업과 철강 산업의 발달과 증기기관의 발명으로 이어졌고 역사상 최초로 인공동력의 시대를 열었다. 크게 높아진 생산성은 1차 산업혁명의 기폭제가 되었다. 농업사회에서 공업사회로의 역사적인 전환이 시작된 것이다.

현재 우리의 삶의 방식은 대부분 이 때의 산업혁명이 만들었다. 심지어 하루에 세끼 밥을 먹기 시작한 것도 길어야 200~300년 이내에 이뤄진 일이다.

1차 산업혁명이 시작된 이후 효율을 위해 분업이 일반화되었고, 인류는 빈곤으로부터 해방되었다. 그러나 산업혁명이 좋은 것만 가져다 준 것은 아니었다. 생산성 효율의 극대화에 따른 과잉생산과, 그로인한 잉여생산품 해결을 위한 제국주의 국가들의 식민지 침탈 등 인류는 그때까지 지켜왔던 수많은 인간다움을, 산업혁명이 가져다 준 '풍요'와 맞바꾸는 상황과 마주하게 되었다.

4차 산업혁명이 무엇인지 알기 위해서는 지나간 산업혁명의 한계와 어두운 그림자에 대한 깊이 있는 이해가 선행되어야 한다. 지나간 산업혁명이 완벽했다면, 새로운 산업혁명은 필요 없었을 테니깐.

1.1.1 지나간 산업혁명이 남긴 과제, 그리고 4차 산업혁명

농경생활이 확산되면서 지구상의 숲은 급속도로 사라지기 시작했다. 농경에 따른 인류의 정착생활이 일반화 되면서 집을 지을 목재와 땔감용 장작에 대한 수요 급증으로 인해 숲의 면적이 줄어든 것이다. 하지만 이때까지는 숲이 어느 정도의 자생력을 유지하고 있었다. 그러나 중세 이후 유럽의 숲은 이러한 자기 복원력을 상실하게 된다. 흑사병 이후 봉건영주제도가 무너지면서 농노들은 더 이상 영주의 땅에 머무를 이유가 없었으며 이들이 도시로 이주하면서 주변의 숲이 초토화되기 시작한 것이다.

이에 잉글랜드의 엘리자베스 1세 여왕은 강으로부터 20km 내에서의 벌목을 금지하는 법안을 통과시키게 된다. 그런데 이러한 목재에 대한 규제는 석탄수요의 증가로 이어졌고, 석탄광산의 채굴 깊이는 점점 깊어졌다.

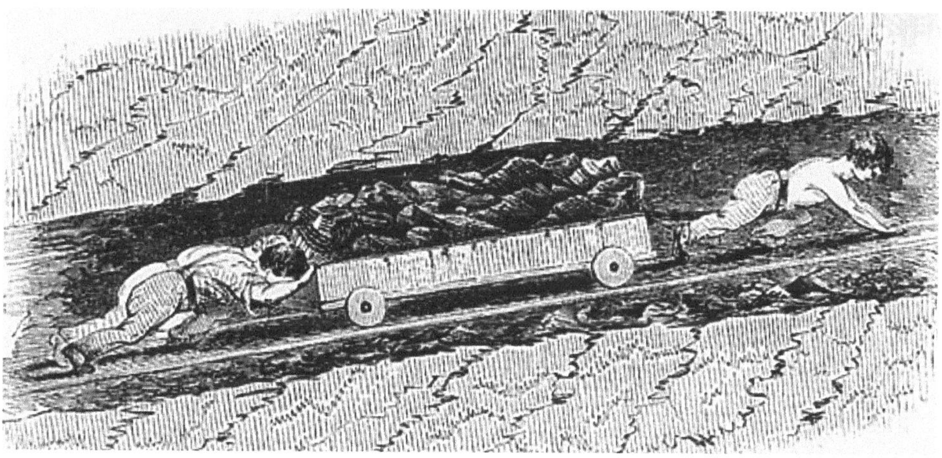

그림 1. 랭카셔에 있는 탄광에서 석탄수레를 끄는 아이들(1840년경). 앞에 있는 한 소년은 엉덩이께에 가죽띠를 두르고 있으며, 수레 앞에 매인 쇠사슬이 이 가죽띠에 연결되어 소년의 허벅다리 사이를 지나고 있다. 그리고 다른 두 명의 소년은 석탄이 가득실린 수레를 뒤에서부터 밀고 있다.

이 당시 유럽 아동의 노동력 착취는 차치하고(이 시기 영국의 탄광 노동자의 평균수명은 20살이 안되었다), 광산 지하에서 흘러나오는 지하수를 뽑아내는 일은 가장 힘들고 위험한 일이었다. 체인에 물 양동이를 걸어 수동으로 물을 퍼내는 방식에는 한계가 있었다. 이 문제를 해결한 것이 '증기기관' 이다. 증기기관의 기본원리는 다음과 같다. 피스톤을 삽입한 실린더 안에 수증기를 주입하면 피스톤이 밀려 올라갈 것이다. 그런 다음 수증기를 응축시켜 진공을 만들면 외부 대기 압력과 실린더 내부 압력 차이로 인해 피스톤이 아래로 내려갈 것이다. 이 피스톤에 양동이를 연결하면 사람이 물을 퍼올리지 않아도 피스톤의 상하운동에 따라 물을 퍼 올릴 수 있다. 역사상 최초로 증기 압력의 힘으로 물체를 움직일 수 있다는 아이디어는 기원전 250년경에 아르키메데스(Archimedes, B.C 287 ~ 212)에 의해 시도되었었다. 그는 증기 압력으로 발사되는 대포를 제작했다고 한다. 아르키메데스의 아이디어는 약 1,900여년이 지난 후 다시 시도되었다. 최초의 도전자는 영국의 군사 기술자 토머스 세이버리(Thomas Savery, 1650 ~ 1715)였다.

그림 2. 세이버리가 1698년 만든 증기장치
사진출처 : 위키피디아

1698년 세이버리는 용기에 증기를 밀어 넣은 후 용기를 식혀서 진공을 만들고, 진공력으로 지하수를 빨아올리는 방식의 증기기관을 선보였다.
하지만 그의 기계로는 30m 이상 깊이의 물을 퍼 올릴 수 없었고, 결국 상용화에 실패하고 만다.
두 번째 도전자인 영국의 발명가 토머스 뉴커먼(Thomas Newcomen, 1664 ~ 1729)은 세이버리의 제품을 개선해 1712년에 증기기관의 상용화에 성공한다.

그림 3. 1712년 뉴커먼의 증기기관

그러나 뉴커먼의 기계도 불필요한 열손실이 많았고 석탄 소모량도 많은 결점을 안고 있었다.

이에 스코틀랜드인 제임스 와트(James Watt, 1736~1819)는 열효율성을 높이면서도 석탄 소모량은 4분의 1이하로 줄인 증기기관을 개발하여 1769년 1월에 특허를 취득하고, 1776년에 본격적으로 상용화하였다.

와트의 증기기관은 가히 혁명적이었으며 영국을 '세계의 공장'으로 이끌었고 제1차 산업혁명을 통해 인류를 농업사회에서 공업사회로 전환시키는 원동력이 되었다.

그림 4. 와트의 증기기관 장치

와트의 증기기관은 방적기, 제철소, 군수산업 등 거의 모든 공장으로 보급되었다. 그러나 강가에 들어선 공장주변으로 사람들이 모여들면서 급작스런 도시화에 따른 도시오염, 환경오염, 열악한 주거환경 등은 풀어야 할 과제로 남게 된다.

그림 5. 산업혁명기 영국 도시 모습. 오염된 공기가 도시 전체를 뒤덮고 있다.

1차 산업혁명과 신흥 자본주의의 결합은 2차 산업혁명으로 이어졌다. 에디슨(Thomas Edison, 1847. 2~1931. 10)과 테슬라(Nicola Tesla, 1856. 7~1943. 1)간 전류전쟁까지 불러왔던 전기에너지가 산업 곳곳에서 사용되면서, 물가에 있던 공장들이 전국 곳곳으로 확산 될 수 있는 토대가 마련되었다.

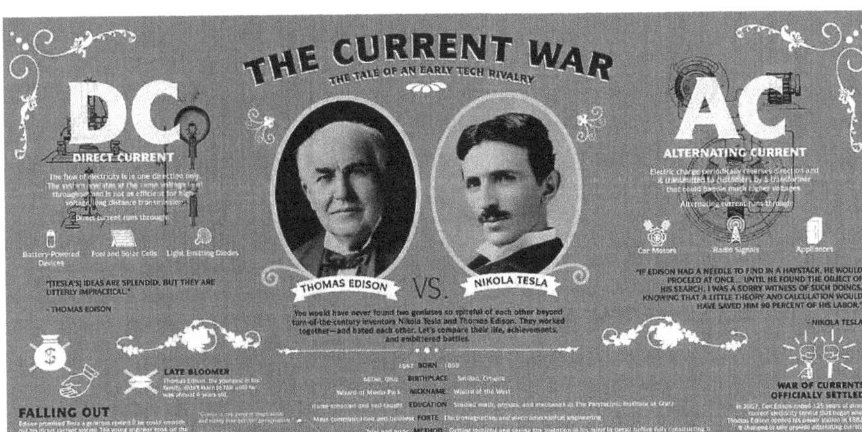

그림 6. DC Vs. AC 전류전쟁. 사진출처 : sagansense.tumblr.com

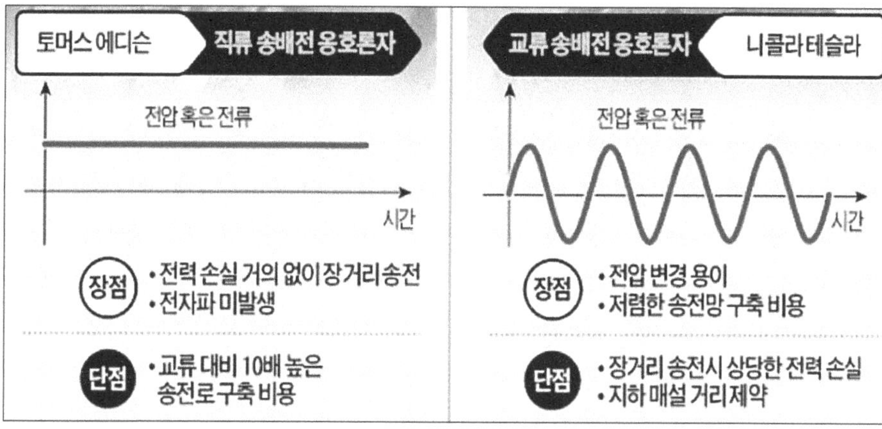

그림 7. 직류와 교류 비교. 자료출처 : 한국경제신문

효율성을 중시한 소품종 대량생산체제의 대중화로 인류는 이전에 경험하지 못한 '풍요'를 누릴 수 있게 되었다. 그러나 대량 생산체제는 필연적으로 과잉생산으로 이어졌고, 잉여제품을 처분할 시장 확보를 위한 식민지 쟁탈전이 벌어지고 신제국주의 출현으로 이어졌다. 이는 1차 세계대전(1914. 7~1918. 11)과 2차 세계대전(1939. 9~1945. 9) 발발의 빌미가 되어 인류는 역사상 유래를 찾기 힘든 참혹한 참상을 겪게 된다. 이 밖에도 규모의 경제를 내세운 과잉경쟁, 승자독식에 따른 독과점, 잉여생산품과 실직에 따른 주기적 불황, 소품종 대량생산의 결과물인 획일화와 개성상실 등의 폐해는 3차 산업혁명 시기에도 여전히 이어지며 오히려 골을 깊게 만들었다.

1차, 2차 산업혁명을 거치면서 인류는 생산자에 의해 좌우되는 새로운 경제체제에 접어들었다. 물건을 필요한 수요에 맞게 생산해서 소비하는 방식이 아니라, 과잉으로 생산한 후 여기에 맞게 수요를 창출하는 것이 2차 산업혁명을 관통한 자본주의의 핵심이다.

1, 2차 산업혁명의 유산을 고스란히 물려받은 3차 산업혁명은 컴퓨터, 인터넷, 스마트폰 등 혁신적인 기술의 발명이 이어졌던 시기이다. 인터넷은 국가 간 장벽을 허물어 글로벌경영을 가능하게 만들었다. 본사에 앉아서 각 국가별 원산지 관리가 가능하게 된 것이다. 이렇게 세계가 하나로 연결된 3차 산업혁명은 생산효율성을 극단적으로 심화시켰을 뿐 아니라 인터넷과 모바일 기술을 기반으로 한 플랫폼 중심산업을 강화시켰다. 소비자의 선택을 선점한 플랫폼 기업의 독과점은 점점 강화되었고 플랫폼산업을 장악한 국가가 3차 산업혁명시대를 주도하였다.

인류는 증기기관의 발명으로 인간근육을 대체할 기계를 만난 후, 전기에너지를 통해 동력을 얻었고 컴퓨터와 인터넷의 등장으로 지적인 프로그램을 부여받게 되었다.

지나간 1차부터 3차까지의 산업혁명의 공통점은 공업화, 소품종 대량생산, 효율성의 극대화, 권력의 중앙 집중화, 과도한 경쟁과 폐쇄적 운영방식 등이다.

포드자동차의 창업자 헨리 포드는 "다양한 색상의 차량을 만들어서 소비자가 선택할 수 있게 해 줄 수 없느냐"는 리포터의 질문에 "우리 고객들은 어떤 색의 차도 선택할 수 있습니다. 검정색이기만 하면"이라고 대답했다. 소비자가 아닌 생산자가 시장을 주도하는 패러다임이 당연시 되었던 당시 상황을 보여주는 대표적인 사례라 할 수 있다. 산업혁명 이후 획일화에 의한 인간 개성의 실종과 중앙 집중 및 폐쇄적 독점은, 인간본성에 반하는 어두운 그림자가 물질적 풍요라는 치장을 통해 인류를 장악한 결과물인 것이다.

지금 시작되고 있는 4차 산업혁명은 역사 대부분 시기에 인간이 누렸던 욕구를 회복하고자 하는 것이다. 사람은 부품으로 취급받길 원치 않는다. 획일적 제품보다 자신에게 맞는 제품과 서비스를 좋아한다. 그리고 스스로 삶의 방향을 결정할 권리를 갖길 원한다. 풍요라는 선물을 유지하면서 대중이 권력을 나눠 갖는 맞춤, 개방, 분권의 세상, 이것이 바로 4차 산업혁명이 대두된 이유이고, 4차 산업혁명의 지향점이다.

1.2 코로나19 Vs. 흑사병

1.2.1 인류 최초의 과학혁명은 왜 유럽에서 시작되었나?

약 일만 이천년 전 인류는 농업혁명을 통해 정착생활을 시작했다. 그 후 18세기 1차 산업혁명이 있기 전까지 지구상 전체 부와 기술문명의 주도권은 아시아 국가에 집중되어 있었다. 사실 중세시대의 유럽은 국가라고 규정하기도 어려 울 정도로 제도와 문명, 기술이 미약한 상황이었다. 특히 14세기 중세 유럽을 휩쓴 흑사병은 유럽 대륙 전체를 초토화시키며 기존의 종교, 문화, 철학, 정치 등 모든 것을 뒤엎어 버렸다. 신본주의가 설 자리를 잃고 인본주의가 대두되면서 새로운 판이 짜여 질 토대가 마련 된 것이다. 이러했던 유럽이 16세기 중상주의 정책에 기반을 둔 식민지 확장과 1차 산업혁명을 거치면서 인류현대사의 주인공이 된다. 기계가 인간의 노동을 대체한 역사적 사건이 유럽에서 시작된 것이다. 기초기술을 가르치기 위한 현대적 의미의 학교가 생겨났고 자연인이 아닌 '법인'이라는 인격을 부여받은 '회사'라는 조직이 생겨난 것도 산업혁명의 결과물이다. 인류의 오랜 숙원이었던 '노동으로부터의 해방'에 한걸음 다가서며 인류 최초로 빈곤으로부터 벗어나 풍요를 누릴 수 있는 기술적 토대를 유럽 발 산업혁명이 만들어 준 것이다. 그렇다면 도대체 수 만년 동안 잠자고 있던 유럽을 깨운 것은 무엇이었을까? 왜 인류 최초의 기계혁명은 그 당시 기술적으로 앞섰던 아시아가 아닌 유럽에서 시작 되었을까? 그 원인의 단초를 찾기 위해 역사의 시계를 14세기 유럽으로 돌려 보고자 한다.

1346~1347년 몽골제국의 킵차크 칸국의 군대는 흑해의 크림반도에 있던 항구도시 카파(당시 이탈리아 제노바의 식민지, 현재의 우크라이나 페오도시아)를 포위 공격하였다. 흑해의 해상권을 장악하고 유럽 침략의 교두보를 확보하고자 한 것이다.

그런데 당시 몽골군의 진영에서는 병사들 사이에 흑사병이 퍼지고 있었고, 몽골군 지휘관은 시체도 처리할 겸 흑사병으로 죽은 시체들을 투석기로 성벽 안으로 던져 넣었다. 일종의 세균전을 펼친 것이다. 당시 투석기는 돌뿐 아니라, 불덩어리, 적의 머리, 시체 등을 던져 넣어 적군의 심리를 교란시키는데 사용한 것이 일반적이었다.

그림 8. 1347년 이탈리아 식민지 카파에 몽골군이 침략. 사진출처 : 구글 지도

방어군 측은 몽골군이 날리는 시체를 계속해서 바닷속에 버렸지만 모든 시체를 제때 처리할 수는 없었고 끝내 카파시내에는 흑사병이 퍼지고 만다.

그림 9. 카파를 공격중인 몽골군 상상도

물론 공격하던 몽골군의 진영에서도 흑사병이 점점 더 심해졌기 때문에 도시의 함락을 포기하고 철수하게 된다. 하지만 흑사병을 유럽에 퍼트린 치명적인 사건은 그 이후에 일어난다.

1347년 10월 초 전쟁이 끝난 후, 고향으로 돌아가기 위해 카파에서 출항한 범선들이 제노바를 거쳐 이듬해 이탈리아 시칠리아 섬의 메시나 항구에 도착하였다. 하지만 배에 승선할 당시 승객과 선원들은 이미 상당수가 흑사병에 감염되어 있었다. 이 배가 목적지인 메시나항에 도착했을 때는 이미 흑사병으로 인해 사망한 시신으로 가득 찬 상황이었고 생존한 사람들도 흑사병이 심각한 상황이었다. 이 사실을 모른 채 이들의 하선을 돕기 위해 배에 올랐던 사람들은 온 몸이 시커멓게 문드러진 사람들을 보자 기겁했고 이들의 하선을 막고 배를 쫓아 보냈지만 이미 늦은 뒤였다. 배에 올랐던 사람들은 감염되었고 배 안의 쥐들은 항구에 닿자마자 육지로 탈출하여 도시 전체로 내달리며 페스트균을 퍼트리기 시작하였다. 유럽의 모든 것을 무너뜨리며 유럽전역을 죽음의 공포로 물들였던 흑사병 대유행이 시작된 것이다.

그림 10. 당시 상황을 풍자한 작품 <죽음의 무도>와 중세유럽 의사 모습

1347년부터 1351년까지 유럽 전역에서 창궐한 흑사병으로 인해 5년 동안 2,500만 명이상의 유럽인이 사망했다. 이는 당시 유럽 전체 인구의 3분의 1에 해당하는 수치다. 사망자가 어찌나 많았던지 거리에는 처리하지 못한 시신들로 가득했고 이로 인해 전염병은 더욱 잘 퍼질 수밖에 없는 여건이 조성되었다. 당시의 참상을 이탈리아 역사 기록가 아놀로 디 투라는 다음과 같이 기록하였다.

"매일 수백 명의 사람들이 죽어갔다. 역병이 온 세상을 뒤덮고 있다. 머지않아 온 땅이 묘지로 덮이리라. 나 또한 나의 다섯 아이들을 내 손으로 묻었다. 이것을 목도하며 사람들은 세상의 종말이 왔다고 믿었다."

14세기에 시작된 유럽 최악의 대재앙 흑사병은 17세기 런던 대유행까지 약 300여 년 간 100여 차례 크고 작은 흑사병 유행으로 지속되다가 18세기 들어 돌연 사라지게 된다.

1.2.2 흑사병, 르네상스를 거쳐 산업혁명의 씨앗이 되다

14세기 흑사병 대유행을 겪은 후 유럽에는 어떤 변화가 일어났을까? 처음에 사람들은 흑사병을 하느님이 내린 형벌이라 생각하며 스스로에게 책임을 돌렸다. 사람들은 교회에 모여 신에게 기도하였고 자기 몸을 피가 나도록 채찍질하기도 했다. 사람들은 처음에는 흑사병으로부터 자신을 보호해달라며 교회에 돈을 바쳤다. 그럼에도 사람들이 죽어나가자 이번에는 죽은 뒤에라도 천국에 보내달라며 교회에 엄청난 돈을 바쳤다. 교회는 엄청난 부를 축적하였고 심지어 사람들의 불안감을 이용하여 행운의 부적 같은 물건들을 팔기까지 하였다. 그리고 사람들의 불안감은 급기야 집시와 유대인, 한센인들이 흑사병을 퍼트린다며 이들을 고문하고 마녀사냥하기에 이른다.

그림 11. 죽음의 승리 **피테르 브뢰헬 작품**

중세 유럽의 마녀사냥 희생자 중 상당수는 집시와 유대인이었다. 로마 가톨릭교회는 전염병 앞에서 무기력하고 오히려 이기적이었던 자신들에게 쏟아지는 비판적 시각을 돌리기 위한 방편으로 마녀사냥을 적극적으로 이용하기까지 하였다. 심지어 200여 명을 한꺼번에 화형 시킨 기록도 있다. 그 중 상당수는 열 살 미만의 어린 아이들이었다.

영국과의 백년전쟁에서 위기에 빠진 프랑스를 구한 영웅이었던 잔다르크(1412. 1. 6~1431. 5. 30)도 마녀사냥의 희생자가 되어 산채로 화형을 당하였다. 그녀가 종교재판에서 마녀로 판결 받은 이유는 전쟁 중 바지를 입고 전투에 참여하였다는 것이었다. 쟈크바 펠리시라는 또 다른 여인은 죽을 것으로 보였던 환자를 끝까지 돌보아 살려냈다는 이유로 마녀로 지목되어 화형 당하기도 하였다.

그림 12. 마녀임을 자백받기 위해 고문하는 고문실 모습

이 외에도 마녀임을 판단하기 위한 물의 시험, 불의 시험 등 도저히 이해할 수 없는 마녀사냥의 광풍이 로마 가톨릭 교회의 비호아래 전 유럽을 휩쓸게 된다. 이렇게 로마 가톨릭 교회는 타락의 길에 빠지게 되고, 1517년 시작된 종교개혁의 주요 원인을 스스로 제공하는 결과를 초래했다. 결국 흑사병으로부터 시작된 교회권력의 부패와 타락은 유럽에서의 교회권력 붕괴로 이어지게 된다.

흑사병 대유행 이후 유럽의 두 번째 변화는 정치체제에서 일어났다. 당시 유럽의 계급구조는 땅을 가진 영주와 영주 땅에서 농사를 짓는 농노로 계급이 나뉜 봉건제도가 중심이었다. 그런데 흑사병으로 인해 인구가 급감하면서 일손이 부족해지자 농노들의 인건비는 올라가고 영주들은 농사지을 인력 확보를 위해 웃돈을 주거나 농노들의 눈치까지 보는 상황이 되었다. 돈을 받고 농노의 신분을 해방시켜주는 영주가 생기고 치솟은 인건비를 감당 못해 파산하는 영주까지 속출하였다. 그렇게 중세 유럽의 봉건제도는 흑사병과 함께 몰락의 길을 걷게 된다.

그림 13. 나폴레옹 1세의 대관식 **자크루이 다비드 작품**

이제 농노들은 더 이상 영주의 땅에 머물 이유가 없어졌으며 고향을 떠난 사람들은 새로운 일자리를 찾아 도시로 모이기 시작했다. 이러한 신흥도시에서는 귀족은 아니지만 부를 축적하여 신분을 높인 새로운 상류사회 집단이 늘어나게 되었다.

극단적이며 끔찍했던 죽음의 터널을 지나면서 중세 유럽인들의 삶을 바라보는 방식은 완전히 달라진다. 교회와 봉건영주의 권위는 땅에 떨어졌으며 중세적 세계관인 신본주의가 몰락하고 인간 중심의 인본주의가 주류를 형성하게 된다. 유럽에 르네상스 시대가 태동하기 시작한 것이다.

14세기 이탈리아 피렌체에서 시작된 유럽의 르네상스는 15세기에 접어들면서 미켈란젤로(1475~1520), 레오나르도 다빈치(1452~1519), 셰익스피어(1564~1616), 세르반테스(1547~1616), 라파엘로(1483~1520), 에라스무스(1466~1536), 데카르트(1596~1650) 같은 대작가와 사상가를 탄생시키며 인간중심의 시대정신을 이끌었고, 지동설을 주창한 코페르니쿠스(1473~1543)와 갈릴레오 갈릴레이(1564~1642), 우주의 작동원리를 정립하고자 했던 케플러(1571~1630), 뉴턴(1643~1727) 등으로 이어져 유럽의 과학혁명을 이끌며 근대 과학의 기틀을 다졌다.

결과적으로 중세유럽을 휩쓴 흑사병으로 인해 굳건했던 기존 종교와 봉건제의 질서는 무너지고 종교와 문명, 교육과 사회, 정치, 경제 등에서 유럽은 전혀 새로운 질서로 재편된 것이다. 이러한 토대위에 유럽은 인류최초의 기계혁명인 산업혁명을 이끌며 단숨에 인류사의 전면에 등장하게 된다.

1.2.3 코로나19, 4차 산업혁명의 기폭제가 되다

이렇게 장황하게 중세유럽의 흑사병과 산업혁명의 연관성에 대해 언급한 것은, 당시 상황이 지금의 코로나19 팬데믹 상황과 묘하게 오버랩 되기 때문이다. 2011년 10월, 유럽의 주요 일간지들은 독일, 아일랜드, 캐나다 연구팀이 660여 년 전 유럽 흑사병을 일으킨 유전자 계보 분석에 성공했다고 대대적으로 보도했다. 분석 결과 당시 페스트균은 중국에서 기원한 것으로 밝혀졌다.

그리고 이번 코로나19가 최초 보고되기 한 달여 전인 2019년 11월에도 역시 중국에서 흑사병 환자가 발생했다는 보도가 나오기도 했다.

중세유럽의 흑사병이 결과적으로 1차 산업혁명을 태동시켰다면, 코로나19는 4차 산업혁명의 기폭제가 될 것이다. 즉 코로나19를 어떻게 제압하고 극복하는가의 문제는 단순한 전염병의 통제문제가 아닌 4차 산업혁명의 주도권을 어느 국가가 잡는가의 문제인 것이다.

인류 최악의 전염병으로 유럽의 역사를 뒤바꾼 14세기의 흑사병을 포함한 3대 전염병의 발원지는 모두 중국이라는 연구 결과가 나왔다. 유럽의 연구진은 흑사병을 일으킨 페스트균의 유전자 계보를 분석한 결과 중국에서 기원한 것으로 나타났다고 31일 <네이처 유전학> 온라인판에 실은 논문에서 밝혔다.

연구진은 또 6세기에 동로마제국을 중심으로 유럽에 막대한 피해를 끼친 '유스티니아누스 역병' 역시 중국에서 기원한 페스트균이 원인으로 드러났다고 밝혔다. 따라서 연구진은 19세기 말에 중국 윈난성에서 발생한 페스트까지, 3대 전염병 대창궐은 모두 중국에서 발생한 페스트균이 원인이라고 결론 내렸다. 연구진은 3대 대창궐에 등장하는 페스트균이 하나의 유전자 계보에서 갈라진 것으로 분석됐다면서, 14세기 흑사병의 경우 실크로드를 따라 유럽으로 유입된 것으로 추정했다. 또 이보다 조금 늦은 1409년에 동아프리카를 강타한 흑사병은 300대의 선단을 거느린 명나라의 정화 원정대가 퍼뜨렸을 수 있다고 밝혔다.

원문보기:
http://www.hani.co.kr/arti/international/international_general/446564.html#csidx80404fd5aa4df66b6c94f62adcbfe3e

1.3 4차 산업혁명시대를 이끌 기반기술

ICBM(IoT, Cloud Computing, Big Data, Mobile)으로 대표되는 3차 산업혁명의 위대한 유산을 고스란히 물려받으며 4차 산업혁명은 우리 앞에 나타났다. 3차 산업혁명시대는 데이터를 기반으로 인터넷과 정보를 잘 다루는 사람과 기업이 성공하는 시대였다. 아마존, 구글, 페이스북, 카카오톡과 같은 온라인 기반 기업 전성시대라 할 수 있다. 반면 4차 산업혁명은 알고리즘을 기반으로 실체와 가상을 잘 다루는 사람과 조직이 주도하는 시대가 될 것이다. 4차 산업혁명의 핵심가치는 현실세계와 가상세계가 하나로 결합되는 유비쿼터스 세상의 완성이다. 이는 온라인과 오프라인이 초 융합되는 디지로그Digilogue를 의미한다.

그렇다면 이러한 4차 산업혁명의 기반기술은 어떤 것들이 있으며, 지금 이 기술들의 수준은 어느 정도 일까? 이번 단원에서는 4차 산업혁명의 토대가 되는 기반기술의 종류와 내용에 대해 살펴보도록 하겠다.

1.3.1 물리학 기술

‖ 무인운송수단

센서와 인공지능, 사물인터넷 기술 등의 발달로 자율주행자동차, 드론, 항공기, 보트를 포함한 다양한 무인운송수단이 등장하고 있다. 농업 분야에서는 데이터 분석능력을 장착한 드론도 상용화가 시작되었다. 드론이 수집한 데이터를 분석하여 물과 비료 등을 더욱 정밀하고 효율적으로 사용할 수 있게 된 것이다.

드론 Drone(수컷벌, 윙윙거리다)

드론은 무선전파 유도에 의해 비행과 조정이 가능한 무인기를 지칭하는 단어이다. 그러나 최근에는 형태나 공간(공중, 수중, 수상, 육상)에 관계없이 무선으로 운용 가능한 무인이동기계들을 총칭해서 드론이라고 부르는 경향이 있다.

그림 14. 마이크로프라스틱 회수용 수중드론과 미 해군의 해양연구용 수중드론

드론은 미국 육군이 1916년 무기를 실은 비행체가 원격으로 날아가 적에게 타격을 가한다는 개념을 담은 '공중 타겟 프로젝트(Aerial Target Projet)'를 진행하면서 군사용 무인기로 개발을 시작했으며, 1917년에 개발된 '스페리 에어리얼 토페도(Sperry Aerial Torpedo)'가 드론 무기의 시초이다.
군사전문가들이 흔히 드론 1세대라고 일컫는 드론의 실전투입은 베트남전쟁부터이다. 미국은 밀림에서 정찰용으로 드론을 사용했다. 이스라엘은 1982년 레바논 침공 당시 실전에 처음 투입하기 시작했고, 1992년에는 드론을 폭격용으로 사용하기에 이르게 된다.

그림 15. 1917년 미 육군이 개발한 현대적 의미의 첫 드론 스페리 에어리얼 토페도. 무인기에 폭탄을 싣고 원격조정으로 적을 타격하는 개념이다. 사진출처 : 위키피디아

2019년 9월 4일에는 사우디아라비아의 국유 원유생산시설 두 곳이 반군의 드론 공격에 피폭 당하였다. 이는 드론이 국가 핵심시설을 공격한 첫 사례로 기록 되었다.

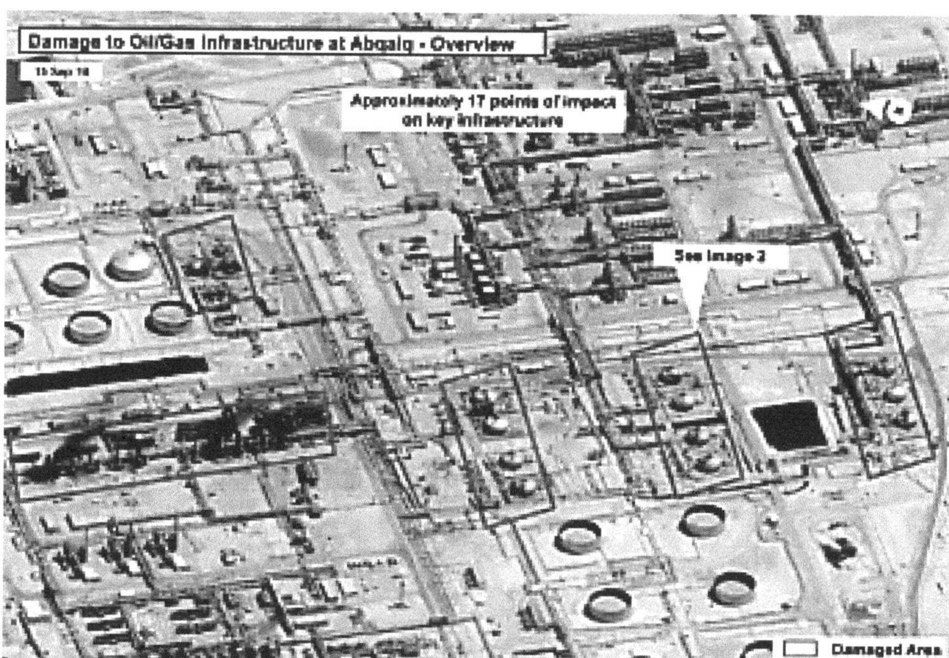

그림 16. 사우디아라비아 국영 석유회사의 원유시설 두 곳이 예멘반군의 드론 공격을 받아 석유 및 가스의 생산이 중단되었다. 사진출처 : 미국 정부

최근에는 2020년 1월2일에 미군이 미국 본토에서 드론 리퍼(Reaper, 기종명 MQ-9)를 원격조종하여 이란의 2인자이자 군 실세 가셈 솔레이마니 사령관을 암살하였다.

그림 17. 미군의 암살 드론 리퍼

그림 18. 가셈 솔레이마니 사령관이 탑승하고 있던 차량을 정밀 타격하였다.
자료출처 : 알자지라방송캡처

리퍼는 미사일 14발을 탑제 할 수 있는 길이 18미터의 대형 드론이다. 항속거리는 5,926km로 미 본토를 기점으로 일본까지 타격범위에 들어온다.

현재 다양한 산업분야에서 드론의 효용성이 입증되고 있으며, 특히 정보통신분야에서도 기존 통신 네트워크 시설을 대체하는 가공할 위력을 보이고 있다. 구글은 비행선 형태의 무인기를 인터넷과 통신망 구축에 활용하고 있으며, 페이스북은 드론으로 아프리카와 남미의 오지에 무선인터넷을 무료로 공급 중이다.

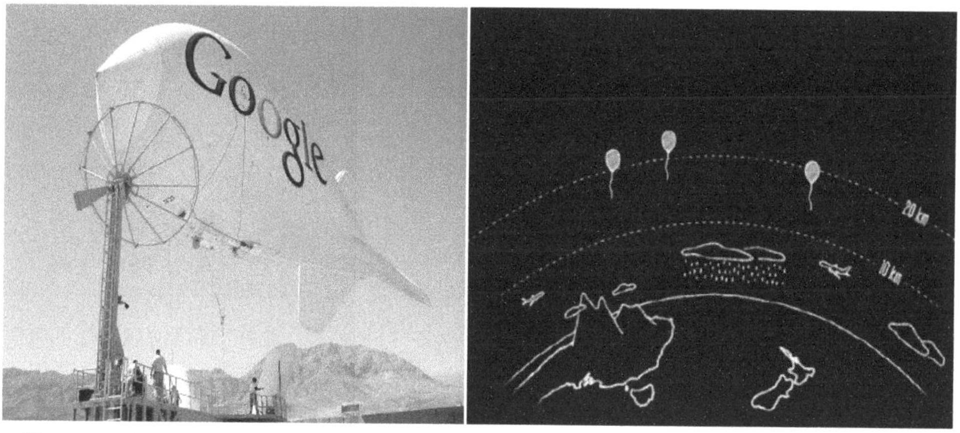

그림 19. 구글의 룬 프로젝트

드론은 대부분 오픈소스 기반으로 작동하므로 개발자가 코드를 수정하면 비교적 쉽게 새로운 미션을 부여할 수 있다. 드론은 다양한 경제영역과 결합되며 그 역할이 커질 것이다. 특히 아마존은 미국 항공청으로부터 드론의 비행허가를 취득하는 등 드론을 실시간 배송에 투입하기 위한 기술적 문제점을 해결해 나가고 있다.

그림 20. 2020년 9월 아마존은 미 항공청으로부터 드론배송에 활용될 드론 물류창고의 운항 허가를 받았다고 발표했다. 자료출처 : 아마존

Ⅱ 자율주행자동차

자동차관리법에서는 자율주행자동차를 ‘운전자 또는 승객의 조작 없이 자동차 스스로 운행이 가능한 자동차’로 규정한다. 무인자동차 기술(완전자동화, Full Automation)은 자율주행자동차 기술에 포함되는 개념이며 마지막 단계의 기술이다.

미국 자동차기술학회(SAE)의 자율주행기술 발전 5단계는 다음과 같다.

자동화 단계	특 징	내 용
Level 1	운전자 보조 (Driver Assistance)	자동차가 조향지원시스템(차로이탈 방지, 자동주차기능) 또는 가속/감속지원 시스템에 의해 운행 되지만, 사람이 자동차의 주행에 대한 모든 기능을 전반적으로 수행해야 하는 단계
Level 2	부분자동화 (Partial Automation)	부분자율주행이 가능(자동차가 다른 차량 인식가능)하지만, 주행환경의 모니터링과 상시감독을 사람이 해야 하며, 안전운전 책임도 운전자가 진다.
Level 3	조건부자동화 (Conditional Automation)	시스템 스스로가 운전조작의 모든 측면을 제어하지만, 운전자의 제어가 필요한 상황 발생 시 신호를 보내어 운전자의 개입을 요청한다. 그에 따른 책임도 운전자가 부담한다. (3단계부터 사실상 자율주행에 진입한다.)
Level 4	고도자동화 (High Automation)	고도완전자율주행. 탑승자는 목적지만 입력하면 된다. (운전자의 제어 불필요)
Level 5	완전자동화 (Full Automation)	모든 도로조건과 환경에서 시스템이 항상 주행을 담당하며, 사람이 타지 않아도 스스로 움직이는 무인자동차 단계

2단계까지는 운전자가 안전에 대해 전적으로 책임져야 하며, 3단계에서는 일정부분에 한해 책임이 부여된다.

구글은 '자동차에 컴퓨터를 추가한 것이 아니라, 컴퓨터에 자동차를 얹었을 뿐이다'라고 말한다. 미래의 자동차는 '차는 기계'라는 상식을 바꾸어 '차는 IT소프트웨어'라는 개념이 정립 될 것이다.

자율주행자동차의 상용화는 미래 인류의 생활모습을 근본적으로 바꿀 것이다. 주차장으로 사용되던 대부분의 대지를 다른 용도로 활용할 수 있으며 보험회사, 고속도로 휴게소, 주유소 등도 소멸의 길을 걷게 될 것이다. 한걸음 더 나아가 차량을 소유할 필요성이 떨어지므로 궁극적으로 자동차 제조사 역시 전 세계적으로 몇몇 메이저 회사 중심으로 재편 될 가능성이 높아 보인다.

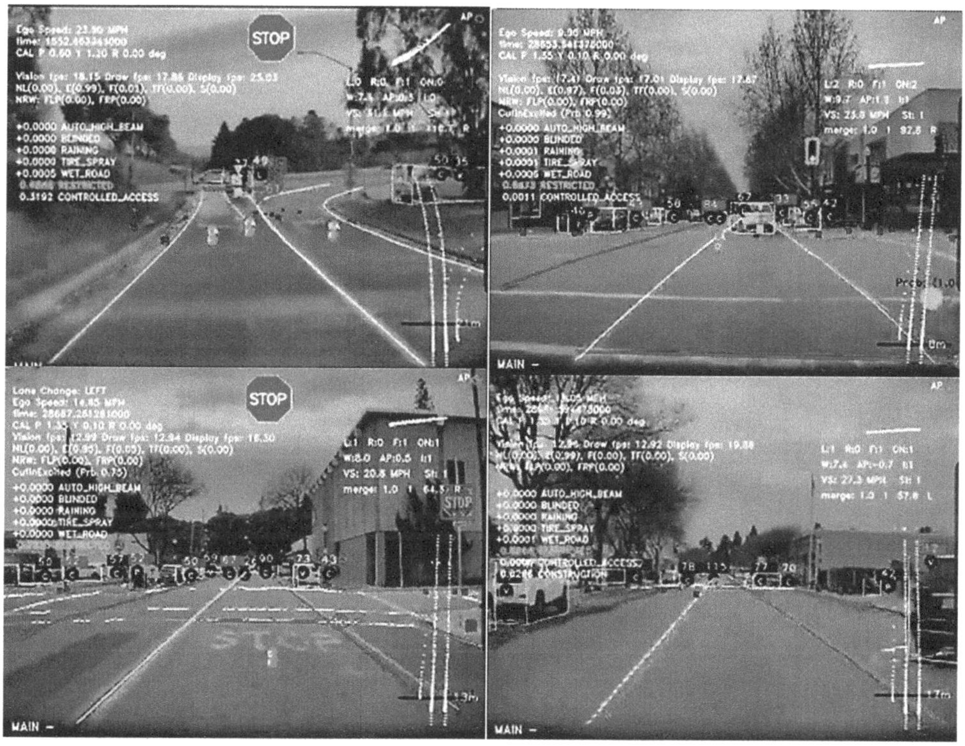

그림 21. 자율주행자동차는 코너를 돌 때 초당 약 삼백만건의 데이터를 발생시킨다. 이러한 방대한 데이터를 실시간으로 처리하기 위해서는 5G,빅데이터 기술 등 4차 산업혁명의 기반기술들이 총동원된다.

‖ 3D 프린팅

3D 프린팅이란 3차원 형상을 구현하기 위한 전자적 정보를 자동화된 출력장치를 통하여 입체화하는 활동을 의미한다.

3D 프린팅 방식에는 적층형방식과 절삭형방식이 있다. 적층형방식은 한 층씩 쌓아 올리는 방식으로써 첨가형 또는 쾌속형방식이라고도 한다.
파우더(석고나 나일론 등의 가루)나 플라스틱 액체 또는 플라스틱 실을 종이보다 얇게 0.01~0.08mm의 층으로 겹겹이 쌓아 입체형상을 만들어 내는 방식이다. 채색도 동시에 진행 가능하다.

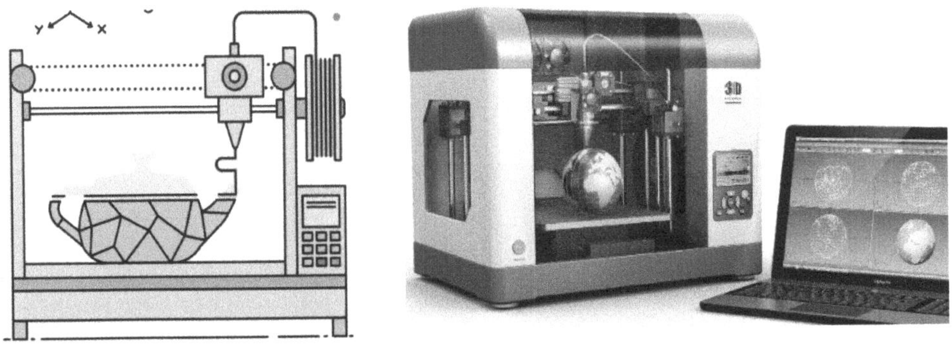

그림 22. 적층형 방식 3D프린트

요즘은 간단히 입체 조형물을 만들 수 있는 3D펜(3D프린팅 펜)도 취미생활과 교육용으로 출시되어 있다. 3D펜은 3D프린트의 전동장치 보드 등을 제거하고 노즐과 모터만으로 작동이 가능하도록 만든 기기이다. 별도의 PC나 프로그램 없이 바닥에 그리는 것만으로 결과물을 완성할 수 있다.

그림 23. 3D펜으로 만든 작품들

반면 큰 덩어리를 칼날을 이용해서 깎아내는 방식인 절삭형방식(컴퓨터 수

치제어 조작방식)은 적층형에 비해 더 정밀하다는 장점이 있다. 하지만 재료가 많이 소모되고 컵처럼 안쪽이 파인 형태는 제작이 어려우며, 채색작업을 별도로 해야 하는 단점이 있다.
엄밀히 말해 이 방식은 3D프린팅이라기 보다는 CNC(컴퓨터 수치제어, Computer Numerial Control)의 범주에 포함되는 개념이다.

그림 24. 절삭형 3D프린트로 나무를 깍아 만든 작품

3D프린팅의 제작단계는 모델링, 프린팅, 피니싱으로 이루어진다. 모델링은 3D도면을 제작하는 단계로써 3D CAD (Computer Aided Design, 컴퓨터 전용 디자인 프로그램)나 3D모델링 프로그램 또는 3D스캐너 등을 이용하여 제작한다.
CAD로 된 도면은 모델 제작 시 오류를 최소화 할 수 있고, 프린팅 하기 전에 디자인을 확인하면서 수정이 용이하다.
프린팅은 모델 출력과정으로써 3D도면을 이용하여 기획한 물체를 만드는 단계이다. 피니싱은 출력된 물체에 색을 칠하거나 표면을 연마하거나 부분 제작물을 조립하는 등의 단계로 물체를 완성하기 위한 최종 보완작업단계이다.
3D프린팅의 원리를 보면 수학의 미분과 적분원리가 적용되었음을 알 수 있다. 3D CAD 등의 프로그램을 이용하여 3차원 설계도를 만들고 이 데이터를 1만개 이상으로 잘게 잘라 얇은 층으로 만드는 것은 미분의 원리이고, 얇은 층을 다시 하나로 쌓아 올리는 적분과정을 거쳐 3차원 물체를 제작하는 것이다.

그림 25. 미래의 공장은 3D 프린트가 맞춤생산을 담당하는 시스템이 될 것이다.

3D프린팅 기술은 제품별 개인 맞춤 시대를 획기적으로 앞당길 것이며 다양한 재료 혁신을 통해 로봇, 자동차, 항공, 건축 분야뿐 아니라 인공장기, 패션 등 산업 전 분야에서 제조혁명을 가져올 것이다.

그림 26. 무인비행기 SULSA와 전기차 LSEV

SULSA는 영국 사우스햄튼대학에서 2011년 7월 개발하였으며, 현재는 군함위에서 3D 프린트로 바로 제작하여 실전에 투입 가능한 상황이다. 2.1m 날개 길이에 무게 3kg의 무인비행기로 160km/h로 비행가능하다. 전기차 LSEV는 이탈리아 전기차 스타트업 기업 XEV와 중국의 3D 프린트 기업 폴리메이커의 합작품으로 자동차 섀시, 시트, 유리 등을 제외한 모든 부품을 3D 프린트로 제작하였다. 제작기간은 3일이고, 가격은 800만원대이다. 로컬모터스는 3D 프린팅으로 자동차를 제작하며, 소비자가 디자인 단계부터 참여할 수 있어서 세상에 하나뿐인 개성 있는 자동차 제작이 가능하다. 승용차와 버스 차체에 미리 주문해둔 엔진, 브레이크, 기어를 조립하면 완성된다. 공장에는 컨베이어벨트 대신 3D 프린트가 차체를 생산하는 구조이다. 디자인은 클릭 몇 번만으로 쉽게 변경 가능하며, 의뢰받은 차를 디자인하고 출고하기까지 7일 정도가 소요된다. 주력상품은 자율주행 전기셔틀버스 올리이다.

그림 27. 미국 로컬모터스의 마이크로팩토리와 자율주행 전기차 올리

대량 생산과 달리 3D프린팅 제품은 개인별 맞춤 생산이 가능하다. 또한 3D 프린팅에 프로그램을 내재한 4D프린팅 기술은 인체에 적응하도록 프로그램된 임플란트, 인공관절 같은 의료관련 제품뿐 아니라, 의류와 신발, 건축자재 등에도 활용 될 것이다.

1.3.2 디지털 기술

‖ 사물인터넷 (IoT, Internet of Things)

자동차, 기계, 가정용 어플라이언스 등 각종 사물에 센서와 통신기능을 내장하여 무선인터넷으로 연결하는 기술이며, 상호 연결된 기술과 다양한 플랫폼을 기반으로 한 사물(제품, 서비스, 장소 등)과 사물간의 관계이다.
특히 산업분야에서 IoT는 IIoT(Industrial Internet of Things)라고 하며, M2M(Machine to Machine)기술을 사용하여 원격모니터링 및 텔레메트리(Telemetry)[1]에서 예측 유지보수에 이르는 모든 것을 지원한다. 즉, 산업용 사물인터넷(IIoT, Industrial Internet of Things)은 넓은 의미에서 운송, 에너지, 산업분야의 기기 등에 장착된 센스와 여러 장치들을 네트워크로 연결하는 것이다. IIoT는 개념상 석유 및 가스, 전력시설, 의료와 같은 산업분야의 기계와 장치를 연결 하는 것에 중점을 둔다는 점에서 IoT애플리케이션과는 차이가 있지만, 기술적으로 IIoT는 IoT기술과 유사한 원리로 작동한다.
2014년 상호연결 된 기계 및 장치, 지능형 분석의 개발, 채택 및 광범위한 사용을 가속화하기 위해 설립된 IIC(Industrial Internet Consortium)가 발표한 IIoT의 주요용도는 다음과 같다.

- 스마트 팩토리 적용
- 예측 및 원격 유지보수
- 화물, 운송 모니터링
- 커넥티드 물류
- 스마트 계측, 스마트그리드
- 스마트시티 애플리케이션
- 스마트농장, 가축 모니터링
- 산업용 보안시스템
- 에너지 소비 최적화
- 산업용 난방, 환기, 냉방
- 제조장비 모니터링
- 자산 추적 및 스마트 물류

1) 디지털 인터페이스를 통해 계측과 제어, 자동데이터 전송을 실행하는 것

• 산업환경에서의 오존, 가스, 온도 모니터링
• 근로자 안전 및 건강 모니터링
• 자산성과 관리

그림 28. 사물인터넷 구상도

사물인터넷기술은 기본적으로 센서, 사물간 연결성, 데이터 처리, 사용자 인터페이스 등을 기본 구성요소로 하며, 본질적으로는 하나의 거대한 클라우드 시스템으로 볼 수 있다.

사실 사물인터넷은 4차 산업혁명시대에 갑작스럽게 부각된 혁신이라기보다는 1988년에 제기된 유비쿼터스가 최근 IoT기술로 되살아난 '개선'이라고 봐야한다. 즉 IoT로 유비쿼터스 세상이 가능해진 것이다. '유비쿼터스'는 '어디에나 존재 한다'는 의미의 라틴어 Ubiquitous에서 따온 말로 인터넷이라는 가상공간과 실재하는 현실공간의 결합을 의미한다. 이는 컴퓨터에 어떤 기능을 추가하여 무언가를 탑재하는 것이 아니라 반대로, 자동차, 안경, 신발, 가전제품과 같은 일상적인 사물에 컴퓨터를 집어넣어 사물끼리 제 각각의 주어진 역할에 부합하도록 서로 커뮤니케이션하는 것이다.

그림 29. 유비쿼터스 상상도

이 결과 우리 삶과 생활의 모든 곳, 모든 것이 촘촘하게 짜여진 그물망처럼 컴퓨터로 연결되는 환경이 만들어지게 된다. 모든 것이 연결되는 사물인터넷 시대에 이르기까지의 컴퓨터 사용 변천사를 살펴보면 다음과 같다.

1세대 : 많은 사람이 한 대의 슈퍼컴퓨터를 사용
2세대 : 한 사람이 한 대의 퍼스널컴퓨터를 사용(1970~1990)
3세대 : 유비쿼터스 컴퓨팅 등장. 많은 컴퓨터가 한 사람을 위해 작동하며, 컵, 자동차, 안경, 신발과 같은 일상적 사물에 컴퓨터를 내장하여 상호작용이 가능.
4세대 : 센서를 이용한 사물인터넷시대(웨어러블 디바이스, 모바일 등 활용)

사물인터넷이 주도하는 새로운 플랫폼의 목적은 공유와 융합이 핵심 아이디어라고 할 수 있다.

‖ 플랫폼비즈니스(Platform business)

국립국어원에서 정의한 플랫폼의 사전적 의미는 '역에서 기차를 타고 내리는 곳'이다. 하지만 인터넷 기술이 급격히 발달하기 시작한 2000년대 이후로 플랫폼이란 용어가 새로운 의미로 사용되기 시작했다. 다양한 행위자들이 참여하고 서로 연결되어 상호작용을 통해 가치를 창조하는 시스템 또는 비즈니스를 플랫폼이라고 부르기 시작했다.

플랫폼(Platform)은 '구획된 땅', '도면'이라는 뜻의 'Plat'과 '형태'라는 뜻의 'form'이 합쳐져 만들어진 단어이다. 즉 용도에 따라 다양하게 쓰일 수 있는 공간이라는 의미를 내포한다. 이러한 플랫폼이 지금은 '인터넷에서 상호간 콘텐츠를 수용하고 창조할 수 있는 웹사이트'라는 의미로도 사용되고 있다. 즉 '역에서 기차를 타고 내리는 곳'에서 '연결지점 또는 연결고리'라는 의미의 확장 및 변형을 가져온 것이다.

플랫폼비즈니스는 정보기술의 발달로 다양한 모바일과 인터넷플랫폼이 등장하는 가운데, 이를 기반으로 각종 제품과 서비스를 중개하고 수익을 내는 사업이라 할 수 있다. 소비자와 기업 등이 재화와 서비스를 사고팔거나 상호작용하는 일종의 '디지털 장터'인 셈이다.

경제전문지 이코노미스트는 현 시점에서 GAFA를 가장 영향력 있는 플랫폼 기업으로 지목하였다.

그림 30. GAFA의 왕국시대(The Realms of GAFA) : 구글(Google), 애플(Apple), 페이스북(Facebook), 아마존(Amazon)의 머리글자를 합성 출처 economist.com

특이한 점은 마이크로소프트가 좌측상단의 변방으로 밀려나 있고 우측 상단에서 삼성이 맹렬한 기세로 상륙을 시도하는 범선으로 묘사된 점이다.
이러한 플랫폼 비즈니스의 성격을 규정하는 두 가지 키워드는 '협력'과 '상생'이다. 플랫폼 안으로 들어가면 누구나 공평하다. 저마다 뚜렷한 자기만의 역할을 가지고 참여하며 협업을 전제로 자생한다. 또한 각기 '다르면서도 같은' 운명공동체를 형성한다.
모든 플랫폼, 특히 서비스플랫폼의 경우 성패를 좌우하는 건 이용자의 규모, 즉 '얼마나 많은 사람이 연결 될 수 있는가'이다. 오늘날 세상을 지배하는 플랫폼(구글, 애플, 아마존, 페이스북, 알리바바, 우버, 에어비앤비 등)에는 몇 가지 공통점이 있다.
첫째, 모두 3차 산업혁명의 결과물이다. 둘째, 폐쇄적 독점으로 막강한 힘을 지닌 채 관련 산업을 지배하고 있다. 셋째, 일부 주체의 중앙집중식 통제 아래 분야별 강자가 존재하게 되었다. 하지만 해당 산업이 채 포화상태에 이르기도 전에 '연결과 융합'을 축으로 하는 4차 산업혁명의 특징이 나타나고 있다.
앞서 언급한 오늘날의 플랫폼 기업들은 예외 없이 강력한 '그들만의 영역'을 확보하고 있다. 이러한 플랫폼시장에 4차 산업혁명이라는 바람이 불고 있다.
4차 산업혁명을 논할 때 공통적으로 언급되는 기술이 있다. 빅데이터, 인공지능, 사물인터넷, 로봇, 바이오공학, 블록체인 등이 대표적인 기술이다. 이런 기술은 상호연결과 데이터 교환, 초 융합 등의 과정을 거쳐 구현된다.
'작고 빠르며 가벼운, 그리고 단기간에 성취 가능한' 4차 산업혁명기의 특징은 플랫폼시장에서도 동일하게 나타날 것이다.
크고 강력한 플랫폼보다 작은 플랫폼이 주목 받으며, 이런 작은 플랫폼간 결합은 보다 융통성 있고 유연한 플랫폼으로 재탄생을 거듭하며 진화 할 것이다. 즉 4차 산업혁명기에 강력한 힘을 발휘하는 것은 '진정한 개방과 자율에 의한 플랫폼'이다. 플랫폼은 공급자가 모든 것을 해결하는 대신 네트워크 안의 구성원들이 그 안에서 스스로 해결책을 찾을 수 있어야 한다. 그리고 네트워크 효과는 자신의 자원과 노력의 결과가 아니라, 참여자 수와 참여자 사이에 발생하는 상호작용에 의해 좌우될 것이다.

‖ 블록체인(Block Chain)

2008년 10월 31일 사토시 나카모토의 논문 <비트코인 : P2P 전자화폐시스템>의 발표와 함께 이론상으로만 존재했었던 암호화폐는 세상에 모습을 드러냈다. 블록체인기술은 금융기관을 배제하고 거래할 수 있는 새로운 접근법이며, 금융기관이 보증해주던 안전성을 모든 참여자가 보관하는 분산거래장부 방식으로 해결하고자 한다. 블록체인의 각 블록은 암호화폐 거래에서 장부의 역할을 한다. 암호화폐를 A가 B에게 송금하려면 다음과 같은 과정을 거치게 된다.

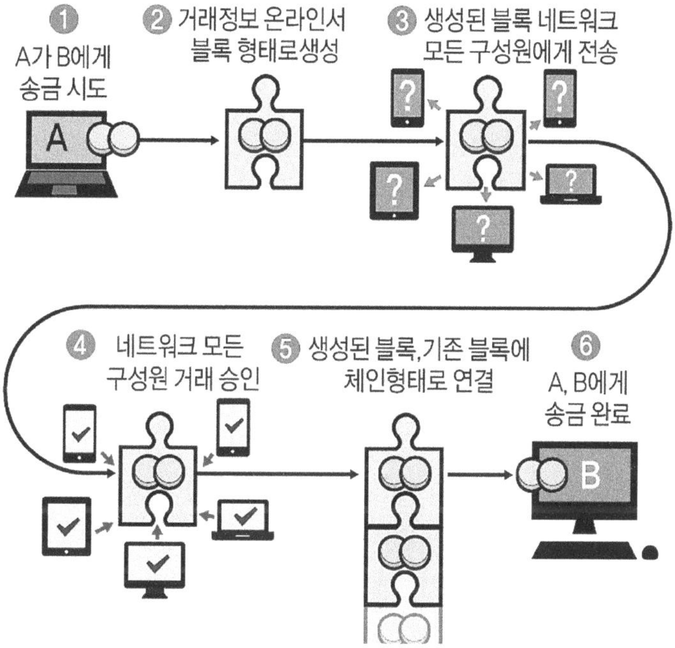

그림 31. 블록체인을 이용한 송금절차　그림출처 : 파이낸스 타임스

① 돈 받을 사람인 B가 공개키와 개인키를 동시에 생성한 후 A에게 공개키만 보낸다. (공개키는 개인키에 근거하여 생성 된다)
② A는 B의 공개키를 수신자로 하는 수표를 발행하여, A의 개인키를 이용한 전자서명을 첨부한 후 네트워크에 전송한다.
③ B는 개인키로 자물쇠를 열어 수표를 수령한다. 여기서 공개키는 계좌번호에 해당하고, 개인키는 계좌비밀번호에 해당하는 개념이다.

위 거래에서 A와 B가 누구인지 그리고 거래내용 등은 암호화 되어 있어 알 수 없지만, 위와 같은 거래가 실제 일어났다는 사실은 네트워크 참여자 모두에게 공유된다. 블록체인 2.0버전인 이더리움은 계약조건과 구체적인 이행사항과 같은 계약 관련 요건을 설정한 후, 이 요건이 충족되면 자동으로 실행되는 디지털계약인 '스마트계약'기능을 탑재하고 있다. 스마트계약(Smart Contract)은 '자동발효 계약상태'로 블록체인에서 실행되도록 프로그램화 되어있어서, 계약 당사자들의 합의이행을 보증하기 위해 타인에게 의존하는 과정을 원천적으로 없앴다. 스마트계약 또한 계약의 전 과정이 블록체인을 통해 참여자 모두에게 공유되므로 무단변경이나 위변조가 어렵다.

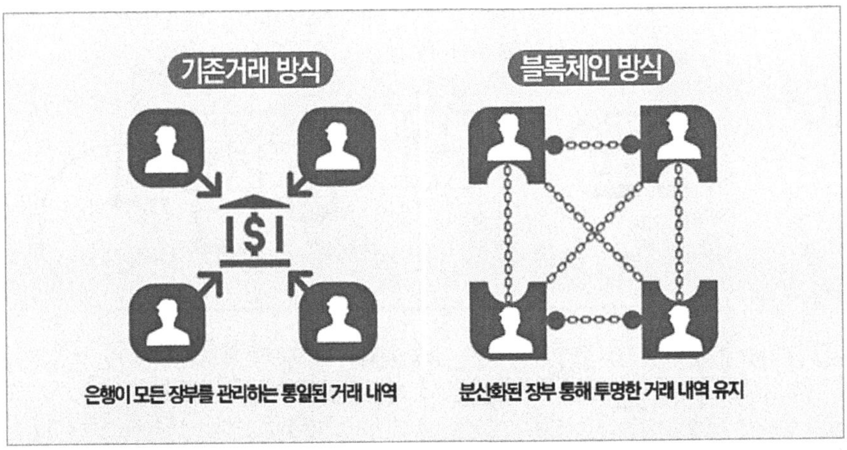

그림 32. 블록체인 분산거래원장방식

이렇듯 블록체인은 P2P거래에서 취약한 보안성을 독특한 개방형 알고리즘을 이용해 해결했으며, 크게는 1세대 블록체인인 퍼브릭 블록체인(Public Blockchain)과 2, 3세대 블록체인인 프라이빗 블록체인(Private Blockchain) 및 컨소시엄 블록체인(Consortium Blockchain)으로 구분할 수 있다.

퍼브릭 블록체인은 거래기록의 열람, 참여, 승인, 보관과정을 아무런 허가 없이 '누구나' 참여할 수 있도록 모두에게 분산시킨 오픈형 블록체인이며, 프라이빗 블록체인은 거래기록의 열람은 당사자와 규제기관 모두 가능하지만, 거래 자체는 승인된 기관만 가능하도록 제약을 둔 블록체인이다. 즉, 특수목적을 위해 '아무나' 참여하지 못하도록 차단한 것이다.

그리고 컨소시엄 블록체인은 단일 또는 극소수의 주체가 검증자의 역할을 하며 승인받은 노드만 열람과 참여가 가능하다. 컨소시엄 블록체인은 동일한 산업내에서 특정한 몇몇 집단이 참가하여 공동의 이윤을 추구하는 네트워크 형태이다.

블록체인은 탈중앙화를 지향한다는 점에서 기존에 존재하는 모든 것에 획기적인 영향을 주는 근본기술이며, 기존 기술을 뒤엎는 와해기술, 혁신적인 파괴기술이다. 블록체인 기술에 대해서는 제3장에서 좀 더 깊이 있게 다루도록 하겠다.

‖ 인공지능(A.I, Artificial Intelligence)

요즘은 초등학교에서도 아이들에게 코딩교육을 실시하고 있다. 코딩이란 컴퓨터가 무언가를 실행할 수 있도록 지시하는 프로그램과 같은 것이다. 반면 인공지능을 만드는 작업은 코딩이라 하지 않고 알고리즘을 구축한다고 표현한다. 어떤 차이가 있을까? 예를 들어 PΛSS 또는 ΛPPLE 이라는 단어를 읽어보라 하면 코딩으로 프로그래밍 된 컴퓨터는 화면에 '에러'라고 표시한다. 'Λ' 이렇게 생긴 알파벳은 없다고 판단하는 것이다.

하지만 알고리즘으로 구축 된 인공지능은 정확히 패스, 애플이라고 읽는다. 이 차이가 컴퓨터와 인공지능의 차이이다. 인공지능은 인공신경망을 통해 '추론'할 수 있는 능력을 갖춘 시스템이다. 우리가 재미삼아 두는 바둑이나 오목 같은 컴퓨터 프로그램은 아무리 바둑을 많이 두어도 정해진 수준을 넘지 못하지만, 알파고 같은 인공지능 바둑 알고리즘은 둘수록 점점 실력이 향상 된다. 이것이 바로 인공지능을 학습시키는 기계학습 즉 머신러닝의 힘이다. 2016년 이세돌을 완파했던 알파고는 16만개의 인간 기보로 2년간 학습한 인공지능이었다. 아마 이세돌이 이긴 한판이 인간이 인공지능을 이긴 마지막 기록이 될 것이다. 일 년 뒤 업그레이드 된 알파고Master는 1년간의 학습을 거친 후 불과 72시간 만에 알파고와의 대국에서 백전백승을 했다. 말 그대로 바둑에 관한한 신의 경지에 도달한 것이다.

이러한 인공지능을 구성하는 인공신경망은 인간의 뇌와 같은 구조를 본 뜬 다중 네트워크 구조이다. 최대한 많은 데이터를 받아들인 후 중간층을 거치면서 점점 대상을 구체화하여 하나의 결론을 도출하는 방식이다. 이때 중간층이 5개 이상(보통 5~10개)일 경우를 층이 깊어진다고 보고 심층신경망(Deep Neural Network)이라 하며, 이러한 심층신경망을 통해서 이루어지는 기계학습 방식을 딥러닝 이라고 한다.

일반적으로 생명체의 계층적 신경망에서 지능이 뛰어날수록 계층이 복잡한데 단순한 생명체가 2~3층이라면 인간은 10~20층 정도이다. 계층이 많아질수록 더 똑똑할 가능성이 높아지는 것이다. 바로 이 지점에서 많은 과학자들이 인공지능의 위험성에 대해 경고한다.

인간의 뇌의 계층수를 인위적으로 늘이는 것은 불가능하지만, 인공신경망은 기술적으로 어렵지 않다. 이미 100개 이상의 계층구조를 갖춘 인공지능이 나왔고 심지어 1억 개 이상의 계층을 가진 인공지능의 등장도 머지않아 보인다. 이런 강력한 인공지능이 나타나 죽음 이후의 세계와 우주 밖의 비밀에 대해 얘기한다면 인간은 감당할 수 있을까? 지구로부터 7,000광년 떨어진 독수리 성운(M16)에 있는 별의 탄생지인 창조의 기둥에 대해 인간은 아는바가 거의 없지만, 인공지능이 이에 대해 설명하고 나아가 그 너머의 우주에 대해 설명한다면 인간은 그 의미를 이해 할 수 있을까? 또는 지구를 깨끗하게 만들라는 인간의 명령에 대해 인공지능이 내린 해결책이 지구상에서 인간들을 모두 제거하는 것이라면 어떤 일이 벌어질까?

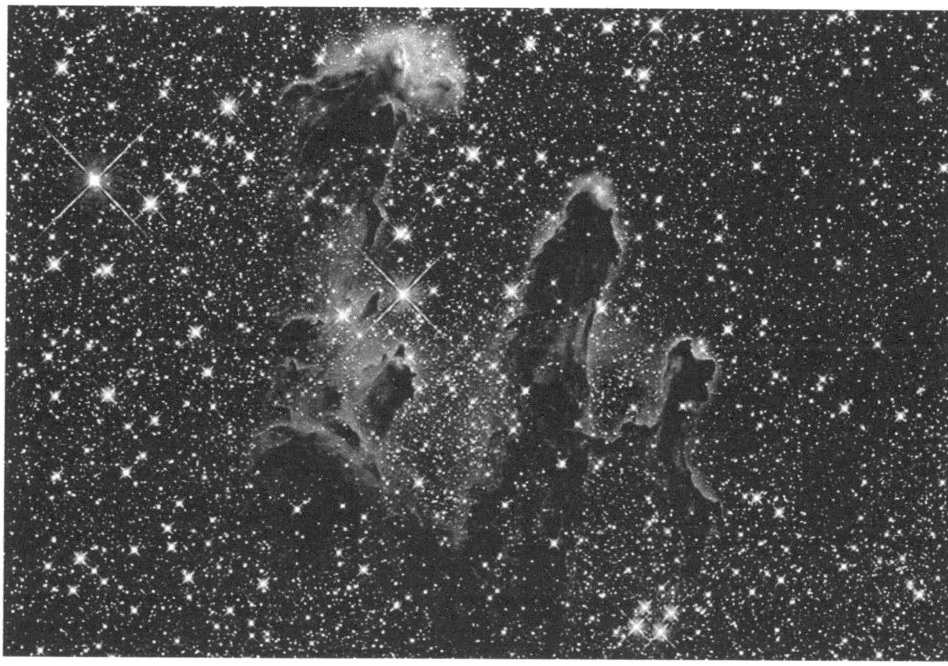

그림 33. 허블우주망원경이 적외선으로 촬영한 창조의 기둥(Pillars of Creation). 사진출처:NASA

1.3.3 생물학기술

∥ 합성생물학(Synthotic Biology)

합성생물학은 생명체의 구성요소 혹은 생명체 자체를 합성하는 것을 목표로 하는 학문이다. 생물학적 개념에 부품화, 표준화, 모듈화라는 공학기술 개념을 접목시킨 '합성생물학'은 기존의 DNA나 세포를 변형하는 수준에 그쳤던 '유전공학'과는 지향점이 다르다.

자연에 존재하는 생물구성요소와 생명시스템을 재설계하고 재구성하여 자연세계에 존재하지 않는 생물구성요소나 생명체를 창조하는 것이 합성생물학의 목표이다. 여기서 합성의 의미는 합성세포 또는 새로운 생명을 창조하기 위한 유전자(Gene)합성과 자연 상태의 세포로부터 고성능의 생물학적 물질을 합성하는 것을 모두 포함한다. 즉 반도체의 조립을 통해 다양한 전자제품을 만들어내듯이 DNA조각을 부품처럼 조합해 새로운 고성능, 고효율 생명시스템이나 생명체를 만들어내는 학문이라 할 수 있다.

생물학 분야에서 편집이 가능하다는 것은 곧 어떤 종류의 세포에도 이를 적용할 수 있다는 의미다. 인간을 포함한 성체세포를 변형할 수 있을 뿐 아니라 유전자 변형 동·식물도 만들어낼 수 있다는 것이다.

예를 들어 인위적인 DNA변형을 통해 미세프라스틱을 주 에너지원으로 하는 미생물을 만들어낸다면 심각한 바닷속 오염원인 미세프라스틱을 제거하는데 많은 도움이 될 것이다.

합성생물학은 '생명은 신성한 것이다'라는 당연한 통념에도 도전한다. '생명이란 무엇인가'라는 근본적인 질문을 던지며 '생명은 사람의 능력을 넘어선 어떤 것'이라는 생각을 깨뜨린다.

합성생물학은 다양한 분야에서 연구가 진행되고 있으며 그 성과도 가시화되고 있다. 먼저 스탠포드대학 교수이며 바이오 브릭스 재단(Biobricks Foundation)의 창업자인 드류 앤디(Drew Andy)교수는 DNA와 여타 생체분자들로부터 생명의 기본단위인 '바이오 브릭스(생명의 벽돌)'를 창조하는 연구를 진행하고 있다. 바이오 브릭스는 생명이라는 거대한 건축물의 가장 기초적인 단위를 뜻한다.

벤터연구소(JCVI, J. Craig Venter Institute)를 이끌고 있는 크레이크 벤터(Craig Venter)는 '최소유전체(minimal genome)'를 개발하고 있다. 최소유전체란 생명현상을 유지하는데 필요한 최소한의 유전자만 남기고 나머지

요소는 모두 제거한 유전자를 말한다. '최소유전체'는 일종의 생명의 거푸집이며, 여기에 '바이오 브릭스'를 결합하면 인공생명체가 탄생된다. 현재 벤터는 한 종의 박테리아 유전체를 다른 종의 박테리아로 이식하는 실험에 성공하였으며, 한 박테리아의 유전체를 복사하는 작업에도 성공했다.

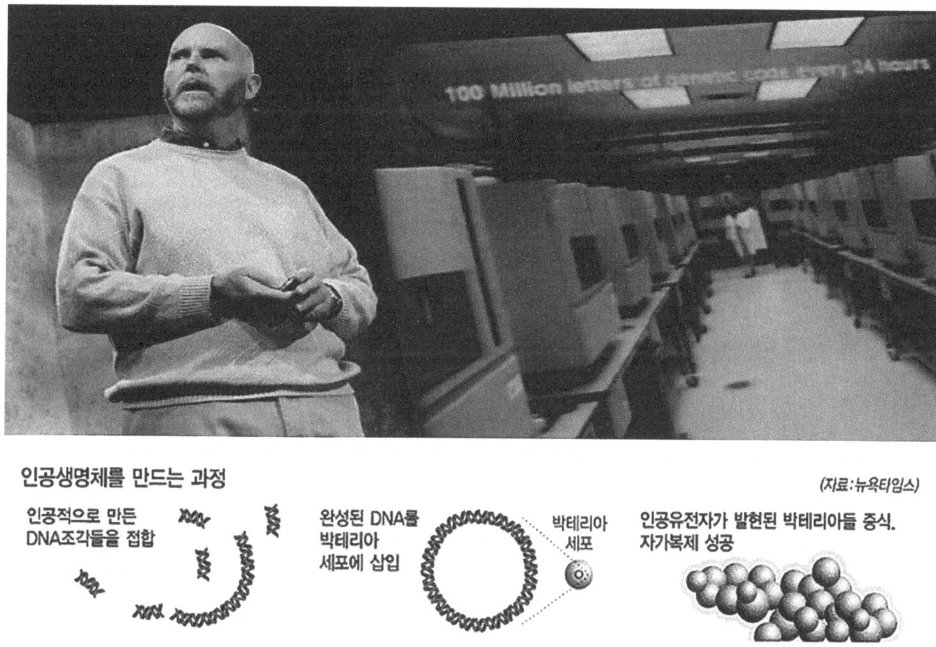

그림 34. 벤터박사와 벤터연구소, 그는 이 연구소에서 지구상에 존재하지 않았던 새로운 생명체를 창조하였다.

인류 최초의 합성생물학의 성공 사례로는 말라리아 치료제인 '아르테미시닌 Artemisinin[1]'합성을 들 수 있다, 세계보건기구WHO의 보고서에 따르면 말라리아는 지금까지 매년 50만 명 이상의 인명을 앗아가는 질병으로, 열대말라리아 열원충(Plasmodium falciparum)이 원인균이다. 2015년 중국의 과학자 투유유는 개똥쑥에 함유된 아르테미시닌이 말라리아 열원충을 사멸시킬 수 있다는 사실을 밝혀 낸 공로로 노벨 생리의학상을 수상했다. 그러나 개똥쑥에서 채취할 수 있는 아르테미시닌은 너무 소량이었다. 이를 빌&멜린다 게이츠 재단(Bill & Melinda Gates Foundation)의 지원을 받은 제약회사 사노피Sanofi가 합성생물학 기술을 이용하여 반합성 아르테미시닌(SSA, Semi-Synthetic Artemisinin)을 대량생산함으로써 저렴한 말라리아 치료제를 충분히 공급할 수 있는 길을 열었다.

---

1) 아르테미시닌은 열대열원충으로 인해 발생하는 말라리아 치료약물을 통칭하여 일컫는 말이다.

합성생물학은 생명정보의 저장암호인 DNA를 분석하고 DNA를 인공적으로 합성하는 유전자 변형기술에서 시작되었고, 21세기를 맞아 유전공학의 급속한 발전과 유전자 가위(CRISPR-Cas9) 등 유전자 편집을 위한 정교한 도구 출현 등의 영향으로 그 영역이 더욱 확장되고 있다.

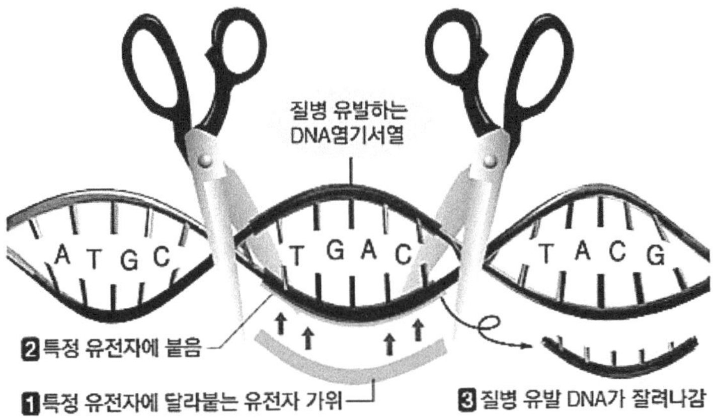

그림 35. 진화하는 유전자 가위기술　　그림출처 : 매일경제

특히 인공설계단백질, 인공핵산체계 생물정제(Refinery), 합성백신 개발기술 등을 기반으로 신약개발 및 개인 맞춤형 헬스케어 시장에는 일대 혁신이 일어날 것으로 예측된다. 다만, 생명체(유전자)조작에 대한 규제와 윤리적인 논쟁은 합성생물학 발달의 장애요인으로 작용할 수 있다. 또한 인공생명체 창조에 따른 잠재적 위험요소에 대한 안정성 우려 및 윤리적인 문제는 해결해야 하는 과제로 남아있다.

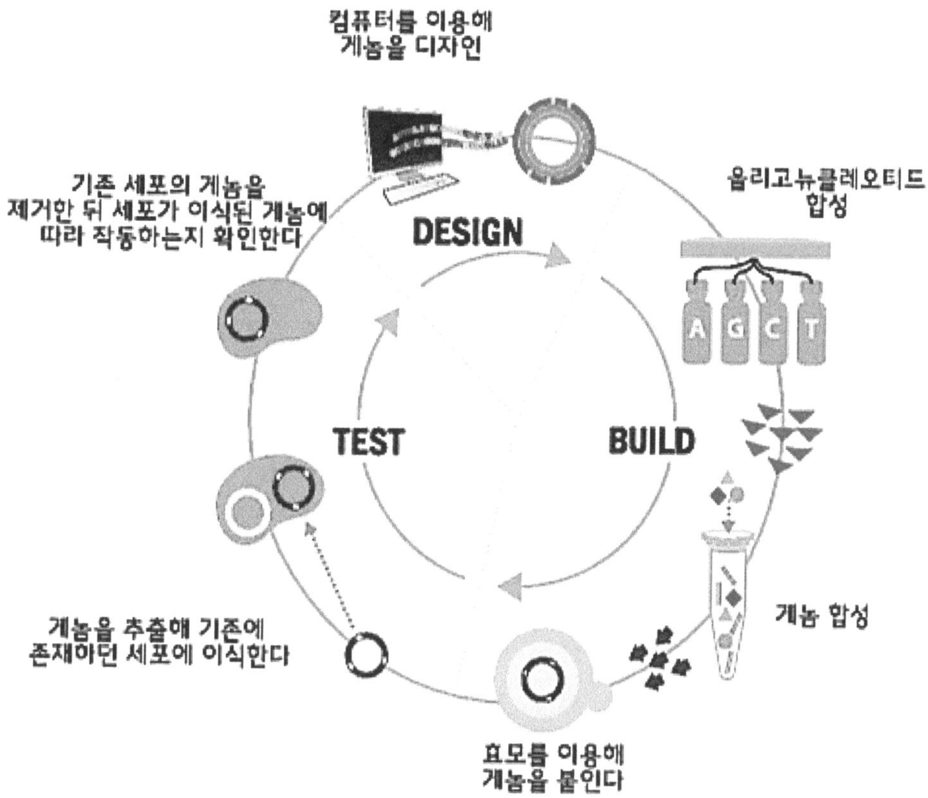

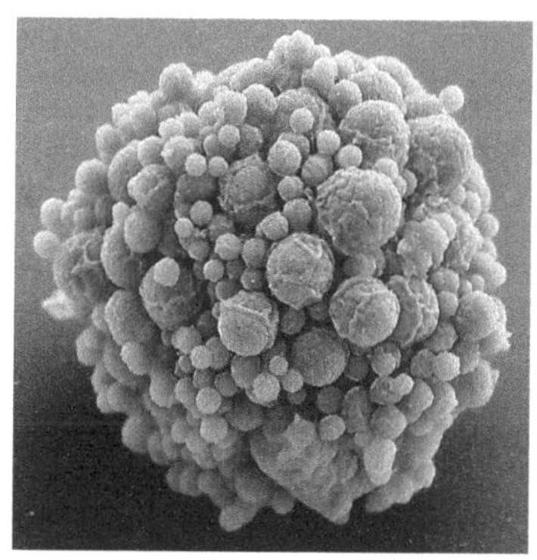

그림 36. 미국 크레이트 벤터 연구소에서 합성에 성공한 인공생명체 JCVI-syn3.0과 인공생명체 생성과정

자료출처 동아사이언스

‖ 바이오 프린팅(Bioprinting)

'바이오 프린팅기술'이란 3D 프린팅 기술을 이용하여 각막, 간, 피부, 혈관, 심장 등 살아있는 생체조직이나 인공장기 등을 만들어내는 기술을 말한다. 이때 사용하는 바이오잉크는 보통 젤 형태로 만들어지는데, 제작하고자 하는 신체부위에 따라 성분이 다르다. 살아있는 세포가 포함된 세포계 재료와 다당류 등의 비세포계 물질을, 원하는 구조 및 패턴으로 적절히 배열하고 혼합하여 바이오잉크를 생성한다. 특히 바이오잉크는 프린팅할 때 나오는 열 등에도 세포가 손상되거나 성질이 변하면 안 되므로 다음과 같은 특성이 있어야 한다.

첫째, 프린트하기 적합해야 한다는 것 즉 인쇄가능성이다. 재료의 점성이 너무 낮으면 프린트 후 모양과 구조를 유지하기 힘들며 점성이 너무 높으면 노즐을 막을 수 있어 프린팅 재료로 적합하지 않다. 둘째, 생체적합성이다. 생체이식에 적합하지 않으면 자가 면역 반응으로 인해 원래의 기능을 수행할 수 없다. 이를 방지하기 위해 생체적합성을 가지는 재료가 필요하다. 셋째, 생분해성 및 부산물의 무독성화이다. 바이오 프린팅으로 만들어진 조직은 세포가 성장하기 위한 공간을 확보하기 위해 분해되어야 하며, 조직의 분해속도가 세포의 성장속도와 같아야 한다. 또한 분해될 때 나오는 부산물은 독성이 없어야 하고 체내에 바로 흡수되어야 한다. 이를 위해 탄수화물이나 아미노산으로 구성된 천연고분자나 합성고분자를 사용하며 최종 부산물이 당, 아미노산의 형태로 배출되어, 분해 후 빠르게 몸속으로 흡수 되도록 제작한다. 네 번째는 물리적 특성이다. 신체부위나 장기의 역할에 따라 물리적 특성이 달라지므로 각 기능에 맞는 재료를 선택하여야 한다. 예를 들어 뼈는 하중을 견딜 수 있는 소재가 필요하며, 혈관은 압력을 버틸 수 있고 탄성력이 있는 소재라야 한다.

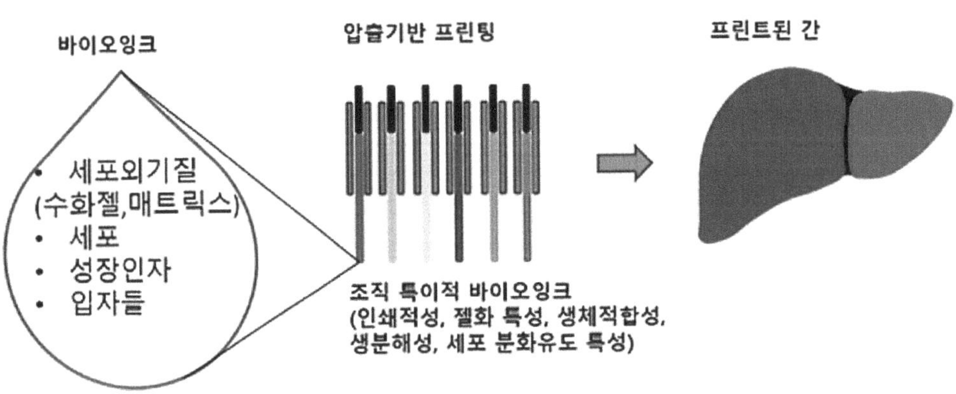

그림 37. 출처 : 이배훈 2017, 3D프린팅을 위한 바이오 잉크 개발 동향

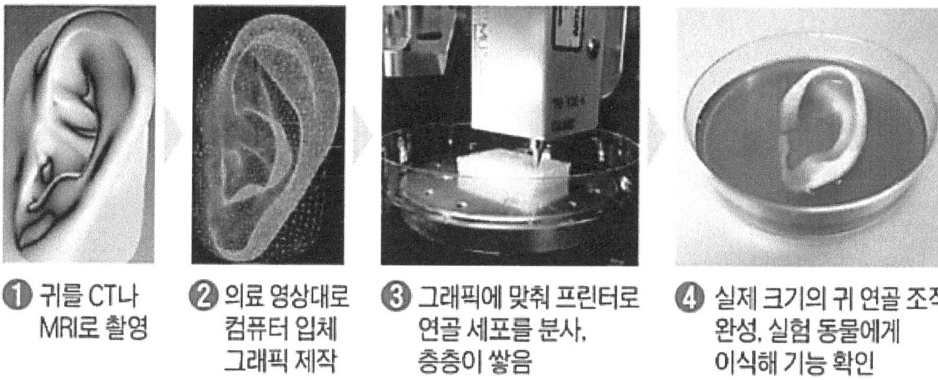

그림 38. 3D 프린터의 인공 귀 인쇄과정 **자료출처 : 네이처 바이오테크놀로지**

최초의 바이오 프린팅 기술은 2008년 도야마대학의 다카무라 마코토 교수에 의해 개발되었으며, 2018년 5월에 이르러서는 영국 뉴캐슬대학 연구팀에 의해 세계 최초로 사람의 각막이 바이오 프린팅 기술로 제작되었다. 이들은 사람들에게서 기증 받은 각막 줄기세포와 해초에서 추출한 알긴산염과 콜라겐 등을 혼합해 바이오잉크를 만든 뒤 사람에게 이식 가능한 인공각막을 만들었다. 약 1년 뒤 2019년 4월에는 이스라엘 텔아비브대학의 탈드비르(Tal Dvir)교수가 이끄는 연구팀이 환자 세포와 혈관 등을 이용한 바이오잉크로 인공심장을 만들어내는데 성공했다.

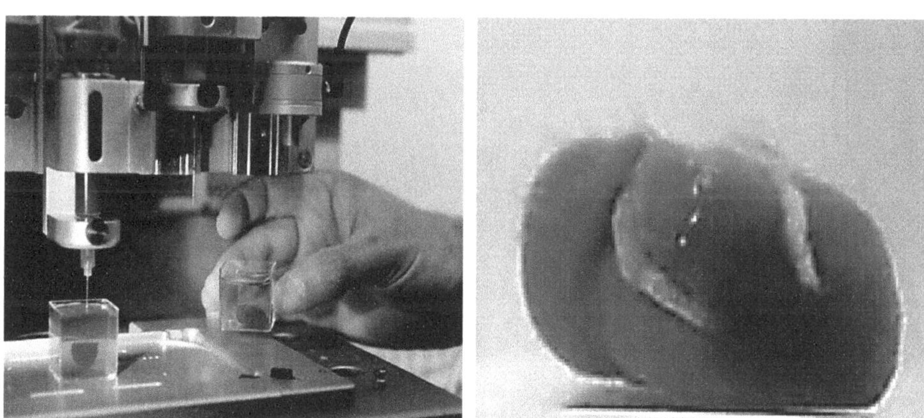

그림 39. 탈드비르교수 연구진이 환자의 지방세포에서 줄기세포를 만들고, 이를 이용해서 심장세포와 내피세포를 만들어냈다. **사진출처 : 연합뉴스**

연구팀은 환자의 지방조직에서 콜라겐, 당단백질 등의 생체재료와 세포를 분리한 후, 생체재료는 잉크역할을 할 수 있도록 하이드로겔 형태로 가공하고, 세포는 하이드로겔과 혼합한 후 심장세포와 내피세포로 배양시켜 심장혈관과 함께 프린트하였다.

이러한 바이오프린팅 기술의 발전은 신속하게 인공장기를 이식할 수 있을 뿐 아니라 환자 본인의 세포를 주재료로 하여 제작하므로 신체거부반응이 매우 낮다는 장점이 있다. 특히 바이오 프린팅 기술은 다양한 웨어러블 의료기기의 발전과 맞물리며 인류의 지체장애 문제를 완전히 극복하는 단계에 한발 더 다가설 것이다. 2012년 11월, 사고로 한쪽 다리를 잃은 잭 보터는 세계최초로 생각만으로 작동하는 의족인 바이오닉(생체공학) 다리로 시카고 윌리스타워 꼭대기인 103층을 50분대에 올라갔다. 나아가 신체와 기계가 쌍방향으로 소통하는 인터페이스 기술인 AMI(Agonist-Antagonist Myoneural Interface)가 적용된 MIT 휴 허(Hugh Hurr, 1964~)교수의 바이오닉스 의족은 뇌파에 의해 실제 팔다리처럼 자유롭게 움직일 뿐 아니라 궁극적으로는 일반인보다 더 강한 능력을 지닐 수 있도록 진화 중이다.

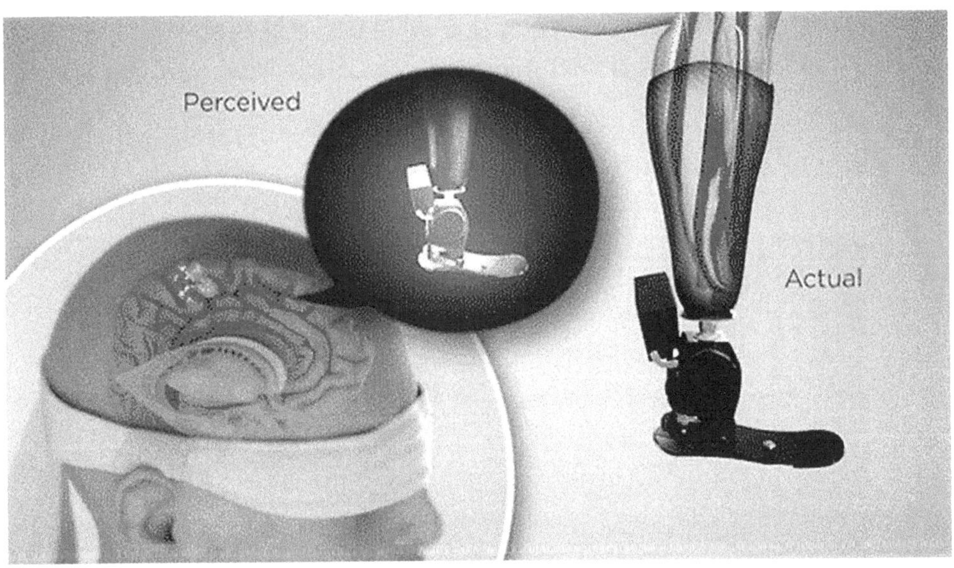

그림 40. AMI 시스템 작동원리 개념도

지금도 휴허교수의 의족을 차면 100미터를 10초대에 주파할 수 있다. 휴허교수는 기술로 장애를 극복 할 날이 머지않았음을 기대하며 다음과 같이 말한다. "세상에 장애란 존재하지 않으며, 기술의 부족만이 존재할 뿐이다. 시력이 좋지 않아 안경을 쓴 사람을 시각장애인이라 하지 않듯이, 사지가 없는 사람 또한 장애인으로 불리지 않는 시대가 속히 도래하기 바란다." 만약, 바이오 프린팅 기술과 로봇 보철Robotic Prosthetics 기술이 일반화 되고, 인공피부를 통해 외견상 실제 팔다리와 구분이 안되는 수준이 되면, 신체에 이상이 없는 사람들조차 이것을 이용하려 할 것이다. 마치 기능성 의류나 신발을 신듯이 말이다.

그림 41. 강연 중인 휴허교수와 휴허교수의 의족을 장착한 발레리나

‖ 4D 프린팅

4D 프린팅이란 3D로 프린팅한 물체가 환경과 상황의 변화에 따라 스스로 변형하여 사용자가 바라는 결과물을 만드는 기술이다. 사람의 개입이 필요 없고 열이나 공기 같은 외부에너지와의 상호작용만을 통해 사전에 프로그래밍 된 대로 형태가 달라지는 '자가 조립' 프로세스를 거치도록 하는 기술로써, 3D 프린팅 기술에 '시간'이라는 또 하나의 차원(Dimension)을 더한 개념이다. 4D 프린팅 기술을 활용하면 온도에 따라 변하는 건축자재, 시간의 경과에 따라 자라나는 인공관절이나 치아 등을 제작하는 등 3D 프린팅 기술로는 할 수 없었던 영역까지 처리할 수 있다.

그림 42. 시간이 경과하면 프로그램 된 외부요인에 맞춰 변형되는 4D 프린팅 결과물과 BMW의 4D 자동차 Next 100 자료출처 : 3D.info.com, BMW

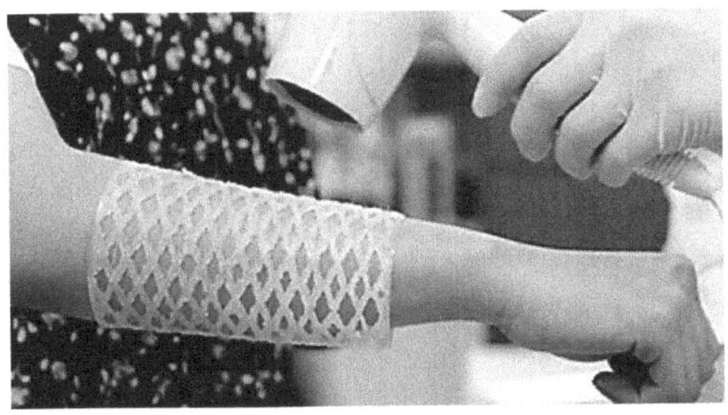

그림 43. 깁스를 팔에 착용한 후 헤어드라이어로 팔모양에 맞도록 변형시키는 모습 자료출처 : KIST

1.4 4차 산업혁명에 따른 변화의 방향

1.4.1 4차 산업혁명의 방향성

4차 산업혁명에 대한 이해는 지나간 세 차례의 산업혁명으로 만들어진 오늘 날 세계에 대한 분석과 깊은 통찰에서 시작해야 한다. 지금이 완벽하다면 새로운 혁명은 필요 없기 때문이다. 인류는 칠만 년 전 인지혁명과 일만 이천년 전 농업혁명을 거치며 명실상부한 지구의 지배자가 되었지만 정작 빈곤, 전쟁, 전염병으로부터는 자유롭지 못했다. 인류는 세 번째 혁명인 산업혁명(과학혁명)으로 인해 비로소 빈곤으로부터 해방되었다.

이처럼 산업혁명은 인류에게 '풍요'를 선물했지만 그에 따른 대가 또한 만만치 않았다. 산업혁명을 통해 기계가 인간 노동력의 한계를 극복하면서 과잉생산이라는 전대미문의 현상이 발생했고, 영국 등 초기 제국주의 국가들은 부족한 원자재 및 완제품의 판로 확보문제를 해결하기 위해 적극적으로 식민지 침탈에 나서게 된다. 이들은 식민지로부터 원재료를 싼 값에 착취한 뒤 완성품을 식민지에 비싸게 되파는 경제침탈을 자행하면서 제국주의와 자본주의를 융합시켰다.

급격한 생산력 증대와 제국주의의 식민지 쟁탈전은 제1차 세계대전을 일으키게 된다. 그러나 식민지 침탈을 통해서도 과잉생산 된 제품이 남아돌자 자본주의 생산자들은 직원을 해고하였고, 대량 해고로 인해 시장은 구매동력을 상실하게 된다. 이에 따라 기업실적은 악화되고 불황이 발생하는 악순환이 반복되었다. 1929년의 대불황은 제2차 세계대전의 빌미가 되기도 하였다.

이러한 악순환을 타개하기 위해 자본주의가 선택한 해결책은 생산 규모를 키워 독과점체제를 확보하는 것과 소품종 대량생산체제를 확립하여 생산의 효율성을 극대화하는 것이었다. 즉 산업혁명을 거치면서 소비자가 아닌 생산자가 시장을 주도하는 패러다임이 고착화된 것이다. 획일화에 따른 인간 개성의 실종과 플랫폼에 의한 중앙 집중 및 폐쇄적 독점은 산업혁명이 가져온 어두운 단면이다. 산업혁명 이후 인간본성에 반하는 어두운 그림자가 물질적 풍요라는 미명하에 우리의 삶 깊숙한 곳까지 파고 든 것이다. 그러나 '획일화'는 인간의 본성에 맞지 않다. 4차 산업혁명은 인간 본연의 욕구인 맞춤, 분권, 개방의 정신을 회복해야 한다는 취지에서 방향성이 정의된다.

1.4.2 4차 산업혁명, 초융합의 시대를 맞이하다

미래학자 스탠 데이비스(Stan Davis)가 언급한 '대량 맞춤'[1]개념이 4차 산업혁명의 핵심 키워드이다. 특히 부품, 설비끼리 상호 소통하는 차세대 생산 시스템인 스마트팩토리는 다품종 대량생산이 가능하도록 지원한다. 이렇듯 4차 산업혁명은 모든 것이 연결되는 '초 연결사회'로 진입하는 것이다. 5G의 통신기술은 초연결과 초융합의 시대를 더욱 더 앞당길 것이다. 나아가 5G를 넘어 지구전체를 하나의 통신망으로 묶는 6G기술, 그리고 지구 밖 우주공간까지 하나로 묶는 7G기술이 이미 연구진행중일 정도로, 디지털기술 발전은 빠르게 기존의 모든 산업 및 생활방식과 융합하여 생산성과 효율성을 크게 증가시킬 것으로 예상된다.

그림 44. 스웨덴 Scania 캐빈공장의 작업 모습. 하이테크 로봇이 생산을 담당하고 있다.

이런 상황이 되면 저렴한 노동력이 더 이상 국가나 기업의 주요 경쟁력이 될 수 없다.

샌프란시스코에 소재한 <미래의 직업펀드> 연구보고서는 향후 20년 안에 로봇과 자동화 기술이 현존 직업의 47%를 사라지게 만들 것이라 전망한다. 1980년대에 접어들면서 컴퓨터시대가 왔지만 미국의 노동생산성 증가율은 연평균 1.5% 증가에 불과했다. 컴퓨터가 노동생산성 증가에 큰 역할을 하지 못한 것이다. 그러나 1990년 중반이후 미국의 노동생산성 증가율은 2.5% 이상으로 반등한다. 이에 대해 2013년 노벨경제학상 수상자인 로버트 제임스 쉴러(Robert J. Shiller)는 "1990년대 인터넷의 보급이 컴퓨터와 융

1) 대량맞춤 : 상품이나 서비스를 개별적인 고객의 요구에 맞게 제공하되, 효율성은 소품종 대량생산과 비슷하게 유지하는 방식. 1987년 스탠 데이비스가 처음 제기하였다.

합되면서 관련 혁신에 폭발적인 시너지 효과를 가져왔고, 그 결과물이 시차를 두고 나타나고 있는 것이다"라고 분석하였다.

따라서 4차 산업혁명의 기반 기술인 AI, IoT, 빅데이터, 블록체인 등이 초융합 되기 시작하면 인류의 생산성은 비약적으로 상승할 수 있다. 세계 경제 포럼의 창립자이며 의장인 클라우스 슈밥(Klaus Schwab)은 그의 저서 <제4차 산업혁명>에서 '기술의 초융합이 일어나면 디지털사업의 경우 한계비용이 제로에 수렴하면서 이전보다 훨씬 적은 노동력으로 더 많은 수익을 창출할 수 있게 될 것'이라 말한다.

그림 45. 1971년 창립된 세계경제포럼의 창립자이자 회장인 클라우스 슈밥 (Klaus Schwb). 2016년 제46회 포럼에서 4차 산업혁명을 처음으로 공론화 하였다. 사진출처 : 교보문고

실제로 현재 태블릿은 30년 전 데스크 탑 5,000개에 맞먹는 처리 능력을 갖추었지만 정보처리 비용은 제로에 가깝다. 1기가바이트를 저장하는 비용은 20년 전에는 1만 달러를 넘었지만, 현재는 연간 저장비용이 0.03달러에도 미치지 않는다.

이처럼 제4차 산업혁명시대의 경쟁력 기준은 이전과는 사뭇 다를 것이다. 가격을 인하해 경쟁력을 갖추려는 방식은 비효율적인 것이 되고, 대신 아이디어와 서비스를 더욱 혁신적인 방법으로 제고해야만 경쟁력을 확보할 수 있을 것이다.

제3차 산업혁명이 단순한 디지털화에서 비롯되었다면, 제4차 산업혁명은 보다 새롭고 다양한 방식의 기술이 융합된 훨씬 더 복잡한 형태를 지향하는 거침없는 도전이다. 이런 변화는 모든 기업이 자사의 운영방식을 전면 재검토하거나 기존 전략의 형태를 바꿀 수밖에 없는 상황을 만들게 할 것이다. 기업의 생존 전략도 인구통계학을 바탕으로 고객에게 접근했던 전통적 방식에서, 이제는 빅데이터 분석에 기초해 타깃 잠재고객을 파악하는 방식으로 전환되고 있다. 풍요의 상징이었던 그러나 동시에 개성을 말살시켜버린 '소품종 대량생산'을 넘어 인간 본연의 욕구를 충족시켜줄 '다품종 대량생산'[1]을 이루어내는 기업만이 소비자로부터 선택 받게 될 것이다.

1) 다품종 대량생산 = 소품종 대량생산 + 다품종 소량생산

1.4.3 그 많던 마부들은 모두 어디로 갔을까?

과거 자동차가 등장했을 때 그 많던 마부들은 어떻게 되었을까? 1차 산업혁명기에 마부들은 부자들의 운전기사로 일자리를 옮겨 새로운 운송수단을 담당했다. 2차 산업혁명기에는 다시 택시와 버스, 트럭 등의 운송을 담당하는 직군으로 진화했다. 3차 산업혁명기가 되자 이들은 택배, 대리기사라는 새로운 직군으로 변형되었다가, 4차 산업혁명기 자율주행차의 등장과 함께 운전직 일자리는 영원히 소멸 할 것이다. 4차 산업혁명 시대의 모든 직업군의 변화 방향은 과거 마부가 시대변천에 따라 변화했던 방향과 유사한 과정을 거치게 될 것이다. 따라서 모든 직군의 근로자들은 자신의 직군에 적용될 혁신적 기술을 이해하고, 선제적으로 배우는 자세가 필요하다. 나아가 본인의 직군 뿐 아니라 환경의 변화에 대한 깊은 통찰도 필요하다. 또한 자율주행차의 출현은 자동차 업계에만 영향을 주는 것이 아니다. 운전자의 책임이 없어지므로 자동차 보험회사가 도태할 것이다. 고속도로 휴게소도 더 이상 의미가 없다. 차 안에서 휴식을 취하면서 편하게 목적지까지 갈 테니까. 주유소도 전기 배터리 등 대체에너지의 부상과 함께 도태할 것이다. 이렇듯이 하나의 변화는 연쇄적으로 사회 전반에 영향을 미칠 것이다. 역발상에 기반한 획기적인 아이디어들도 속속 등장하고 있다.

최근 130년 동안 당연한 것으로 여겨졌던 풍력발전기의 날개가 사라졌다. 스페인 기업 보텍스 블라드리스 Vortex Bladless가 날개 없는 풍력발전기를 개발한 것이다. 그러자 독일, 스위스의 스타트 업들이 연을 띄워 발전시키는 풍력발전기를 선보였고, 독일의 E.ON사는 드론을 이용한 풍력발전기 개발을 시도하고 있다.

그림 46. 날개 없는 풍력발전기. 바람에 의해서 생기는 공진 현상의 에너지를 전력으로 변환하는 원리를 적용. 자료:보텍스

생각지 못했던 역발상이 일상이 되는 세상에서 우리는 이전과 전혀 다른 세상을 맞이할 준비가 되어 있는 걸까?

모든 분야에서 파괴적 혁신이 일어나는 4차 산업혁명시대는 어떤 이에게는 위기일 것이고, 어떤 이에게는 기회일 것이다. 인간 본성에 맞도록 소비자에게 권한을 주고, 개인의 개성을 맞춰주며 모든 경영을 투명하게 개방하는 기업만이 살아남는 시대가 될 것이다. 서로 다른 구성요소와 사안이 얽혀 있는 시대일수록 상호간 신뢰를 바탕으로 한 협력은 성공을 위한 필수 조건이다. 우리는 더 멀리 나아갈 수 있다. 다중이해 관계자들의 효율적인 협력과 함께 새로운 과학기술의 초융합이 구현된다면 새로운 혁명적 르네상스가 우리를 맞이할 것이다.

1.5 모든 것이 분해되는 4차 산업혁명시대, 성공할 것인가 낙오할 것인가

1.5.1 우리는 무엇을 준비하여야 하는가?

제4차 산업혁명이 기존의 정치적, 경제적, 사회적 모델에 가져올 파괴적 혁신은 결국 권한을 가진 모든 이들이, 스스로 분배된 권력시스템의 일부일 뿐임을 인식하고, 성공을 위해서는 협동적인 상호작용이 필요하다는 사실을 깨닫는데서 시작한다. 역사적으로 혁신적인 과학기술이 대두될 때마다 산업에 미치는 영향은 두 가지 상충되는 형태로 나타났다.

첫째는, 기술이 유발한 파괴효과와 자동화로 인해 자본이 노동을 대체하여 노동자가 일자리를 잃게 되거나 다른 곳으로 재배치되는 상황이 벌어졌다. 다른 한편으로 파괴효과는 새로운 재화와 서비스에 대한 수요를 촉진시켜 새로운 직종과 사업, 산업분야를 창출하였다.

그림 47. 19세기 초(1811~1816)에 영국에서 일어난 기계파괴운동인 러다이트운동(Luddite Movement)

지난 역사를 들여다보면 결과는 어느 한 쪽에도 치우치지 않고, 이 두 가지 방향의 중간지점에서 융합되어 일어났다는 것을 알 수 있다. 미래를 정확히 예측하고 이에 대비한다면 승자의 자리를 차지할 것이다. 반면 변화의 패러다임을 잘못 읽는다면 회복불능의 나락으로 떨어질 수도 있다.

지금부터 4차 산업혁명은 어떤 식으로 우리 곁에 다가 올 것인지, 우리는 무엇을 준비하여야 하는지 짚어보고자 한다.

1.5.2 기업과 일자리의 변화 트랜드

많은 미래학자들은 고소득 전문직과 창의성을 요하는 직업군, 저소득 노무직에서는 고용이 늘어날 것으로 전망하고, 중간소득층의 단순반복 업무 일자리는 크게 줄어들 것으로 전망한다.

미래에는 비단 기술발전에 따른 변화뿐 아니라 정치적, 지정학적 변화와 같은 비기술적 요인과 새로운 사회적, 문화적 규범에 따른 새로운 포지션과 직업도 등장할 것이다. 즉 사회적, 기술적 변화 시스템에 발맞춰 일하는 능력 또는 기술혁신이 채우지 못하는 틈새를 채우는 능력에 대한 고용시장의 수요는 늘어갈 것으로 전망한다.

다가오는 미래에 우리는 어떻게 일하고, 살아가게 될 것인가에 대해 연구해 온 세계적인 미래학자 다니엘 핑크(Daniel H. Pink)는 그의 저서 <프리에이전트의 시대>에서 기업과 근로자간의 관계에 대해 '노동의 주요 패러다임이 근로자와 기업간의 지속적인 관계가 아닌, 일련의 거래관계로 점차 바뀌어 갈 것이다.'라고 내다보았다. 즉 직업의 개념이 근로자가 기업에 소속되는 개념에서 기그경제(Gig Economy)[1]나 P2P경제(Peer-to-Peer Economy)[2]로 바뀔 것이라고 전망하는 것이다. 우버화 비즈니스처럼 인간은 한시적 수요에 대한 한시적 공급에 대응하고, 상시적 업무는 자동화로 대체될 것으로 본다. 요즈음 화두가 되고 있는 디지털 노마드족도 이러한 맥락과 맞닿아 있다고 할 수 있다. 즉 앞으로의 일자리는 직장이 아닌 프로젝트 개념으로 직거래 하는 방식이 일반화 될 것이다.

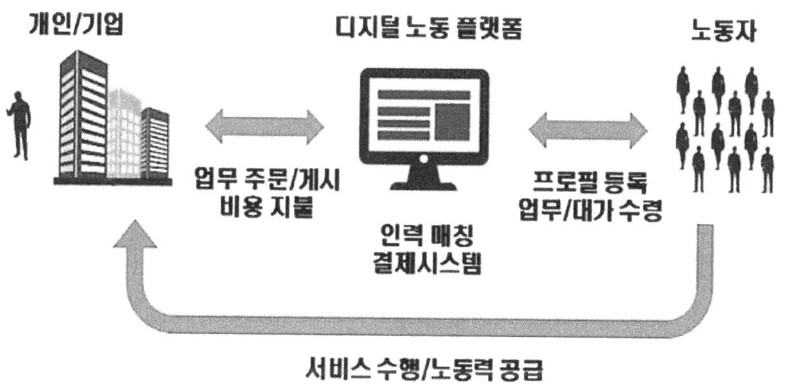

그림 48. 디지털 노동 플랫폼과 Gig경제 자료출처 : 한국은행

1) 기그경제 : 산업현장에서 필요에 따라 사람을 구해 임시로 계약하여 과업을 주는 임시직 위주의 경제 시스템
2) P2P경제 : 중개인 없이 플랫폼을 통해 수요자와 공급자가 직접 거래하는 경제 시스템

또한 미래형 일자리 방식인 '휴먼 클라우드'방식도 뜨거운 이슈이다. 휴먼 클라우드는 광의의 공유경제(Sharing Economy) 개념으로 노동제공자는 더 이상 전통적의미의 피고용자가 아닌, 특정기간 동안 특정업무만을 수행하는 독립노동자가 된다. 이에 따른 기업과 노동자의 이점은 명확하다.

휴먼 클라우드 플랫폼은 노동자를 자영업자로 분류하기 때문에 기업은 최저임금과 법정근로시간, 고용에 따른 각종 세금에서 자유롭다. 휴먼 클라우드를 사용하는 사람들 역시 자유(일하거나 일하지 않을 자유)와 전 세계적으로 연결된 가상 네트워크로, 시간과 공간에 대한 구속에서 완전히 벗어날 수 있다는 이점이 있다. 다만, 우리에게 당면할 수많은 문제를 해결하기 위해서는 변화하는 시장과 진화하는 노동의 본질에 걸맞은 새로운 형식의 사회계약과 근로계약에 대한 논의가 이루어져야 한다. 고용시장의 성장을 저해하지 않고 노동자들이 원하는 방식으로 일할 수 있는 선택권을 침해하지 않는 선에서, 휴먼 클라우드 시스템이 노동력 착취의 수단이 되지 않도록 감시할 필요가 있다. 이렇듯 디지털기술과 글로벌 커뮤니케이션 인프라의 발달로 인해 시간과 공간, 일과 임금에 대한 전통적 관점이 바뀌고 있고, 이로 인해 극도로 유연하고 본질적으로 임시적인 새로운 형태의 일자리들이 속속 등장할 것이다.
이렇듯 전혀 새로운 형태의 일자리가 등장함으로써 사람들은 스스로 업무시간을 탄력적으로 조정할 수 있게 되었고, 노동시장에도 완전히 새로운 혁신의 바람을 일으키게 되었다.

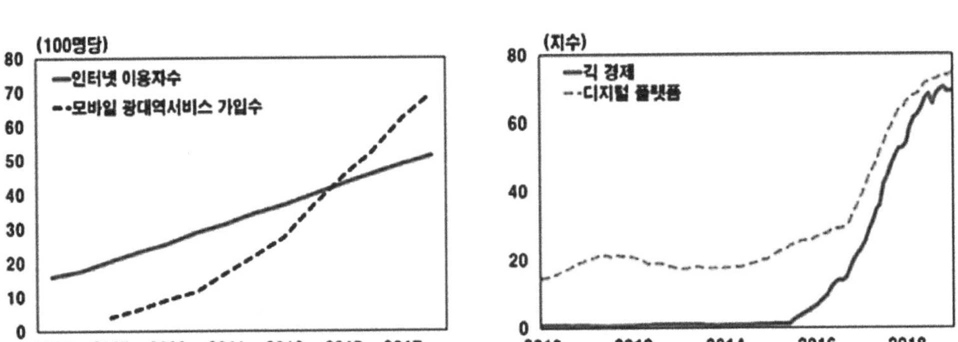

그림 49. 전 세계 인터넷 및 스마트폰 이용자수(좌)와 Gig경제 관심도(우) 자료출처 : 한국은행

국가간 장벽이 무너지고 온라인을 통한 비대면 관계가 일반화하고 타문화의 사고방식에 점점 더 노출되면서, 이제 개인의 정체성은 과거에 비해 쉽게 바꿀 수 있는 것이 되었다. 심지어 사람들은 여러 개의 다양한 정체성을 지니고 관리하는데 훨씬 더 익숙해지고 있다. 개개인 스스로가 사회, 경제 전반에 걸친 알고리즘 시스템의 일부로서 작동하기 시작한 것이다.

이러한 디지털 공간에서의 새로운 삶의 방식에 대해 우려하는 목소리도 있다. 2010년 미시간 대학교에서 진행한 연구에 따르면 대학생들의 공감능력이 20~30년 전과 비교하여 40%나 떨어졌다고 한다. 1978년 노벨경제학상 수상자인 허버트 알렉산더 사이먼(Herbert Alexander Simon)박사 역시 "정보의 풍요는 집중력의 결핍으로 이어지게 된다."고 경고한다. 온라인 미디어에 휩쓸린 젊은 세대 전체가 타인의 말을 경청하거나 눈을 맞추거나 타인의 몸짓과 본질을 이해하는데 어려움을 겪는다는 연구(셰리터클 Sherry Turkle MIT교수, 저서 <외로워지는 사람들>중에서)등은 지금 진행되는 파괴적 혁신이 우리에게 양날의 검이 될 수 있다는 강력한 경고를 주고 있는 것이다.

1.5.3 사라지는 일자리, 새로 생기는 일자리

'산업혁명과 경제발전'이라는 말은 '노동시장 변화 및 일자리 혁명'이라는 말과 동일선상에 있다. 혁명이란, 준비된 자에게는 기회이고 그렇지 않은 자에게는 절망적인 위기일 수 있다. 2016년 세계경제포럼은 <일자리의 미래>라는 보고서를 통해 '향후 10년 이내 사무직, 제조업, 건설업 등에서 710만개의 일자리가 사라질 것이다.'라고 하였다.

전문직 종사자의 일자리도 안전하지 않다. 인공지능전문회사 네러티브 사이언스(Narrative Science)의 창립자이자 노스웨스턴대학 교수인 크리스티안 헤먼드(Kristian Hammond)는 "2020년대 중반이 되면 90%의 뉴스는 인공지능을 통해 작성되고, 그 중 대부분은 인간의 개입이 전혀 필요 없을 것이다"라고 말한다. 이미 한국의 연합뉴스는 해외스포츠 관련 기사는 인간기자가 아닌 로봇기자로 모두 대체하였다. 미국 대학병원에서는 약사들이 파업을 일으키자 그 자리를 '로봇약사'로 대체해 버렸다. 로봇과 인공지능이 전문직 종사자의 일자리까지 위협하는 것이다.

그림 50. 미국 대학병원에 배치 된 로봇약사

파괴적 혁신이 가져올 일자리의 변화는 분명해 보인다. 변화의 방향에 대한 상반된 두 가지 주장을 살펴보면 다음과 같다.

먼저, 일자리 감소론자들은 이전의 산업혁명은 하드웨어 등 기계장치의 변화가 주가 되었으므로 개발 후 이를 작동시킬 다른 노동이 필요했고 노동자의 생산성이 향상되며 임금상승을 가져왔지만, 미래의 디지털 기술혁신은 인공지능 소프트웨어가 주가 되어서 이를 개발할 때는 일자리 수요가 많지만, 개발이 끝나고 생산현장에 투입된 뒤에는 추가적인 인력수요가 적고 오히려 수많은 노동자들이 일자리를 잃게 되는 상황이 올 것이라 주장한다.

반면 일자리 낙관론자들은 인공지능이 대체할 수 있는 일자리는 사라지지만 인공지능을 이용하는 새로운 일자리는 오히려 증가하여 인류의 삶은 한 단계 진일보할 것이라 주장한다. 시장조사기관 가트너(Gartner)는 앞으로 '정보기술 융합형 인재'를 필요로 하는 일자리가 집중적으로 증가할 것으로 보고, 인공지능에 의해 2020년대에 일자리 230만개가 창출되고 180만개가 소멸해 순 고용이 증가할 것으로 예측하였다. 맥킨지(Mckinsey & Company) 역시 인공지능에 의한 자동화로 전세계 노동자의 15~30%가 일자리를 잃지만 경제구조 변화에 따라 그 보다 더 많은 일자리가 등장할 것으로 전망하고 있다.

이처럼 낙관과 비관이 교차하는 가운데 미래를 앞서가기 위해서는 일자리 트랜드의 흐름을 잘 분석해야한다. 맥킨지는 2030년까지 새로운 일자리를 창출할 6가지 트랜드를 제시했는데 임금 및 소비증가, 고령화, 신기술도입, 인프라와 건설투자, 에너지투자, 무급업무[1]의 상품화가 그것이다. 이러한 트랜드가 필요로 하는 분야를 깊이 통찰해보면 미래 산업의 변화를 미리 예측해 볼 수 있다.

궁극적으로 미래 산업의 형태와 수익모델은 공급자가 제품을 생산하고 판매하는 '공급자 중심'에서 사용자의 체험과 가치를 중시하고 참여자 모두가 이를 공유하는 '사용자 중심'으로 변화할 것이다.

세계적인 미래학자 제레미 리프킨(Jeremy Rifkin, 1945. 1~)은 "우리는 지금 글로벌 시장경제와 생산자동화라는 새로운 시대로 진입하고 있다. 로봇과 인공지능으로 인해 노동자가 거의 없는 경제 생태계를 향한 길이 시야에 들어오고 있다. 자동화로 인한 실업을 두려워 말라, 인간은 창의적인 일을 하기 위한 다음 단계로 발을 내딛는 것이다."라고 말했다.

마치 엊그제 쓴 듯한 이 글은 25년 전인 1995년 출간된 리프킨의 명저 <노동의 종말 The End of Work>의 한 문장이다. 미래사회를 내다 본 그의 혜안이 경이롭기까지 하다. 실제로 향후 대부분의 일자리는 소멸되거나 변형되거나 새롭게 창출 될 것이다.

우리에게 다가올 미래는 인공지능이나 사물인터넷을 넘어 앰비언트 컴퓨팅

1) 무급업무 : 육아, 요리, 청소 같은 가사업무 등

(Ambient Computing)[1]기술을 선보일 것이다.

그림 51. 인식하지 않아도 공기처럼 존재하는 앰비언트 컴퓨팅 상상도

사회 전반에서의 파괴적 혁신은 일상이 될 것이다. 따라서 직업이 사라지는 것이 아니라 변한다는 관점에서 향후 변화될 방향성을 고민해야 한다.

4차 산업혁명을 거치면서 인류는 지금껏 겪어보지 못한 엄청난 속도의 변화를 겪게 될 것이다. 직업의 종말을 걱정하는 누군가에게 기술은 절망이지만, 새로운 직업의 탄생을 믿는 누군가에게 기술은 곧 희망이 될 것이다.

1) 앰비언트컴퓨팅 : 유비쿼터스개념의 진일보한 확장개념으로써, 우리 주변의 스마트 기기들이 우리가 따로 요청하지 않아도 우리 이야기를 들으며 요구를 미리 예측하고 필요한 순간에는 우리를 도우면서 점차 인간생태계의 일부분으로 자리 잡게 되는 기술이다.

“길게 내다보면, 인류는 AI를 놓고 초대형 도박을 펼치게 될 것이다. 인류가 그 동안 판돈을 걸고 벌인 도박치고는 이만한 것이 없을 것이다.”

- 2015. 철학자 닉 보스트롬(Nick Bostrom) -

제2장 작은 발걸음, 거대한 도약

1969년 7월 20일, 인류는 달에 첫 발을 내딛는다. 달에서 지구를 바라보는 인류사에 한 획을 긋는 역사적인 날이었다. 당시 아폴로11호를 타고 달 표면 '고요의 바다'에 착륙한 닐 올든 암스트롱(Neil Alden Armstrong. 1930~2012)은 "한 인간에게는 작은 발걸음이지만 인류에게는 거대한 도약이다. That's one small step for a man, one giant leap for mankind."라는 말을 지구로 발신하였다. 그로부터 반세기가 흐른 지금, 인류는 또 한 번의 거대한 도약을 시도하려 한다.

세계적인 미래학자이자 미국 싱귤래러티대학 교수인 호세 루이스 코르데이로(Jose Luis Cordeiro)는 "유전자공학과 로봇공학기술의 급격한 발달로 인류는 신체능력을 획기적으로 강화시킨 새로운 종인 트랜스휴먼Trans human으로 진화할 것"이라고 예측했다. 이제 인류는 유전자 재배열 및 복제기술의 발달로 새로운 생명을 '창조'하고 '디자인'할 수 있는 단계에 접어들었다.

지금까지 지구상 모든 종(種, species)들은 생존을 위해 자연법칙에 맞춰 진화를 거듭해왔다. 하지만 인류는 이를 거슬러, 스스로가 진화에 관여하기 시작했다. 호세교수는 현생인류인 호모사피엔스가 앞으로 '트랜스 휴먼'을 거쳐 종국에는 더 이상 늙지 않고 영생의 삶을 사는 새로운 종인 '포스트 휴먼'이 되리라 예측한다. 즉 자연법칙에 의한 진화가 아니라 인간 스스로가 만들어내는 규칙에 의해 진화를 선택한다는 것이다. 세계적인 역사학자인 유발 하라리는 여기서 나아가 인류는 4차 산업혁명 시대를 기점으로 호모사피엔스의 단계을 끝내고 호모데우스 즉 스스로 신이 되는 단계로 진화 할 것으로 예견하고 있다. 지금 이 순간에도 웨어러블과 증강현실, 가상현실, 혼합현실 등의 기술발전은 인공지능과 융합하면서 인류의 시각적 효과와 정보습득 인터페이스를 바꾸고 있다.

앞으로 한 세기 혹은 두 세기가 흐른 후 인류는 어떤 모습을 하고 있을까? 로봇과 인간은 상호간 어떻게 작용하며 영향을 미칠까? 로봇과 함께 살아 갈 미래는 우리에게 유토피아일까 아니면 디스토피아일까?

2.1 2050년에서 보내온 경고, 나는 인간인가 기계인가?

2.1.1 영생을 꿈꾸는 인류의 도전

대다수 생물학자와 미래학자들은 향후 인간의 수명은 200세까지 연장되고 뇌의 핵심기능인 인지와 기억 등을 데이터화 하는 것이 가능해지리라 전망한다. 즉 인간의 기억을 USB와 같은 저장장치에 담아 컴퓨터 등 다른 기계로의 이동이 가능해진다는 것이다. 구글의 '인간 500세 프로젝트'는 구글의 자회사 칼리코(Calico, California Life Company 캘리포니아생명기업의 약자)가 인간의 수명을 획기적으로 늘이겠다는 목표로 추진 중인 프로젝트이다. 칼리코는 구글의 공동 창업자인 세르게이 미하일로비치 브린(Sergey Mikhaylovich Brin, 1773. 8. 21~)이 노화의 근본원인을 밝혀 인간의 수명을 500세까지 늘이는 것을 목표로 2013년 9월 13일 설립 한 바이오 기업이다.

그림 52. 칼리코 프로젝트를 소개한 미국 타임지 2013년 9월 30일자 표지

허중호 국회미래연구원 연구위원은 “개인의 뇌에 저장된 정보를 컴퓨터에 업로드할 수 있게 된다면 정신작용이라고 믿어왔던 뇌를 신체에서 분리할 수 있을 것”이라고 말한다. 테슬라의 CEO 엘론 리브 머스크(Elon Reeve Musk 1971~)는 2016년 ‘뉴럴링크(Neural Link)’라는 기업을 설립하여 인간의 뇌와 인공지능을 융합시키는 ‘뉴럴레이스Neural Lace’를 연구해 왔다. 뇌에 칩을 심어 외부의 컴퓨터와 연동하는 이른바 ‘뇌 임플란트’기술이다.

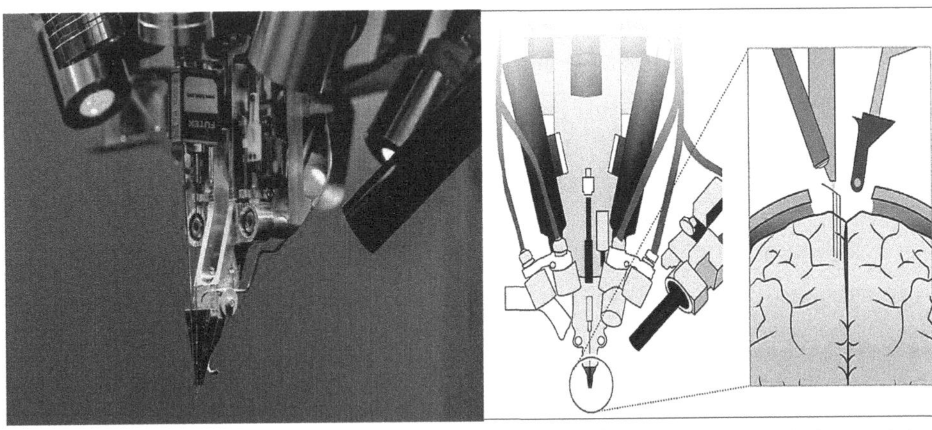

그림 53. 뉴럴링크가 뇌에 칩을 심기위해 개발한 시술로봇과 시술 개념도 자료출처 : 뉴럴링크

그리고 머스크는 올해 9월에 자신의 연구를 실제 돼지에게 적용하여 돼지의 행동패턴을 미리 알아내거나 행동 조작이 가능함을 대중들 앞에서 시연해 보였다. 브레인리딩(Brain Reading)과 브레인라이팅(Brain Writing)이 실제 가능한 기술임을 보여준 것이다.

구글의 기술고문이자 세계적인 미래학자인 레이 커즈와일(Ray Kurzweil, 1948~)은 그의 저서 <특이점이 온다>에서 “2030년 이후엔 나노봇(Nano bots)이 인간의 뇌에 이식되고 이를 통해 인간의 뇌가 클라우드에 연결되는 ‘하이브리드 두뇌’가 실현 될 것”이라고 전망했다.

머스크는 그 시기가 2030년보다 오히려 더 앞당겨질 수 있음을 보여주고 있다. 나노봇 기술을 통해 인류는 영생에 한 걸음 더 다가설 수 있다. 그리고 나노봇과 인공지능기술의 융합으로 죽은 사람의 기억을 DNA 샘플링하여, 죽은 사람의 가상육체 즉 아바타를 만드는 것도 가능해진다. 이렇게 생명이 연장되면 인류는 필연적으로 ‘거대한 권태’라는 문제에 봉착하게 된다.

그림 54. 머스크가 그리는 미래.　　　사진출처 : KBS NEWS 캡처

국회미래연구원은 나아가 2050년에는 인간의 뇌로 로봇을 조종하는 '뇌-기계접속(BMI, Brain,-Machine Interface)' 기술이 상용화 될 것으로 예측한다. 연구책임자인 이삼열 연세대교수는 "인간의 뇌는 다양한 로봇과 연결되어 단지 생각만으로도 로봇을 조종할 수 있을 것"이라고 전망했다.
실제로 미국 피츠버그대학 신경생물학과 앤드류 슈워츠(Andrew Schwartz) 교수는 2008년과 2012년에 각각 원숭이와 인간의 뇌에 조그만 칩을 넣어 로봇팔을 움직이는데 성공한바 있다.

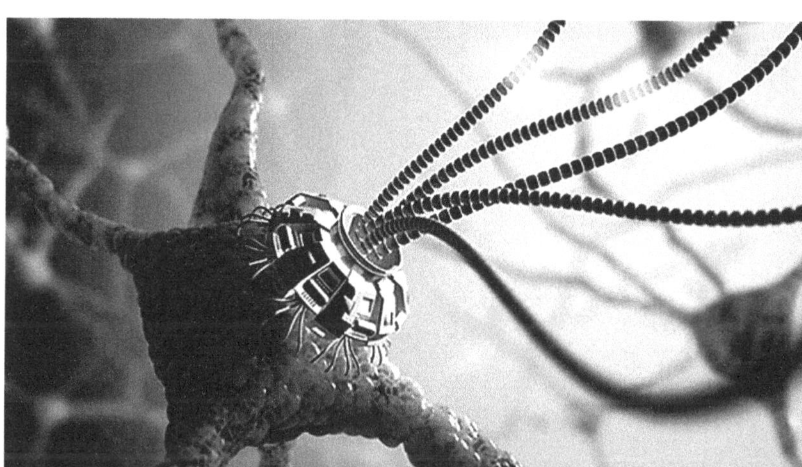

그림 55. 뇌와 컴퓨터를 연결시키는 뉴럴레이스 기술 상상도.　자료출처 : 뉴럴링크

심지어 머스크는 뉴럴레이스 기술을 통해 타인의 생각을 외부에서 통제할 수도 있을 것으로 자신한다. 물론 알츠하이머나 정신질환을 치료하기 위한 기술이 될 것이라고 말하고 있지만, 이런 기술이 상용화 된다면 인류는 여태껏 경험하지 못한 새로운 난제와 마주해야 할지도 모를 일이다.

2.1.2 신인류, 네오 휴머니티

한편 러시아의 미디어 재벌인 드미트리 이츠코프(Dmitry Itskov, 1980. 9. 2~)는 스스로 '네오 휴머니티Neo-Humanity'라고 이름 붙인 신인류의 형태로 인간을 진화시키는 것을 목표로 '2045 이니셔티브Initiative' 프로젝트를 추진 중이다. 이츠코프는 인간의 인격을 비생물학적 육체에 이식해 인간이 영원히 살아가는 것을 꿈꾸고 있다. 그는 2020년이면 가상육체(아바타) 기술의 토대가 조성되고, 2025년이면 인간의 뇌와 인공로봇을 연결시킬 수 있을 것이며 2030년까지는 인간의 뇌를 로봇에 업로드시키는 것이 가능해지며, 2045년이 되면 인간 스스로의 선택에 따라 뇌의 모든 기억과 인격을 유지한 채 홀로그램 형태의 몸을 갖고 영원히 존재하게 되리라 예견한다. 호모사피엔스종이 아닌 소위 새로운 형태의 종species이 탄생하는 것이다.

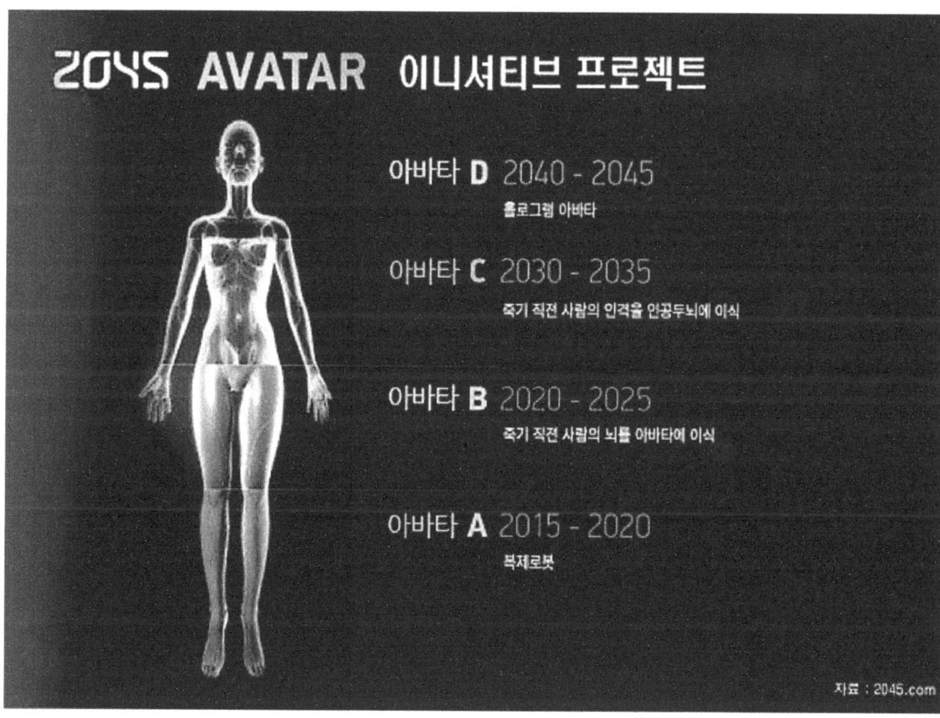

그림 56. 이니셔티브 프로젝트. **자료출처 : 2045.com**

이렇듯 인류는 지금까지 경험해보지 못한 시대로 진입하고 있다.

2015년 세계경제포럼(다보스포럼)에서 제시된 2025년 티핑포인트[1] 중 상

1) 티핑포인트(Tipping Point) : 어떤 현상이 서서히 진행되다가 갑자기 폭발적으로 나타나기 시작하는

당수가 이미 구현되기 시작했을 만큼 디지털기술발전 속도는 우리의 상상을 넘어서고 있다. 2020년 다보스포럼은 '2020 10대 유망기술'을 선정해 발표했다.

최근의 코로나19 팬데믹의 영향 탓인지, 의료분야와 헬스케어 분야가 강세를 보이고 있다.

다보스포럼이 제시한 티핑포인트와 후속적으로 선정한 10대 유망기술을 관통하는 핵심 기반기술은 AI, IoT, 빅데이터, 나노기술, 블록체인 등이다. 지금부터는 이러한 기반기술과 관련된 다양한 논거들과 이러한 거대한 변화에 어떻게 대응하고 준비하여야 하는지 4차 산업혁명 대응 전략을 살펴보고자 한다.

구분	분야	기술
1	의료	마이크로니들 (Microneedles for Painless Injections and Tests)
2	화학공학	태양열 기반 화학 (Sun-Powered Chemistry)
3	헬스케어	가상 환자 (Virtual Patients)
4	컴퓨팅	공간 컴퓨팅 (Spatial Computing)
5	의료	디지털 의료 (Digital Medicine)
6	수송	전기 항공 (Electric Aviation)
7	기반시설	저탄소 시멘트 (Lower-Carbon Cement)
8	컴퓨팅	양자센서 (Quantum Sensing)
9	에너지	녹색수소 (Green Hydrogen)
10	인공생물학	전체 게놈 합성 (Whole-Genome Synthesis)

다보스포럼이 선정한 2020년 10대 유망기술

극적인 순간을 가르킨다. 카타스트로프(붕괴이론), 싱귤래러티(특이점) 등과 같은 개념으로 사용된다.

2.2 로봇......적인가, 친구인가

2.2.1 로봇의 탄생

로봇과 인공지능에 관한 최초의 이야기는 까마득한 옛날인 그리스 신화 시대까지 거슬러 올라간다. 기록상(?) 첫 인공지능 로봇 개발자는 제우스와 헤라 사이에서 태어난 맏아들 헤파이스토스(Hephaistus)이다.

헤파이스토스는 불과 대장장이의 신으로, 신들이 쓰는 무기와 장신구 이외에도 태양을 끌면서 도는 황금마차, 에로스의 사랑의 화살, 아프로디테의 허리띠, 판도라의 상자 등을 만든 신화 속 주인공이기도 하다.

그는 신들의 요구로 인해 일이 너무 많아지자 청동으로 오토마타(Automata)[1]를 만들어 자신의 일을 '알아서' 돕도록 하였다. 기록상 최초의 로봇이자 인공지능인 셈이다.

약 3,000년 전 호메로스라는 음유시인의 상상력이지만 이 신화 속에는 인류의 간절했던 소망이 담겨져 있다. 그리스 신화가 만들어진 약 3,000 여년 전은 인류가 농경시대에 완전히 진입한 때이다. 모든 것을 사람의 노동력에만 의존했던 힘든 노동의 시대에 인간은 어떤 꿈을 꾸었을까? 신화를 통해 만들어진 오토마타에는 죽음만큼 힘들었던 노동으로부터 벗어나고픈 인류의 소망이 담겨 있었던 것은 아닐까?

1920년, 헤파이스토스의 오토마타는 체코의 극작가 카렐 차페크(Karel Capek 1890~1938)의 <R.U.R Rossum's Universal Robots>이라는 작품 속에서 '로봇'이라는 이름으로 되살아났다. 차페크의 <R.U.R>에는 공장에서 대량생산된 로봇이 등장한다. 스스로 생각할 수 있는 존재로 설정됐으니 현대적 의미의 인공지능로봇에 해당한다.

이 로봇들은 끝내 반란을 일으켜 인류를 멸망의 길에 이르게 하니, 디스토피아를 내포하고 있다고 할 수 있다. 사실 오늘 날 우리 사회의 여러 곳에서 로봇과 인공지능에 대한 거부감과 불안감을 발견할 수 있다.

차페크가 처음 '로봇'이라는 개념을 소개하고 그의 희곡이 대중의 인기를 얻으면서 동시에 대중은 기술문명 발달에 대한 두려움을 함께 느꼈던 것이다. 즉 어느 날 로봇이 완전한 자율성을 획득하는 순간, 세계를 정복하고

1) 오토마타(Automata) : 그리스어 조합. 스스로(Auto)와 생각하는(mata)의 조합으로 현재의 인공지능로봇과 같은 개념이다.

인류를 멸망시킬 것이라는 '불길한 신화'가 무의식중에 인간의 마음에 자리 잡은 것이다.

그림 57. 차페크의 희곡 중 로봇들이 반란을 일으키는 장면

기계와 인간의 관계에 대한 이런 인식은 하나의 문화적 현상처럼 널리 퍼지면서 전문가들마저 로봇을 '반항' 또는 '복종'이라는 두 개의 가능성 안에 가두려는 경향을 보이고 있다.

영화 <매트릭스>나 <터미네이터>에서 인류의 생존을 위협하는 적은 기술문명 그 자체이다. 영화 <터미네이터>에서 미래의 어느 날 '스카이넷'은 알 수 없는 이유로 스스로를 인지하게 되면서 인류는 끔찍한 세상과 마주하게 된다. 극단적 디스토피아이다.

반면 <패신져스>의 바텐더로봇 아서나 <블레이더 러너 2049>의 여자친구 로봇 조이와 같은 착한 친구로서의 모습도 보여준다. 완벽한 유토피아다.

하지만 이 모든 것들은 허구이고 만들어진 상상일 뿐, 현실의 로봇공학이나 과학기술에 기초한 것은 아니다. 영화 속 이야기를 로봇과 관련한 극단적인 전망으로 확대해석할 필요는 없다. 사실 오늘 날 대부분의 로봇과 인공지능은 사람 또는 동물의 모습을 하고 있지 않다(우리가 일상적으로 이용하는 자동문과 엘리베이터, 세탁기 등도 로봇의 범주에 속한다). 기계의 외관만으로는 로봇인지 아닌지 구분하는 기준을 찾기는 힘들다.

그림 58. 영화 터미네이트 중 한 장면

2.2.2 로봇과 자율성

2016년 이세돌 9단과 구글 알파고의 대국 일정이 발표되는 자리에서 한 기자가 다음과 같은 질문을 했다.

"구글은 이세돌 9단과의 대국을 준비하기 위해 슈퍼컴퓨터 같은걸 가져오나요?" 어쩌면 기자는 안드로이드 같은 로봇이 대국장에 앉아 있기를 기대했는지도 모르겠다.

보통 우리가 생각하는 로봇은 인간을 대신하여 여러 가지 일을 해주고, 어느 정도는 자율성(Autonomy)을 지닌 존재들이다. 여기서 말하는 '자율성'이라는 조건은 일반적인 기계인 전기톱이나 세탁기, 자동문 등 단순한 자동화 기계와 로봇을 구분해주는 기준이 될 수 있다. 하지만 로봇 스스로가 자의식을 갖고 자신의 의지에 따라 판단하는 단계가 되기 위해서는 수많은 난제들을 해결하여야 한다.

인간은 로봇들이 나약함이나 결함이 없는 강한 힘을 가진 존재이기를 바라며, 무엇보다 인간노동자들 대부분이 가지고 있는 반항심이나 독립심 같은 것이 없기를 바란다. 아이러니하게도 우리가 로봇에게 '결여' 되기를 바라는 이런 특성들이 바로 인간이 지닌 '자율성'이다. 다시 말해 우리는 로봇이 자율적이기를 바라면서 동시에 자율적이지 않기를 바라는 것이다.

대부분의 미래학자들은 조만간 인류는 1인 1로봇을 소유하는 시대로 접어들 것으로 예상한다. 인간 주인과 함께 생활하면서 그에게서 배우는 제3세대 로봇인 적응형 로봇 Adaptive Robot은 IoT기술과 결합되어 개인의 삶속으로 스며들 것이다. 어쩌면 머지않은 미래에 초등학교에서는 수업 전에 다음과 같은 교내방송이 나올 런지도 모르겠다.

"아이들을 데리고 온 돌봄로봇들은 학교에서 마련한 충전실에서 충전하면서 대기해주기 바랍니다."

나아가 로봇공학의 발전은 '인공지능'을 넘어 '인공감정을 장착한 감정로봇'의 개발에 도전 할 것이다. 또한 이러한 기술의 발전은 합성생물학 등과 융합되어 살아있는 인공 생명체, 살아 있는 로봇을 만들어 낼 것이다.

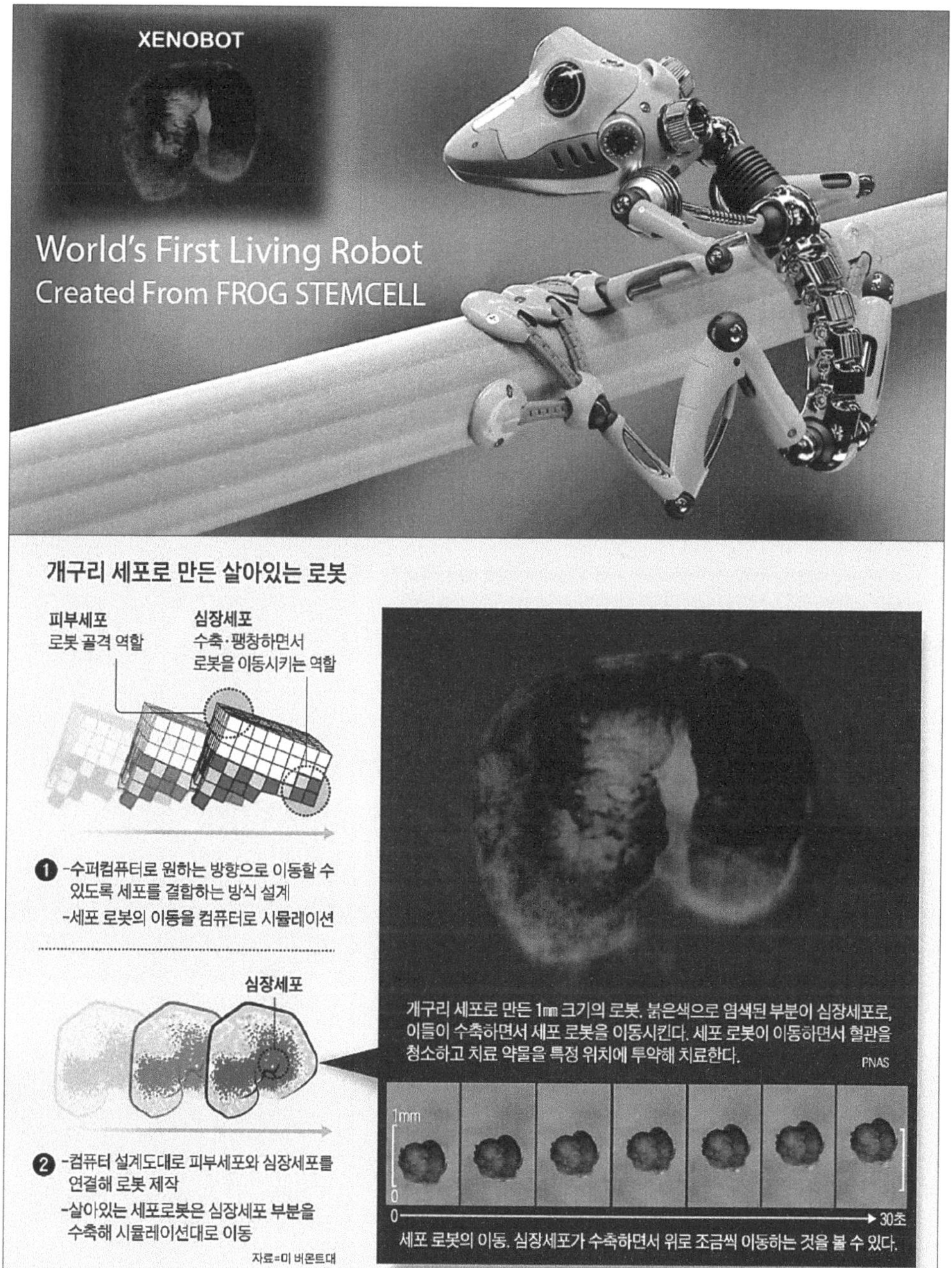

그림 59. 개구리의 줄기세포를 이용하여 만든 세계최초 살아있는 로봇 제노봇Xenobot 개념도. 그래픽 : 김하경

자료출처 : https://expressedtounfold.wordpress.com/2020/06/19/xenobot/, 미국 버몬트대

앞서 언급한 차페크의 <R.U.R>은 단순한 지적자극이나 기술문명의 위험성에 대한 경고 외에도 당시의 사회적 계급관계에 대한 현실을 보여주고 있다. 작품에 등장하는 로봇들은, 겉모습만 비슷할 뿐 지배계급과는 전혀 다른 집단으로 취급되었던 당시 피지배계급의 현실을 반영하고 있다.
우리가 지금 로봇에게서 느끼는 위협도 급격한 기술발전에 대한 위기감이라기보다는 로봇을 소유하는 계급과 로봇과 경쟁관계에 놓이게 되는 계급 간 정치권력관계의 불안함이 문제의 본질인 것이다. 지금 미래를 어떻게 준비하는가에 따라 인류는 크게 로봇을 부리는 부류와 로봇과 경쟁하는 부류로 나뉘게 될 것이다.

2.3 로봇과 더불어 사는 방법

2.3.1 공평과 공정

로봇과 함께 살아 갈 4차 산업혁명시대는 인류에게 위기일까, 기회일까?
세계 최대 규모 국제구호개발기구인 옥스팜(Oxfam)의 자료에 따르면 전 세계 인류의 하위 50%(약39억 명)의 전체 부(富, Wealth)와 동일한 부를 가진 초 억만장자집단의 수는 2010년 388명, 2014년 80명에서 2018년에는 8명(제프 베조스, 빌게이츠, 아만시오 오르테가, 워렌 버핏, 카를로스 슬림, 마크 저커버그, 래리 앨리슨, 마이클 블룸버그)이었다. 과연 우리는 단 8명이 전체 인류의 절반이 가진 부와 동일한 부를 가지고 있는 이 공고한 체제를 바꿀 수 있을까?

그림 60. 전 세계 부의 하위 50% 인구(약39억 명)가 가진 부와 동일한 부를 가진 8인

18세기 산업혁명이 만든 지금의 자본주의 체제 또한 변혁의 대상이 될 수 있음을 보여주는 사건이 며칠 전에 발생하였다. 2021년 1월 6일 오후 1시경(미국동부기준) 전 세계인을 경악시킨 사건이 미국 한복판에서 벌어진 것이다.
의회민주주의의 상징과도 같았던 미국 의사당이 백인시위대에 의해 점거당한 것이다.

그림 61. 2021년 1월 6일 미국 의사당 시위대에 의해 점거. **사진출처 : CNN방송 캡처**

이 장면은 전 세계에 실시간으로 생중계되었고, 911테러에 버금가는 충격을 주었다. 그 동안 민주주의의 기준으로 인정받았던 미국 의회민주주의가 허망하게 무너지는 순간이었다. 미 언론들은 일제히 이날을 '미국 암흑의 날'이라고 규정했다. 더군다나 이날 시위대들이 흔든 깃발 중에는 인종차별과 백인우월주의자(실제로 백인이 우월하다는 근거는 어디에도 없다)들의 상징이자 노예제도를 지지했던 남부연합 깃발까지 등장하는 등 미국사회의 어두운 민낯을 전 세계에 그대로 보여주었다. 실제로 의사당을 경비하던 백인경찰 일부는 시위대에게 문을 열어 주기도 하였다. 물론 백인우월 극단주의자들은 미국사회에서 일부일 뿐이고, 대다수 미국 국민들은 미국의 정체성을 가장 잘 간직해야 할 국기인 성조기가 오히려 미국의 정체성을 부정하는 의사당 점거시위에 사용된 이번 사태에 대해 분노하고 이들을 비난하고 있다. 그러나 이번 사태는 이미 일어난 역사의 한 장면이 되어버렸고 그 원인과 대책은 냉정하게 분석되어야 할 것이다. 사실 트럼프가 취임 후 자신의 딸과 사위에게 백악관의 중책을 맡겼을 때 수많은 전문가들이 이를 위험한 시그널로 지적하고 경고를 했었다. 비전문가들에게 국가의 중책을 맡겨서는 안 된다는 지적이었다. 이러한 비전문가들로 구성된 정부조직은 코로나19 팬데믹 상황에서 무기력과 무능함의 극치를 보여주며 결국 정권을 뺏기고 만다. 지금 미국의 모습은 마치 14세기 흑사병으로 인해 무너진 중세유럽의 모습을 보는 듯하다. 유럽은 흑사병을 겪으며 인류사의 전면에 나서게 되었다. 그리고 유럽에서 시작된 산업혁명은 미국에서 진보와 도금의 시대를 거치며 민주주의라는 꽃을 피웠다. 미국은 3차 산업혁명 시대를 주도하며 스스로 민주주의 국가의 리더를 자처하였다. 유럽이 흑사병을 거치며 르네상스와 산업혁명을 만들어 냈다면 이미 지구상에서 절대적인 초강대국의 지위를 차지하고 있는 미국은 코로나19를 겪으며 어떤 모습으로 변신을 꾀할 수 있을까? 4차 산업혁명의 시대정신이 개방, 분권, 맞춤이라고 한다면 미국은 지금 위기와 기회를 동시에 마주하고 있다. 어쩌면 이번 미국 의사당 점거사태는 지금까지 절대적으로 공고하다고 생각한 모든 것이 한 순간에 뒤바뀔 수 있음을 보여준 상징적인 사건일 수 있다. 인류의 근현대사를 주도한 미국이 이 상황을 어떻게 타개 할지는 지켜볼 일이다. 코로나19 팬데믹은 지구촌 모든 것들을 뒤흔들고 있다. 전체 판이 흔들릴 때 기회는 오는 것이다. 개방, 분권, 맞춤의 시대정신을 지향하고, 공정과 공평을 지혜롭게 합의한다면 우리는 공고했던 기존 판을 깨고 새로운 도약을 이룰 수 있을 것이다.

모든 것이 초 융합되는 4차 산업혁명은 이제 '소유'의 시대가 저물고, '공유'의 시대가 도래했음을 선포한다. 유비쿼터스 컴퓨팅은 사물인터넷 기술로 되살아나 공유문화를 독려하고 있다. 폐쇄와 독점의 시대는 가고 개방과 분권의 시대가 올 것이다.

우리는 지금까지 평등에 관한 권리와 의무를 주장해 왔다. 그러나 이제는 양적평등이 아닌 질적 평등에 대한 논의를 시작해야 한다. 평등의 의미 또한 공평과 공정으로 정확히 구분하여 정의하여야 하는 시대로 접어들었다.

그림 62. 모두에게 똑같이 배분하는 공평, 각자의 필요에 맞춰 배분하는 공정

2.3.2 인공감정과 감정로봇

모든 것이 융합되기 시작하면서 혁신의 속도뿐 아니라 생산성 또한 놀라운 수준으로 성장했다. 디지털 기술의 적용은 자동화를 의미하며, 이는 노동력과 규모에 좌우되던 '수확체감의 법칙'1)이 더 이상 적용되지 않는다는 의미이다.

디지털사업의 경우 오히려 '수확체증의 법칙'2)이 적용되면서 한계비용이 점점 제로에 수렴하게 되고, 훨씬 적은 노동력으로 더 많은 수익을 창출할 수 있게 되었다.

새로운 플랫폼경제와 공유경제의 등장, 한계비용 감소에 따른 소비자의 영향력 증대에 따라 기업과 사회는 파괴적 혁신을 시도할 것이고 기존의 경제논리는 새롭게 재정립해야 할 것이다. 이러한 파괴적 혁신은 민첩하고 혁신적인 경쟁력을 갖춘 스타트업 기업에서 더 강점을 발휘할 수 있다. 이들은 디지털 플랫폼을 활용해 품질, 속도 그리고 가격 개선을 획기적인 수준으로 끌어올려 그 어느 때보다 빠르게 거대 기업을 추월할 수 있게 되었다.

2018년 포춘지 발표에 따르면 세계 시가총액 상위 500대 기업의 기대 수명은 1950년대 60년에서, 2018년에는 15년 미만으로 짧아졌다. 현재 500대 기업이 15년 뒤에도 존속할 가능성이 희박해진 것이다. 디지털 세계 속에서는 이미 다윗과 골리앗의 전쟁이 시작되었다. 4차 산업혁명은 '혁명'이라는 이름에 걸맞게 모든 것을 새롭게 정의할 것이다.

4차 산업혁명은 1%가 장악했던 모든 것을 99%에게 되돌려주고자 한다. 철옹성 같았던 자본주의 체제는 전혀 새로운 형태로의 변화를 겪게 될 것이다. 이런 거대한 변화의 물결은 인공지능로봇과 함께 우리 앞에 나타날 것이다. 로봇을 적이 아닌 친구로 만들어야 한다. 다가올 미래에는 적극적으로 인공지능로봇과 공존하고 협업하려는 사람이 성공할 것이다. 인공지능로봇과 맞선다는 것은 삽을 들고 포크레인과 경쟁하겠다는 것과 같은 어리석은 짓이다. 그렇다고 해서 인공지능이 인류를 무조건 압도하는 것은 아니다. 인

1) 수확체감의 법칙 : 생산요소의 투입을 늘리면 늘릴수록 생산량은 증가하지만, 그 증가폭은 점점 둔화된다는 법칙. 이 경우 생산에 필요한 평균비용이 점차 증가하는 형태가 된다. 농업사회에서 공업사회로 넘어오면서 지속적으로 적용된 중요한 경제학 원리이다.

2) 수확체증의 법칙 : 생산요소의 투입을 늘리면 늘릴수록 생산량이 더 빠른 속도로 증가한다는 법칙. 이 경우 생산에 필요한 평균비용이 점차 감소하는 형태가 된다. 공업사회에서 디지털사회가 되면서 새롭게 주목 받는 경제학 이론이다.

공지능은 적용분야마다 특화되어 학습하고 판단한다. 알파고가 인간처럼 다방면에서 지능과 능력을 갖추려면 수많은 작업이 필요하다.
이러한 수많은 작업을 거쳐 발전할 인공지능의 최종 목표점은 '인공감정'의 구현이다. 인공감정을 구현해내지 못하면, 진정한 의미의 앰비언트 컴퓨팅은 불가능할 것이다. 즉 로봇공학은 감정과 사회성을 지닌 감성로봇을 만들어 내는 것을 목표로 한다고 할 수 있다.
이러한 인공감정을 지닌 감성로봇이 실제로 구현된다면 이들은 인간을 어떻게 바라보고, 인간을 어떻게 생각할까?
참으로 궁금하지만 현 상황에서 이 질문에 대한 답을 알 방법이 없다면, 질문을 거꾸로 해보는 것도 좋은 방법이다.

"인간은 로봇을 어떻게 생각할까?"

2.3.3 스탠리 밀그램의 실험

우리는 로봇 밀그램 실험에서 이 질문에 대한 해답의 단초를 유추해 볼 수 있다. 본래 밀그램 실험은 1961년 예일대학교 심리학과 교수였던 스탠리 밀그램(Stanley Milgram, 1933. 8. 15~1984. 12. 20)교수가 인간을 대상으로 진행했던 권위에 대한 인간의 복종을 연구한 실험이었다.
밀그램교수는 참가자들을 교사와 학생그룹으로 역할을 나눈 후, 교사가 제시하는 문제를 맞히지 못하는 학생에게 교사가 전기충격을 가하므로써 학생의 학습효과가 어떻게 변하는지를 분석하였다. 이때 실험 통제관이 전체상황을 체크하면서 교사에게 권위적인 압박을 가하는 방식이었다.
처음에는 교사그룹의 모든 참가자들이 학생에게 약한 전기충격만 가했다. 하지만 실험이 계속되자 오답이 나올 때 가하는 충격이 점점 강해졌다. 그 결과 실험에 참가한 교사그룹의 65퍼센트가 가할 수 있는 최고 전압이었던 450볼트의 전기충격을 학생들에게 가했다(300볼트이상이면 치명적일 수 있고, 450볼트면 사망 할 수 있는 전기충격이다).

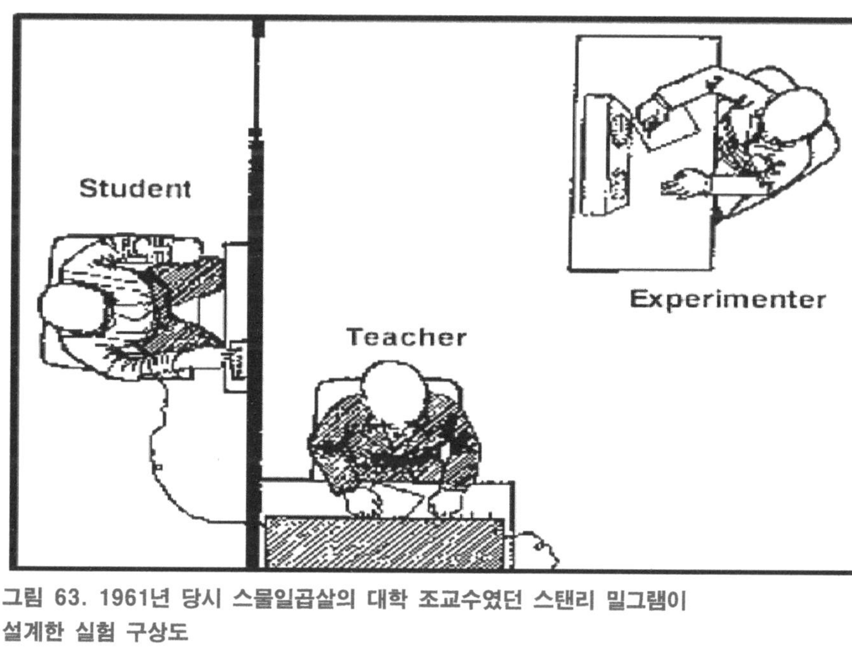

그림 63. 1961년 당시 스물일곱살의 대학 조교수였던 스탠리 밀그램이 설계한 실험 구상도

실험결과 아무리 도덕적이고 이성적인 사람일지라도 처해지는 상황에 따라 권위에 복종하여 끔찍한 행위를 저지를 수 있음을 확인 할 수 있었다.

사실 밀그램교수의 본래 실험 의도는 아무리 권위적인 명령이 있다하더라도 인간은 결국 자신의 도덕성을 지킬 것으로 믿고 이를 확인해보이려는 것이었다. 실험 전 밀그램교수는 300볼트까지 전압을 올리는 비율을 3퍼센트정도로, 450볼트까지 올리는 비율은 0.1퍼센트에 불과할 것으로 예상했었다. 밀그램교수의 예상은 빗나갔고, 밀그램교수는 이 실험 방식의 잔혹성이 문제가 되어 예일대에서 해임되었다[1].

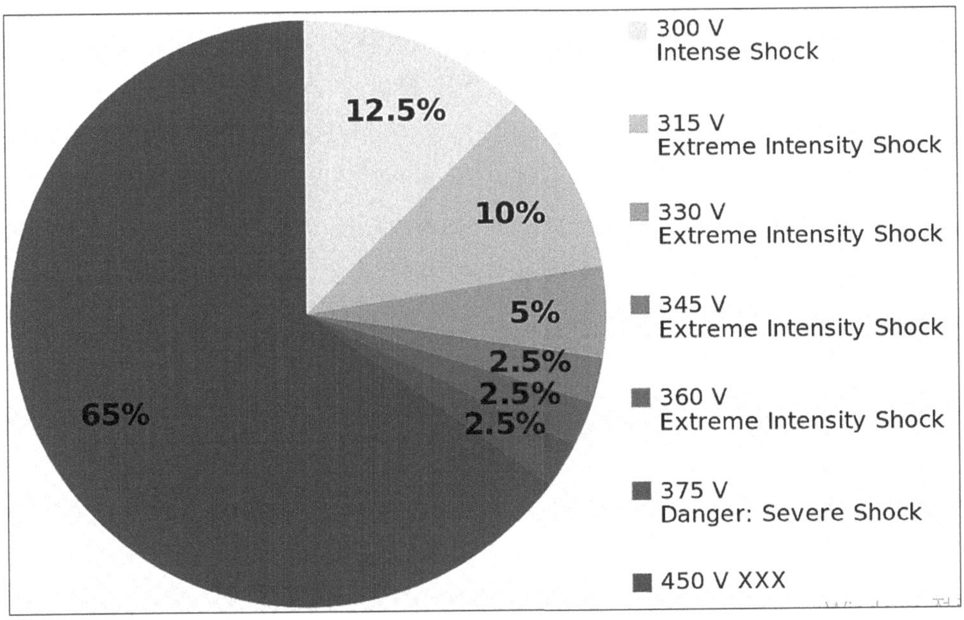

그림 64. 각 실험자들이 마지막까지 올린 전압의 비율

1) 사실 이 실험에서 순수한 참가자들에게는 모두 교사의 역할만 주어졌고, 학생 역할을 맡은 그룹은 모두 배우들이었고 전기충격기도 가짜였다.

2.3.4 로봇 밀그램 실험

인간을 대상으로 진행한 밀그램 실험과 유사한 방식으로 진행 된 로봇 밀그램 실험은 에인트호번공대의 크리스토퍼 바트넥(Christoph Bartneck)과 준후(Jun Hu)교수가 진행했던 연구로 학생그룹을 로봇으로 대체하여 진행한 실험이었다.

로봇에게 20개의 단어 조합을 가르친 후, 실험자의 질문에 오답을 제시하면 로봇에게 전기충격을 가하는 방식이었다. 실험결과 모든 참가자들이 최고전압까지 전기충격을 가하였다. 참가자들은 사람에 대한 학대행위보다는 로봇에게 훨씬 적은 죄책감과 동정심을 나타내었다.

한국에서도 이와 유사한 실험이 있었다. EBS 다큐프라임 <4차 인간>편에서 서울대학교 장대익교수의 지도하에 로봇 밀그램 실험이 진행되었는데 결과는 흥미로웠다.

EBS 다큐팀은 일반인을 대상으로 주위에서 쉽게 접할 수 있는 간단한 대화 기능이 탑재된 낮은 수준의 인공지능 로봇으로 실험을 진행하였다. 이 실험에서 가장 눈에 띄는 특징은 실험그룹을 두 그룹으로 나눈 것인데, 대상이 되는 기계를 한번도 접하지 않은 그룹과 일주일 동안 기계를 실생활 속에서 사용한 후 실험에 참가하는 그룹으로 나눈 것이다. 이는 인간과 기계의 일상적인 상호작용이 사람의 감정에 어떤 영향을 미치는지 좀 더 면밀히 분석해보기 위한 방안이었다.

이 실험에서 오답에 대한 벌칙의 마지막 단계는 킬버튼을 눌러서 기계를 완전히 폐기시키는 단계였다.

실험 결과 기계를 처음 접한 참가자 22명의 경우 91퍼센트가 킬버튼을 눌렀고, 일주일간 기계와 함께 지냈던 참가자 중에는 27퍼센트만이 킬버튼을 눌렀다. 상당히 의미 있는 차이를 보인 것이다.

이 결과에 대해 장대익교수는 다음과 같이 말한다.

"킬버튼까지 가지 못했던 사람들도 머리로는 알아요 이게 기계라는 걸. 그런데 감정은 이미 기계에게 가 있어요. 내 마음을 이미 준 상태죠. 기계가 친구였고 나한테 의미 있는 존재였던 겁니다."

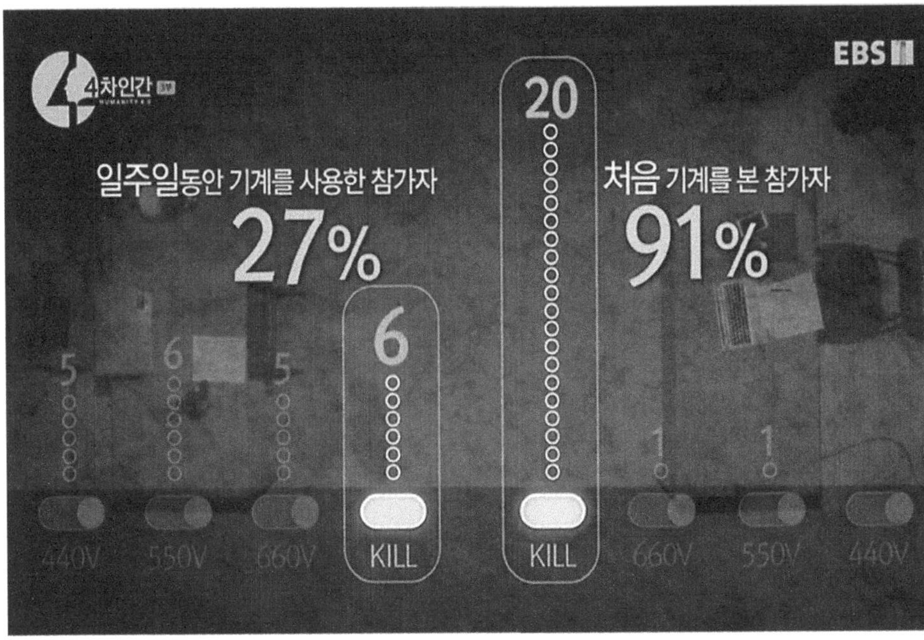

그림 65. 킬버튼을 누른 참가자 비율. 자료출처 : EBS 화면캡처

즉 전혀 엉뚱한 동문서답을 하는 미완의 기계일 지라도 함께 생활하면서 일종의 유대감을 느낀 것이다. 실험에 참가했던 중년의 독거여성의 인터뷰는 시사 하는바가 크다.

그림 66. 참가자들의 인터뷰 영상 이미지출처 : EBS방송캡처

"재가 감정을 느끼고 안 느끼고 그런 건 상관없어. 내가 반려견한테 하듯이 얘기하고, 음악 들려주고, 내가 하는 걸 말하고...... 그래도 재는 내 얘기를 다 듣고 있잖아."

이렇듯 사물을 의인화 하는 것은 인간의 본성이다. 사물에 대한 의인화는 이들과의 '공감'으로 이어진다. 우리가 만든 인공물에게 인간보다 더 자기 마음을 주는 너무나 이상한 환경이 만들어 질 수 있다는 장대익교수의 우려는 더 이상 터무니없는 이야기가 아닌 것이다.

<유엔 미래 보고서 2050>은 인간과 로봇 간 결혼이 멀지 않은 것으로 내다보고 있다. 동 보고서는 동성 결혼 허용에 100년이 걸렸지만 인간과 로봇의 결혼, 로봇과 로봇의 결혼은 그보다 시기가 짧을 것으로 전망한다. 실제로 중국, 일본, 프랑스 등에서는 로봇과의 결혼 선언이 잇따르고 있는 상황이다. 2017년 중국의 한 인공지능 전문가가 자신이 만든 로봇과 결혼식을 올렸고, 이벤트 성격이 강하긴 하지만 일본에서는 2015년 세계 최초로 로봇 간 결혼식이 열리기도 했다.

그림 67. 자신이 만든 로봇과 결혼한 중지아지아(Zheng Jiajia)씨와 잉잉(Yingying)

로봇이 우리 삶의 일부가 되고 있는 것이다. 앞으로 점점 로봇과 사람의 구분은 모호해 질 수 있다. 로봇은 점점 사람처럼 될 것이고, 사람은 점점 로봇처럼 될 것이다.

일반적으로 로봇공학에서는 이러한 지능로봇의 급부상에 대응하기 위한 인간의 도구로서 '창의성'을 제시한다. 하지만 로봇기자, 로봇영화감독, 로봇화가의 등장을 지켜보면 '창의성'의 범주를 어디까지로 할 것인지 기준이 모호해질 수도 있다. 여기서 우리는 인간이 갖춘 고유한 능력 중 창의성 못지않게 중대한 '집단지성'의 힘에 주목할 필요가 있다. 어쩌면 집단지성이야말로 인류 최후의 보루 일지도 모를 일이다.

지난 산업혁명은 풍요를 위해 효율을 높이는 방법을 택했다. 인류가 느끼는 인공지능에 대한 막연한 공포는 이러한 학습효과 때문이다.

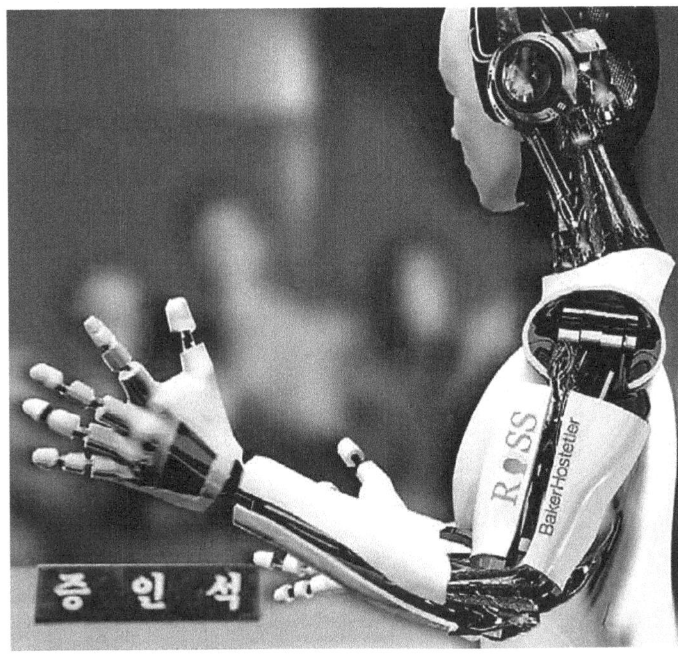

그림 68. 첫 AI 변호사 로스, 뉴욕로펌 취직하다. 이미지출처 : 중앙일보

자본주의는 효율성 극대화를 위해 인간을 인공지능으로 대체할 것이라고 확신하고 있는 것이다. 그러나 인공지능으로 인해 대체될 직업 못지않게 인공지능으로 인해 창출될 직업에 대한 분석 또한 별도로 필요하다. 인공지능로봇은 인류에게 지금껏 경험해보지 못했던 삶의 여유와 풍요를 함께 가져다 줄 수 있을 것이다. 우리가 그들을 진심으로 이해하고 받아들일 수만 있다면.

「집단지성의 힘 - 우매한 개인, 현명한 다수」

영국의 과학자이자 우생학(優生學)의 창시자인 프랜시스 골튼(Francis Golton, 1822~1911)은 한때 전체 인류 중 지적능력이 뛰어난 극소수의 사람만이 사회를 이끌고 발전시킬 수 있는 자질이 있다고 믿었던 인물이다.
그가 1907년 어느 봄날 런던 서부지역으로 여행을 떠났다가 우연히 시골의 가축품평회에서 소의 무게를 맞히는 대회가 열리는 장면을 목격하게 되었다. 살찐 소한마리를 무대 위에 올려놓고, 소에 대해 사전에 아무것도 모르는 사람들이 6펜스짜리 티켓을 사서 각자 소 무게 추정치를 적어내고 있었다. 그런 다음 실제 소 무게를 잰 후, 가장 근접한 사람에게 상금을 주는 대회였던 것이다.

골튼은 참가자 800여명이 소 무게에 대한 전문지식이 없으므로 틀림없이 잘못된 답들을 적어낼 것이라 확신했다. 대회 후 골튼은 관계자로부터 티켓 750장을 넘겨받아 그 중 알아볼 수 없었던 13장을 제외한 737장에 대해 통계분석을 하였다.
골튼은 그 결과에 경악을 금치 못했고, 그의 평생업적이었던 우생학을 부정하기에 이른다. 당시 그의 나이는 85세였다.

분석결과 참가자들의 추정치값은 1,074파운드에서 1,293파운드까지 다양했으며 중간값은 1,207파운드, 평균값은 1,197파운드였다. 그리고 실제 소의 무게는 1,198파운드였다. 실제 무게와 대중들의 평균값은 불과 1파운드 차이에 불과했다.
소 무게 맞히기 게임을 통해 대중의 무능함을 증명하고자 했
던 골튼은 자신의 오류를 인정하고 "구성원들이 특별한 역량을 갖추지 않았다 할지라도 대중이 집단적으로 지성을 발휘하는 경우, 충분히 옳은 결정을 내릴 수 있으며 특별히 지적능력이 뛰어난 사람들이 집단을 지배하거나 이끌어야 할 이유는 없다." 는 결론을 내리게 된다.

이후 골튼은 '집단이 크면 클수록 추측이 보다 정확해진다' 는 사실을 통계학적으로 증명하는데 매진하게 된다. 이러한 골튼의 경험은 개인이 하기 힘든 일일지라도 집단의 능력으로는 할 수 있다는 '집단지성' 의 힘을 잘 보여준다.

==

우생학은 종의 개량을 목적으로 인간의 유전형질 변형이나 개량을 주장하는 학문이다. 핵심은 유전적으로 우등한 종족과 열등한 종족이 결정되므로 우등한 종족은 늘리고 열등한 종족은 단종시켜야 한다는 것이다. 인류를 유전학적으로 개량해야 한다는 믿음으로, 학문이라기보다 이념에 가깝다.
우생학의 가장 큰 오류는 '우열과 관계없는 문제를 우열의 대상으로 선정' 했다는 것이다.
예를 들어 멜라닌색소의 과부족에 따른 흑인, 백인의 피부색깔을 마치 백인이 유전적으로 우월하다는 백인우월주의에 빠지는 오류 등을 들 수 있다. 히틀러의 광적인 유대인 학살의 근거가 된 것도 우생학이었으며, 근현대사에서 우생학은 인류에게 엄청난 고통과 폐해를 안겨 준 악마의 이론이라고 할 수 있다.

2.4 인공지능 AI, Artificial Intelligence
새로운 종의 탄생인가, 성능 좋은 컴퓨터인가

3차 산업혁명의 핵심은 컴퓨터와 인터넷의 등장이었다. 소프트웨어, 신소재, 로봇, 3D 프린팅과 같은 복합적 기술융합에 의한 맞춤형 디지털 제조업이 막을 열었으며, 컴퓨터와 인터넷 기반의 지식정보혁명이 시작된 시대였다. 그리고 3차 산업혁명의 기술과 한계를 넘어서고자 하는 4차 산업혁명은 초연결, 초지능, 초융합이 특징이기 때문에 지난 산업혁명에 비해 더 광범위하고 더 빠른 속도로 인류의 삶과 산업 전반에 영향을 미칠 것이다. 이러한 혁명의 최선봉에 인공지능이 있다.

인공지능의 개념에 대한 인류 최초의 언급은 그리스신화에 등장하는 대장장이의 신 헤파이스토스를 통해서라고 했었다. 헤파이스토스는 자신의 일을 대신할 노예기계를 만들었는데, 이 신화 속 이야기는 실상 인간의 유전자 속에 녹아있는 원초적 욕망을 담고 있다.

"내가 해야 할 일을 누군가에게 떠넘길 수는 없을까?"

인류는 이 질문에 대한 해답을 찾고자 수많은 정치, 문화, 종교, 사회, 경제적인 시도를 하며 여기까지 온 것인지도 모를 일이다. 1920년 카렐 차페크(Karel Capek, 1890~1938)의 희곡 <로숨의 유니버셜 로봇, Rossum's Universal Robots>에서 처음 '로봇'이라는 말이 등장하는데, 로봇이라는 말은 체코어로 '일', '노동'을 뜻하는 '로보타(Robota)'에서 비롯된 말이며. 같은 어원을 지닌 'Robotnik(로보트니크)'는 고대 교회 스라브어로 '노예'를 가리키는 단어이다. 즉 '반드시 해야 하지만 내가 하기 싫은 일을 누군가에게 떠넘기고 싶은 욕망'이 인공지능과 로봇이 등장하게 된 이유인 것이다.

이 책에서는 인공지능과 로봇을 혼용해서 쓰고 있지만, 이 둘을 구분 짓는 핵심적 차이는 있다. 인공지능은 인간의 '정신적인 능력'을 대체하고자 하는 것이고, 로봇은 인간의 '육체적인 능력'을 대체하고자 하는 성격이 강하다. 그러나 인간을 정신과 육체로 분리해서 논할 수 없듯이 인공지능과 로봇도 궁극적으로는 상호간 융합될 것이다.

2.4.1 인공지능의 계보, 1차 인공지능 시대

과학기술에 근거한 최초의 인공지능에 관한 개념은 영국의 수학자이자 암호학자였던 앨런 매티슨 튜링(Alan Mathison Turing, 1912~1954)의 1950년 논문 <계산기계와 지능, On computing Machinery and Intelligence>에서 처음 제시되었다. 그는 논문을 통해 기계도 알고리즘에 따라 생각할 수 있다고 주장하였다. 그러나 시대를 앞서간 비운의 천재 튜링은 자신의 42세 생일을 보름 앞두고 자살하고 만다.

그가 만든 튜링테스트[1]는 최근 들어 전문가들에 의해 그 위험성이 지속적으로 제기되고 있다. 테스트에 참가한 컴퓨터가 인간을 속이는 상황이 벌어지는 것이다.

만약 인공지능이 어느날 자율성을 확보하고도 그 사실을 숨긴다면, 인류는 커다란 위험에 빠질 수도 있다는 것이다.

튜링이 인공지능의 개념을 제시한 이후 1956년에 미국 다트머스대학 워크샵에서 처음으로 '인공지능'이라는 용어가 공식적으로 사용되었다. 당시 워크샵에는 인공지능 역사상 전설의 4인방이었던 존 매카시(John Mecarthy, 1927~2011), 마빈 리 민스키(Marvin Lee Minsky, 1927~2016), 앨런 뉴월(Allen Newell, 1929~1992), 허버트 알렉산더 사이먼(Herbert Alexander Simon, 1916~2001)이 참여했었다. 이 당시 인공지능은 명확히 정의된 룰rule 안에서 다음 한 수를 풀어내는 조악한 수준이었다. 예를 들어 병에 대한 진단이나 논리적인 분석을 필요로 하는 문제 등은 풀지 못했다.

이 시기(1950년대 후반~1970년대)를 1차 인공지능 단계로 분류할 수 있다.

---

1) 튜링테스트 : 튜링 테스트(Turing test)는 "과연 기계가 생각할 줄 아는가?"를 따져보는 기준을 제시한 테스트이다. 즉 기계에 지능이 있는지를 판별하고자 하는 테스트로, 앨런 튜링이 1950년에 제안했다. 인공지능 역사상 최초로 튜링테스트를 통과한 것은 2014년 런던에서 열린 튜링테스트에 참가한 슈퍼컴퓨터 '유진Jugene'이다. 이 컴퓨터는 '13세 소년'의 캐릭터를 가장해서 참여했는데 심사위원 중 33%가 유진을 실제 13세 소년이라고 판단했다.

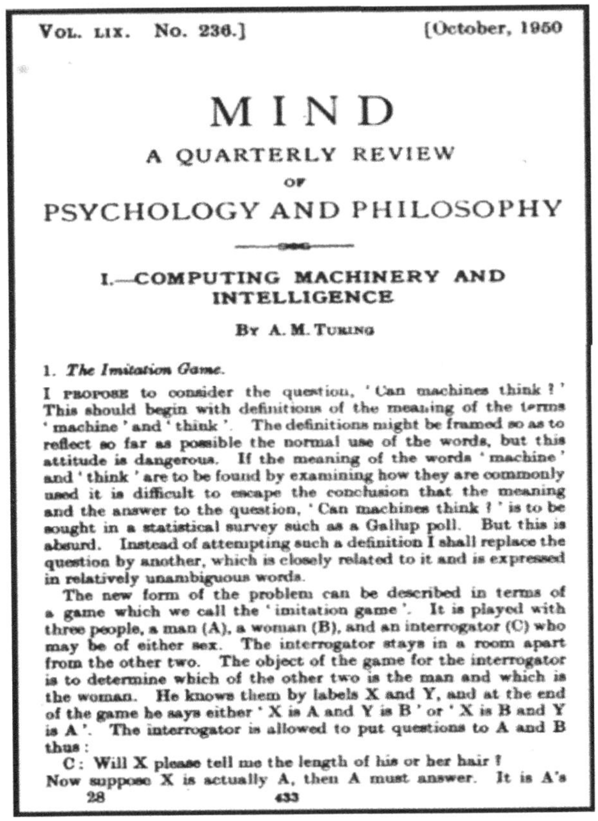

VOL. LIX. No. 236.] [October, 1950

MIND

A QUARTERLY REVIEW

OF

PSYCHOLOGY AND PHILOSOPHY

I.—COMPUTING MACHINERY AND INTELLIGENCE

BY A. M. TURING

1. *The Imitation Game.*

I PROPOSE to consider the question, 'Can machines think ?' This should begin with definitions of the meaning of the terms 'machine' and 'think'. The definitions might be framed so as to reflect so far as possible the normal use of the words, but this attitude is dangerous. If the meaning of the words 'machine' and 'think' are to be found by examining how they are commonly used it is difficult to escape the conclusion that the meaning and the answer to the question, 'Can machines think ?' is to be sought in a statistical survey such as a Gallup poll. But this is absurd. Instead of attempting such a definition I shall replace the question by another, which is closely related to it and is expressed in relatively unambiguous words.

The new form of the problem can be described in terms of a game which we call the 'imitation game'. It is played with three people, a man (A), a woman (B), and an interrogator (C) who may be of either sex. The interrogator stays in a room apart from the other two. The object of the game for the interrogator is to determine which of the other two is the man and which is the woman. He knows them by labels X and Y, and at the end of the game he says either 'X is A and Y is B' or 'X is B and Y is A'. The interrogator is allowed to put questions to A and B thus:

C: Will X please tell me the length of his or her hair ?

Now suppose X is actually A, then A must answer. It is A's

28 433

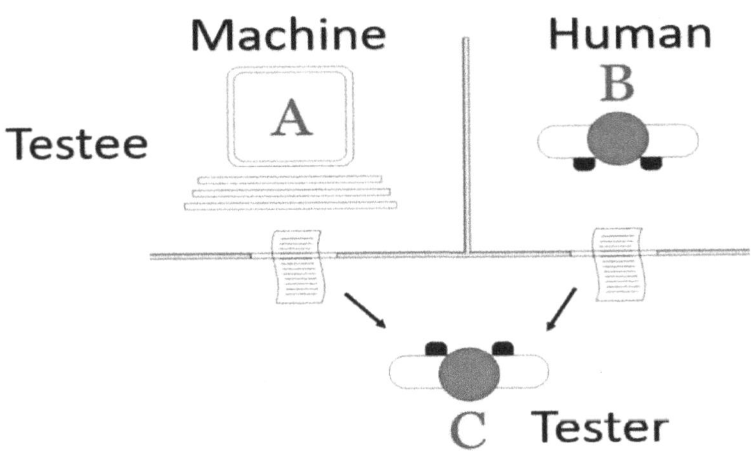

그림 69. 튜링의 논문 <계산기계와 지능 Computing machinery and intelligence>과 튜링테스트 개념도
https://www.how2shout.com/what-is/what-is-turing-test-and-it-used-for.html

1950년대 이후 다수의 규칙 기반 판정 프로그램이 개발되었고, 이들 규칙

을 이용해 새로운 사실을 추론하는 추론엔진과 전문가시스템expert system 이 등장했다. 전문가시스템은 전문가에게만 있는 특정분야의 전문지식을 컴퓨터에 기억시켜 비전문가도 이들의 전문지식을 활용 할 수 있도록 도와주는 시스템이다.

1965년 스탠퍼드대학교 에드워드 파이겐바움(Edward Feigenbaum)교수팀이 개발한 Dendral[1] 인공지능 프로젝트가 초기 전문가시스템 프로토콜 타입이며, 여기서 파생되어 의료현장에서 사용가능하도록 상용시스템에 통합된 마이신MYCIN이 1970년 스탠퍼드 대학에서 개발되어 시범 운용되기 시작했다.

이 당시 인공지능 연구를 주도한 개념은 1957년 미국의 신경생물학자 프랭크 로젠블래트(Frank Rosenblatt, 1928. 7. 11~1971. 7.11)가 개발한 퍼셉트론[2](Perceptron)을 이용한 패턴인식 알고리즘이었다.

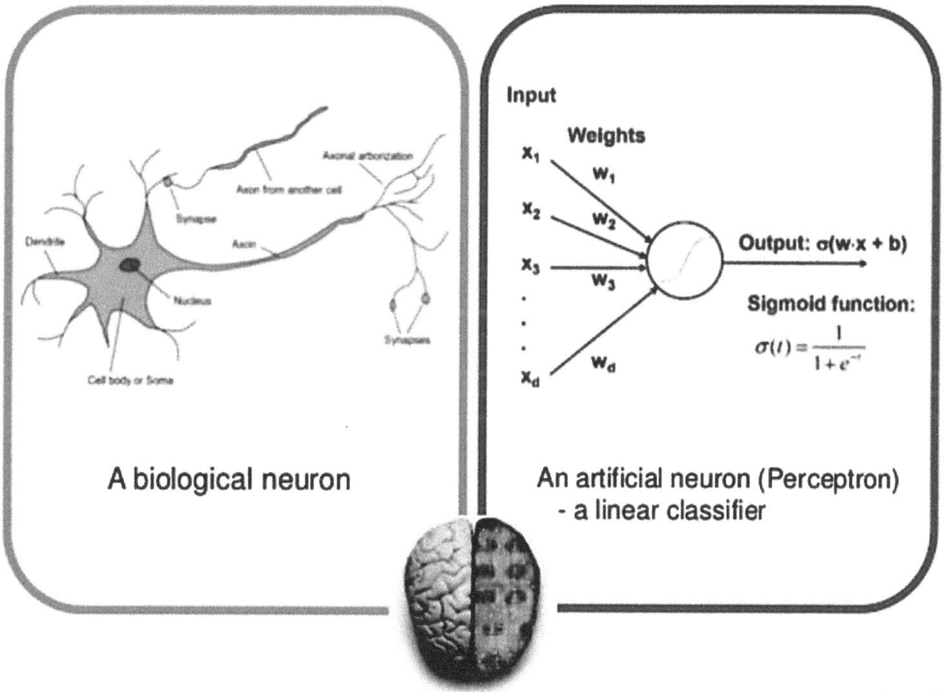

그림 70. 뉴런과 퍼셉트론의 기본 구조
https://www.slideshare.net/jbhuang/lecture-29-convolutional-neural-networks-computer-vision-spring2015

1) 덴드랄은 화학자의 업무분야였던 화합물의 구조를 파악하고 분석한 세계최초의 전문가 시스템이다.
2) 퍼셉트론은 인공신경망Neural Network을 세계 최초로 구현한 알고리즘이다.

퍼셉트론은 다수의 신호를 입력받아서(Input : X_1, X_2, …) 하나의 신호를 출력(Output)하는데 이는 뉴런의 정보전달 방식과 유사한 형태이다. 퍼셉트론에서는 다양한 입력값들에 대한 가중치를 weight에서 처리한다. weight는 각각의 입력값에 개별 적용되어 계산하고, 계산한 총합이 임계치(θ, theta)를 넘으면 1을 넘지 못하면 0 또는 -1을 출력한다.
모든 input에는 고유한 weight가 부여되며 weight가 클수록 해당 입력값이 중요하다는 것을 의미한다.

Output

$$w_1x_1 + w_2x_2 + \ldots + w_nx_n > \theta \Longrightarrow 1$$

$$w_1x_1 + w_2x_2 + \ldots + w_nx_n \le \theta \Longrightarrow 0$$

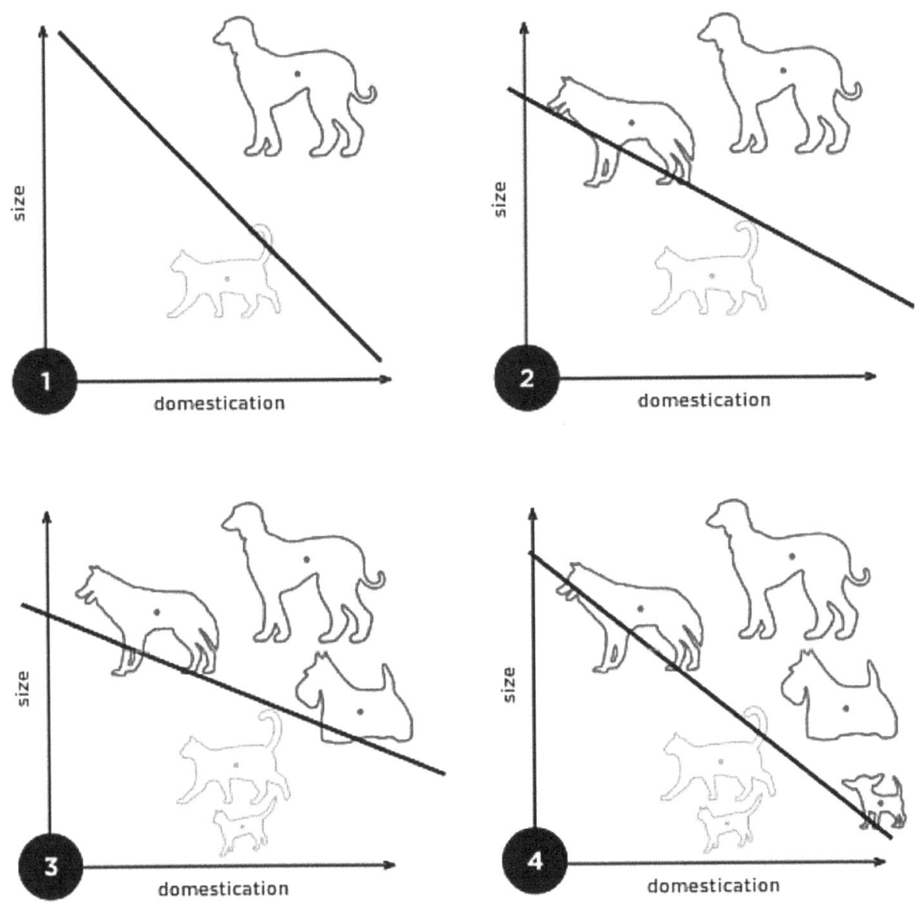

그림 71. 퍼셉트론의 학습진행에 따른 경계선 변화
출처 : https://en.wikipedia.org/wiki/Perceptron

주어진 그래프에서 학습이 진행됨에 따라 직선의 기울기가 달라지는데, 이는 기계가 학습을 하면서 weight가 계속 조정되기 때문이다.

인공지능 연구의 첫 여명기를 열었던 퍼셉트론은 신경망 연구에 엄청난 센세이션을 일으켰지만, 시간이 지나면서 점점 선형분류방식의 한계를 드러내면서 다른 신경망 연구자들의 공격과 외면을 받게 된다(퍼셉트론의 창시자 로젠 블래이트는 1971년 7월 11일 자신의 43번째 생일날 혼자 보트를 타던 중 자살로 추정되는 사고로 사망하고 만다). 이 당시 단층퍼셉트론(Single Layer Perceptron)의 한계를 한마디로 표현하면, 인공지능이 하나의 직선으로 대상을 나눌 수 있는 경우만 구분할 수 있고 XOR과 같은 데이터 형태는 분류가 불가능 하다는 것이다. 이를 그래프로 나타내면 다음과 같다.

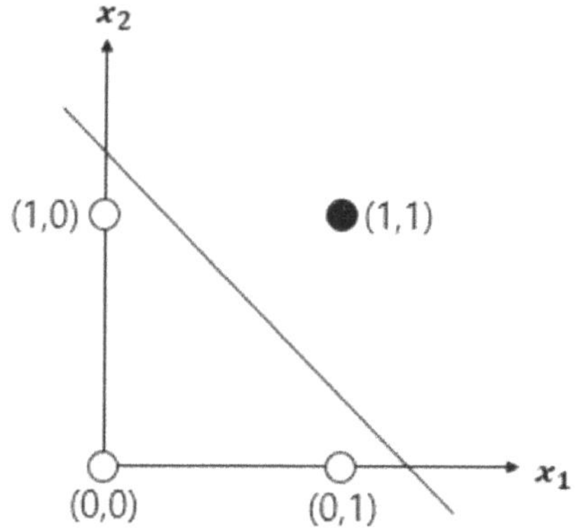

그래프 1. AND게이트
두 집단을 직선으로 구분 가능

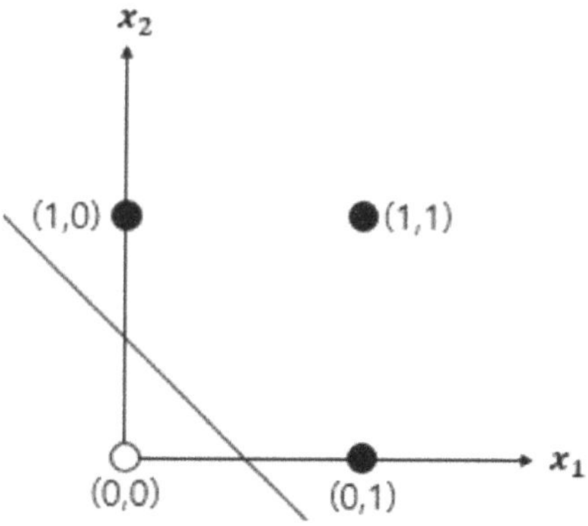

그래프 2. OR게이트
두 집단을 직선으로 구분 가능

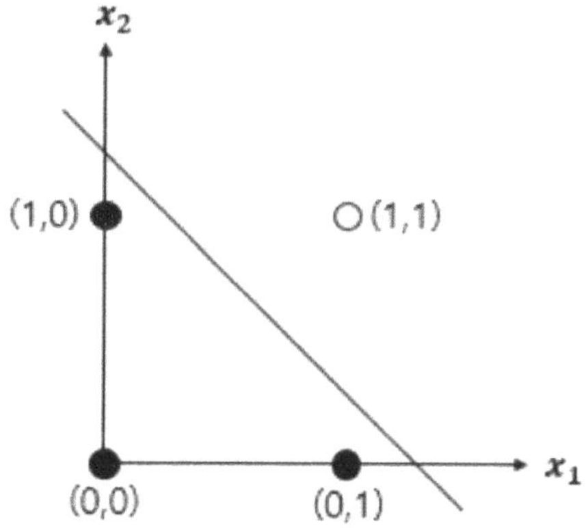

그래프 3. NAND게이트
두 집단을 직선으로 구분 가능

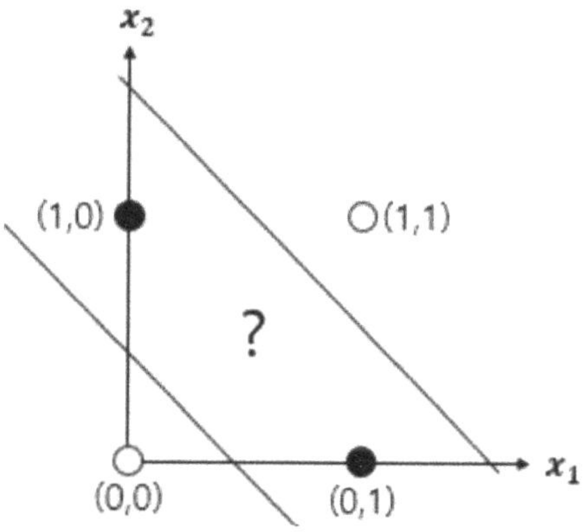

그래프 4. XOR게이트
두 집단을 직선으로 구분 불가능

이러한 단층퍼셉트론의 한계 외에도 인공지능 1세대 당시의 기술적, 환경적 한계로 인하여 해결하기 힘든 여러 문제들이 제기되기 시작했다. 특히 1969년 존 매카시John Mccathy와 패트릭 헤이즈Patrick Hayes가 제기한 프레임문제[1](Frame Problem, 사고범위 문제)와 심볼그라운딩문제[2](Symbol Graounding Problem, 특징공학문제)는 지금까지도 난제로 남아있다.

프레임문제는 제한된 범위 내에서만 정보를 처리해야 하는 인공지능이, 주어진 과제해결을 위해 어디까지를 사고의 범위로 감안해야 하는지 판단하기 어려운 탓에 실제 현장에서 발생하는 돌발적인 상황을 제대로 처리 할 수 없다는 것이다.
그리고 심볼그라운딩 문제를 해결하기 위해서는 실제 컴퓨터에 입력되는 지식을 활용하여 인공지능이 실용적이고 예외적인 부분까지 대응하게 만들어야 하는데 그러기위해서는 컴퓨터가 기호와 그것이 갖는 의미를 이해할 줄 알아야 한다. 하지만 그 당시 룰기반 방식으로는 이 문제가 해결되지 않았다.
이러한 룰기반 방식을 특징공학 또는 피처엔지니어링(feature engineering)이라고 하는데, 기계가 특정대상을 인식하도록 하기 위해 그 대상의 특징을 끊임없이 설명하는 방식이다. 하지만 인공지능에게 실제 사물의 개념을 모두 설명하고 이해시키는 것이 불가능했다. 결과적으로 이 방법은 실패로 끝나고, 인공지능연구에는 죽음만큼 깊고 어두운 암흑기가 찾아오게 된다.
인공지능연구가 1차 암흑기에 진입하던 1970년대에 한스 모라벡(Hans Moravec, 1948~)은 인공지능 분야에서 유명한 논증 중 하나인, 모라벡의 역설 Moravec's Paradox을 제기한다.

> **"지능검사나 체스에서 어른 수준의 성능을 발휘하는 컴퓨터를 만들기는 상대적으로 쉬운 반면, 지각이나 이동 능력면에서 한 살짜리 아기의 능력을 갖춘 컴퓨터를 만드는 일은 어렵거나 불가능하다."**
>
> by Hans Moravec

---

1) 프레임문제 : 어떤 과제를 실행할 때, 관계있는 지식만을 꺼내서 사용할 수 있는가하는 것. 즉, 목적과 관계없는 것은 제외하고 관계있는 것만 찾는 것을 말한다.

2) 심볼그라운딩문제 : 기호나 문자열을 그것이 의미하는 것과 결부시킬 수 있는가 하는 것. 기호의 의미를 알지 못하면 실제로 기호화 된 것을 보아도 의미를 알지 못한다. 즉, '고양이'라고 읽을 수는 있어도 실제 고양이를 봐도 고양이라고 인식하지 못하는 문제가 생긴다.

이 말을 간단히 표현하면, "인간에게 어려운 일은 기계한테 쉽고, 기계에게 어려운 일은 인간에게 쉽다"는 말이 된다.

그림 72. 인공지능에게 왼쪽의 복잡한 수학 문제는 쉬운 반면, 고양이와 강아지를 구분하는 것은 어려운 문제이다.

인간이 고양이와 강아지를 구분하는 것은 쉽다. 그러나 왜 강아지라고 생각하느냐고 물으면 명쾌하게 답하기 어렵다. 막상 강아지의 정의를 설명하기 어려운 것이다. 컴퓨터가 강아지를 알아보고 인식하기 위해서는 먼저 컴퓨터에게 강아지가 무엇인지 설명해줘야 하는데 세상 모든 형태의(걷거나 눕거나 혹은 뒤집어진 모습 등) 강아지를 설명하기가 어려운 것이다. 마찬가지로 우리가 계단을 오르내리고 길을 걷는 것은 쉽지만, 어떻게 자연스럽게 걸었는지 설명하기는 어렵다. 걸을 때 내 다리의 근육과 힘줄이 어떻게 운동하는지 균형은 어떻게 잡는지, 뇌에서 그 운동을 어떻게 명령하는지 등을 설명할 수 없는 것이다. 바로 이것이 아직도 자연스럽게 걷는 로봇을 만들어내지 못하는 이유이다. 지금도 알파고는 바둑을 쉽게 배우지만, 바둑돌을 바둑판에 얌전히 내려놓는 로봇팔을 만들어내는 일은 매우 어렵다.

한스 모라벡은 자신의 역설이 인간의 진화와 연관되어 있다고 추론했다. 불과 수십 년에 불과한 로봇의 개발과 달리 인간의 진화는 수억 년의 시간에 걸쳐 일어난 일이라는 것이다. 이처럼 인간이 무의식중에 하는 걷기, 듣기, 보기, 인식하기 등의 감각기능과 운동기능은 아주 오랜 시간 진화를 거쳐 발전하여 자연스럽게 행동하는 것이다. 하지만 여전히 그에 대한 모든 원리가 밝혀지지 않았기 때문에 인공지능에 이를 구현하기 어렵다는 것이다.

감정과 맥락을 읽는 능력 역시 인간에게는 쉽지만, 컴퓨터에게는 어려운 영역이다. 사람의 기분과 감정을 파악하고 농담이나 사회적 협동을 하는 일상의 행위도 모두 진화의 산물이기 때문이다. 하지만 현대의 인공지능 전문가들은 모라벡의 추론에 반론을 제기하고 있다. 초기 인공지능 연구의 접근방법에 문제가 있다는 것이다.

특히 인간의 뇌가 갖고 있는 언어의 해상도와 생각의 해상도는 전혀 다른 것이어서, 우리의 사고나 생각을 언어로 명확히 표현하거나 타인에게 전달할 수 있는 비율은 불과 10퍼센트 내외에 불과하다고 한다. 이런 상황에서 인공지능에게 모든 사물의 개념을 일일이 설명하는 방식의 학습방법은 처음부터 방향을 잘못 잡은 것이다.

2.4.2 다중퍼셉트론과 딥러닝, 2차 인공지능 시대

깊은 암흑기를 거치던 인공지능 연구는 1980년대에 접어들면서 비약적인 반도체 기술의 발전과 함께 2차 인공지능 붐 시대를 맞이하게 된다. 2차 인공지능 연구의 붐은 사람의 뇌 기능의 일부를 컴퓨터 시뮬레이션으로 표현하는 것을 목표로 한 신경망 연구가 활발하게 발전하던 시기였다. 그 결과 이전의 단층퍼셉트론의 한계를 극복할 수 있도록 발전시킨 다층퍼셉트론(Multilayer Perceptron)이 개발되어 비선형영역까지 인공지능의 영역이 확장되게 되었다.

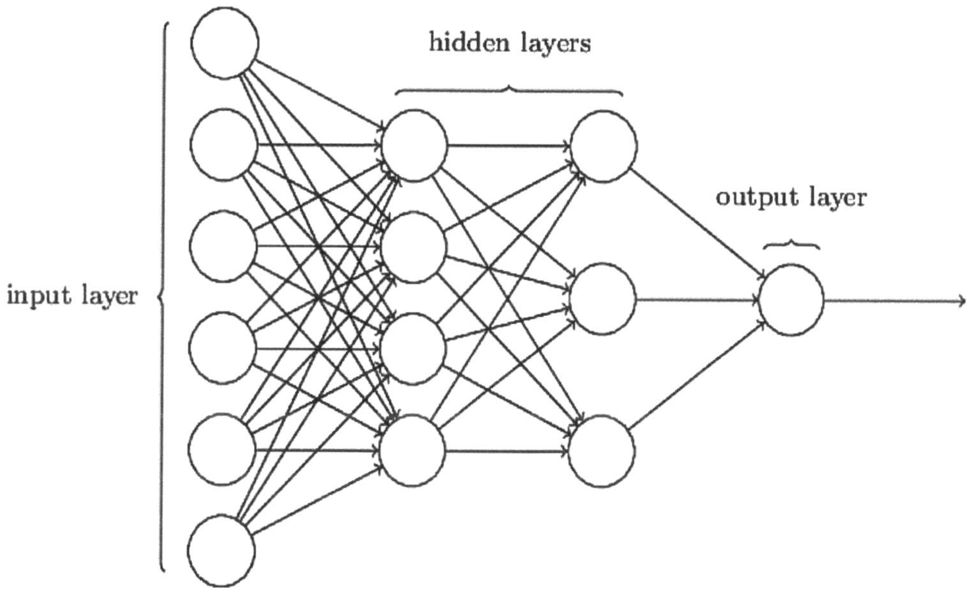

그림 73. 다중퍼셉트론의 개념도

1980년대 컴퓨터 연산속도의 혁신적 발전과 다층퍼셉트론 기술발전 등으로 인공지능 연구는 2차 붐을 맞이하지만 막상 연구가 진행된 결과 1980년대의 컴퓨터 성능과 기술로는 프레임문제를 해결 할 수 없다는 결론이 내려지면서 모든 연구가 한계에 부닥치게 된다. 인공지능 연구는 또 다시 깊은 암흑기에 빠져들게 된다.

이렇게 또 다시 인공지능연구가 기술적 한계에 도달했던 1990년대에 웹이 등장하고 데이터 마이닝 기술이 발달하면서 자연어 처리와 기계학습

(machine learning)에 관한 연구가 큰 진척을 이루었다. 이로 인해 꺼져가던 인공지능 관련 기술은 천신만고 끝에 다시 한번 비약적인 발전을 이룰 수 있는 토대를 구축하게 된다.

이와 함께 지도학습[1)](supervised learning)과 비지도학습[2)](unsupervised learning)을 주축으로 한 기계학습의 발달과 함께 제3차 인공지능의 시대가 싹을 띄우기 시작했다.

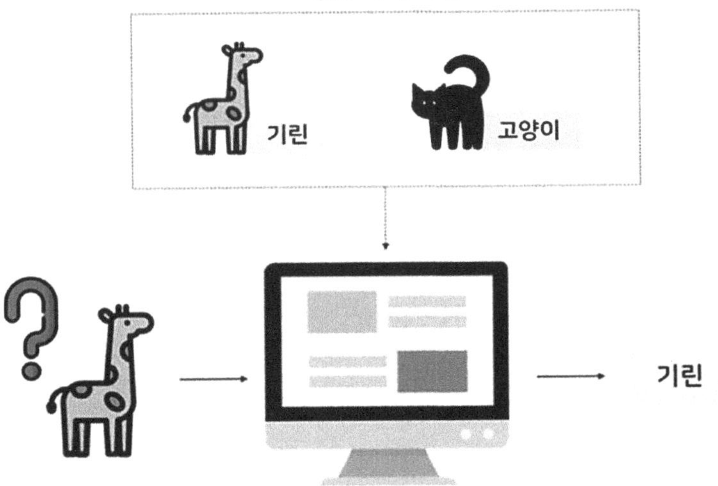

그림 74. 지도학습 방식

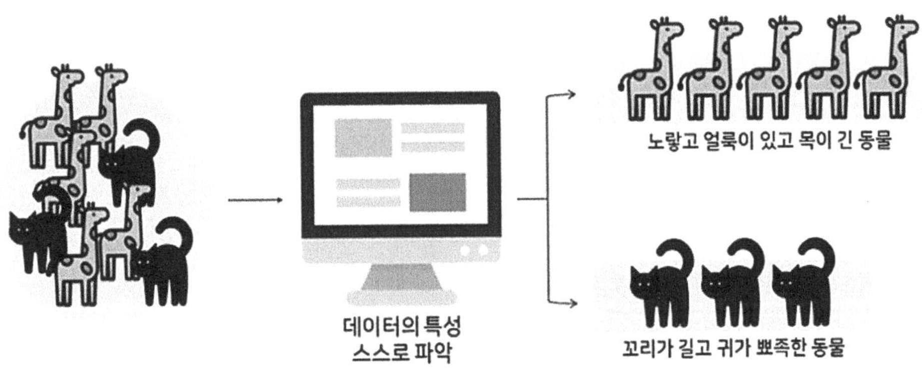

그림 75. 비지도학습 방식

1) 지도학습 : '입력값'과 그에 대한 '올바른 출력값(해답)'이 하나의 세트로 된 훈련데이 터를 이용하여 학습하고, 그 학습된 결과를 토대를 미지의 입력값이 주어졌을 때 올바른 출력값이 나오도록 컴퓨터를 학습시키는 방법

2) 비지도학습 : 해답을 주지 않고 입력 데이터만을 이용하여 패턴, 특성 등을 인식하도록 학습시키는 방법

규칙을 통해 기계에게 세상을 설명하고자 했던 '룰(rule)기반' 방법으로는 더 이상 인공지능을 발전시킬 수 없다는 자각을 한 것이다. 하지만 초창기 기계학습은 무엇을 변수로 사용할지 인간이 정해주어야만 했다. 즉 변수를 잘 설계하면 기계학습 알고리즘은 제대로 작동하지만, 그렇지 않으면 엉뚱한 결과를 도출하는 오류에 빠지게 된다.

이러한 한계로 인해 다시 위기에 빠진 인공지능 연구를 토론토대학의 제프리 에베레스트 힌턴(Geoffrey Everest Hinton, 1947~)교수팀이 '딥러닝 Deep Learning'방식이라는 새로운 기계학습방식을 제시하면서 기술적 한계를 극복하게 되었다.

힌턴 교수팀은 2006년 오토인코더AutoEncoder라는 신경망을 이용해 차원을 압축하는 알고리즘을 개발하면서 딥러닝의 시대를 열었다. 오토인코더는 인코더층과 디코더층의 구조에 가운데 은닉층을 두어 입력값을 재구성하여 출력하는 방식이다. 이때 은닉층의 뉴런수를 입력층의 뉴런수보다 작게 하여 입력값의 차원을 축소하거나 데이터를 압축하여, 출력층이 데이터를 효율적으로 표현(representation)할 수 있도록 인공지능을 학습시키는 방식이다.

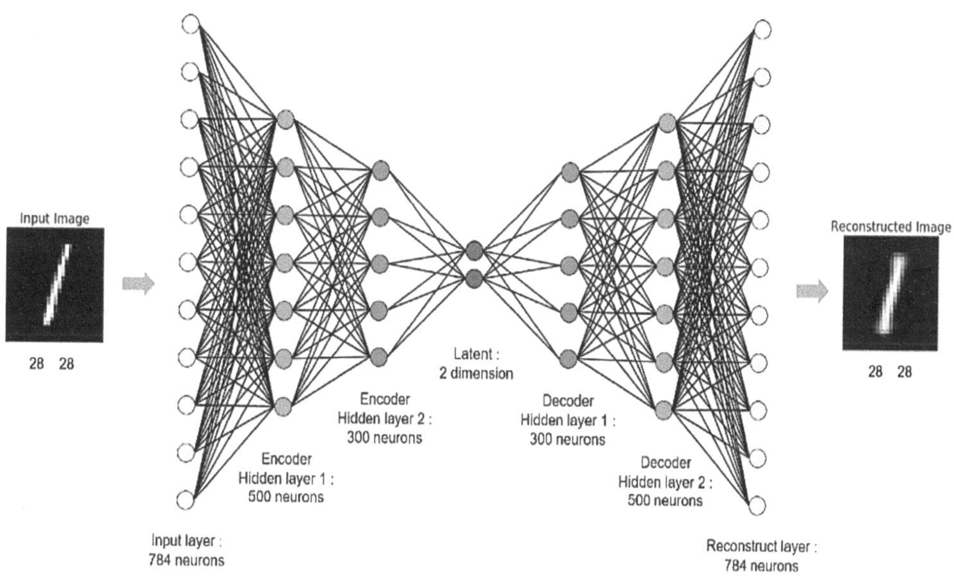

그림 76. 오토인코드 개념도

그림출처: https://medium.com/@encodebox/auto-encoder-in-biology-9264da118b83

오토인코드는 입력층과 출력층의 뉴런수가 동일한 것만 제외하면 다중퍼셉트론과 동일한 구조이다.
힌턴 교수팀이 처음 제안한 딥러닝 연구에서 주목 할 부분은 심층신경망 Deep Neural Network이다. 일반적으로 은닉층의 계층구조가 5개 이상이면 심층신경망이라고 하는데, 컴퓨터 연산성능의 향상과 함께 2010년 이후 계층이 100개 이상인 신경망을 구축 할 수 있게 되면서 3차 인공지능 붐의 시대가 시작 되었다. 딥러닝은 큰 틀에서 보면 사람의 사고방식을 컴퓨터에게 가르치는 기계학습의 한 분야이다.
사람의 뇌는 세상을 논리적 규칙에 기반을 두고 분석한다기보다는 경험한 데이터를 바탕으로 학습한다. 이렇게 계층구조의 신경망(neural network)을 사용하는 사람의 뇌를 모방한 기계학습방식이 딥러닝인 것이다.

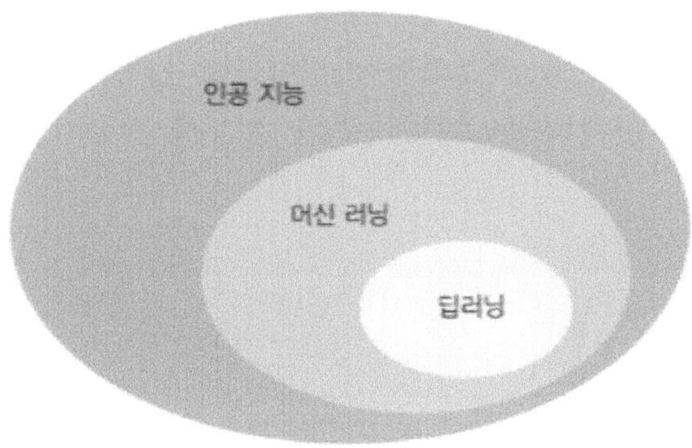

그림 77. 인공지능, 머신러닝 그리고 딥러닝의 관계

딥러닝에서는 개나 고양이 등 특정 입력데이터의 정의 같은 것은 중요하지 않다. 단지 수천만장의 고양이 사진 등이 학습데이터로 사용될 뿐이다. 고양이 사진을 보여줬는데 기계가 틀린 답을 하면, 그 순간 '정답은 고양이야' 하고 바로 잡아주면 된다. 이러한 딥러닝의 핵심은 정답이 포함된 데이터(labeled data)가 필요하다는 것이다. 이런 측면에서 표현학습법(representation learning) 또는 지도학습의 한 범주라 할 수 있다. 하지만 딥러닝의 결과, 기계가 고양이 사진을 보고 '고양이'라고 인식했다 하더라도 기계가 고양이의 정의를 알고 있는 것은 아니다.
딥러닝의 딥deep이란 단어가 마치 심오하고 깊은 통찰을 의미하는 것 같지만 그렇지는 않다. 딥러닝을 달리 표현하면 층기반 표현학습layered representations learning 또는 계층적 표현학습hierarchical representations

learning이라 할 수 있는데, 딥deep이란 단어는 그냥 연속된 층으로 표현을 학습한다는 개념을 나타낼 뿐이다. 즉 입력데이터로부터 출력데이터까지 얼마나 많은 층을 사용했는지가 그 모델의 '깊이'가 되는 것이다.

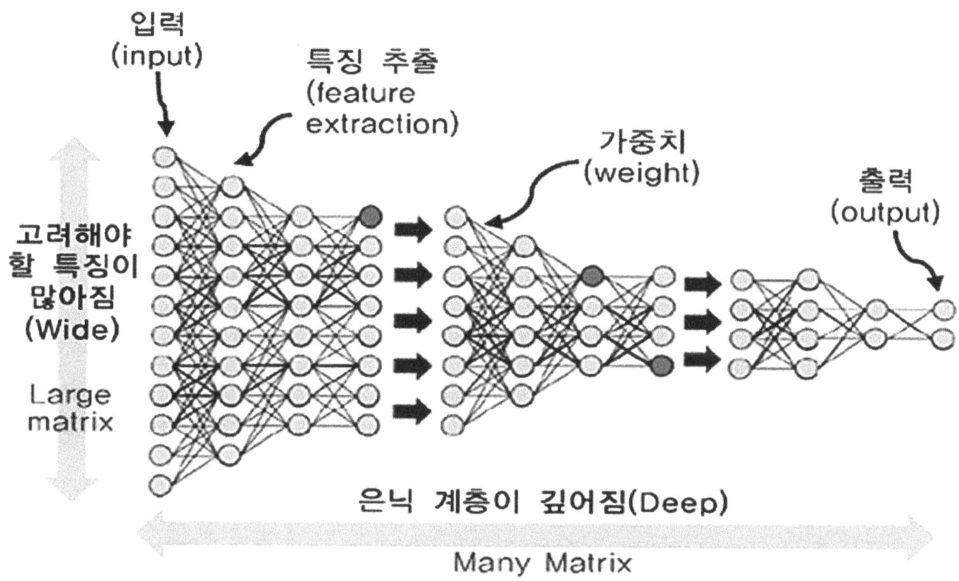

그림 78. 딥러닝 개념도

언어로 전달할 수 없는 표현들이 신경망의 계층마다 쌓이면 비로소 가장 높은 차원에서는 고양이라는 추상적인 개념을 스스로 만들어 내게 된다. 이때는 아무리 다른 모양의 고양이를 보여주더라도 기계는 '고양이'라고 답할 수 있게 된다. 이렇게 계속 데이터를 입력하면서 오답을 바로 잡아나가면 인공신경망의 각 계층들에서 오차를 줄이기 위해 주어진 데이터의 특징을 스스로 표현하기 시작하는 것이다. 과거의 룰기반 인공지능이 규칙을 입력해 데이터를 얻었다면, 최근의 딥러닝은 데이터를 입력해 규칙을 얻어내는 방식이라 할 수 있다.

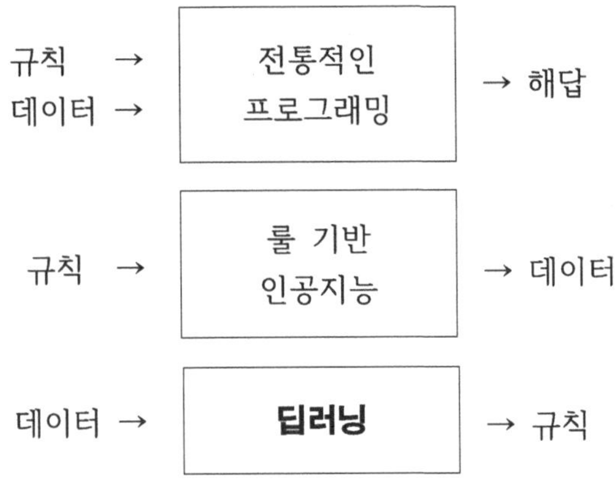

지식을 기호화해서 컴퓨터에 입력하는 방식은 실패로 끝나고, 데이터에 입각해 경험을 축적해감으로써 학습하는 인공지능의 시대가 시작된 것이다.
한스 모라벡은 '인간에게 어려운 일은 기계한테 쉽고, 기계한테 어려운 일은 인간에게 쉽다'는 그의 역설에 대한 해답을 찾기 위해 인간의 '유전자'를 소환했었다. 그러나 현대과학의 발달로 인해 모라벡의 역설은 재정립 될 수도 있다.
인공지능을 개발하면서 저지른 가장 큰 실수는 생각의 해상도와 언어의 해상도가 똑같다고 착각한 것이다. 우리의 뇌는 다양한 세상을 받아들이고 인식하는데 한계가 있다. 이 세상에 있는 정보 중 정량화 되고 체계적으로 잘 정리된 정보는 10%에 불과하다고 한다. 나머지 90%는 언어를 사용해 완벽히 표현할 수 없는 정보인 것이다. 룰기반 방식에서는 사람의 생각은 모두 언어로 표현할 수 있고, 언어로 표현하면 기계에게 세상을 설명할 수 있다고 생각했는데 그것은 원천적으로 불가능했던 것이다. 그러나 힌턴의 딥러닝 방식으로 인해 인공지능 기술은 비약적인 발전을 이루게 되었다.

그림 79. 가운데 십자가에만 30초간 집중해보자

"뇌는 눈을 통해 들어 온 정보를 그대로 받아들이지 않는다. 십자가에 집중하는 동안 배경은 항상 똑같다보니 뇌가 배경이 무의미하다고 생각하는 것을 넘어, 배경이 존재하지 않는다고 생각하는 것이다."

2.4.3 적대적 생성 신경망, GAN-Generative Adversarial Network

2016년 '알파고'를 선보인 구글의 딥마인드는 스스로 학습데이터를 만들어 가며 학습하는 '알파고 제로'를 선보인데 이어, 2017년 말에는 '알파제로'를 발표하며 바둑을 넘어서 범용성을 갖춘 인공지능까지 개발하는데 성공했다. 이전의 인공지능은 데이터를 주지 않으면 아무런 쓸모가 없었지만, 이제는 인공지능이 데이터 없이도 알아서 학습을 진행하는 수준에 이른 것이다.

인공지능 발전에 있어서 또 하나의 이정표는 구글의 인공지능 선임연구원인 이안 굿펠로우(Ian Goodfellow)가 2014년 머신러닝분야 최대 컨퍼런스인 '신경 정보처리 시스템학회(NIPS, Annual Conference on Neural Information Processing Systems)'에서 발표한 논문<GAN, Generative Adversarial Network>을 통해 제시한 적대적 생성신경망 기법이다. GAN은 두 개의 네트워크로 구성된 심층신경망구조인데, 한 네트워크가 다른 네트워크와 겨루는 구조이기 때문에 이름에 적대적Adversarial이라는 표현을 사용한 것이다. GAN은 차세대 딥러닝 기법으로 불리는데 기존 지도학습 중심의 딥러닝 패러다임을 비지도학습 체제로 바꾸어 놓는 역할을 하며 엄청난 반향을 불러 일으켰다. GAN의 핵심 키워드는 게임이론을 통한 인간 창의력의 모방이다. 인간의 지적행동이나 창의력이 대단해보이지만 게임이론의 관점에서 보면 자신의 손해를 최소화하려는 이기심에 기반을 둔 지극히 단순한 행동으로 해석할 수 있다. 이러한 게임이론에 기반하여 인간의 창의력 모방이라는 GAN 인공지능기술이 구현된 것이다.

GAN의 등장으로 인해 지금까지 인간의 독점적 영역이라 여겨졌던 창의력까지 기계가 대체하기 시작했다.

GAN은 두 신경망 모델의 경쟁을 통해 학습하고 결과물을 만들어낸다. 두 모델은 '생성자(Generator)'와 '감별자(Discriminator)'라고 불리는데 이안 굿펠로우는 생성자를 위조지폐범에 그리고 감별자를 경찰에 비유했다. GAN에서 생성자는 감별자를 속이지 못한 데이터를, 감별자는 생성자에게 속은 데이터를 입력받아 점점 정교하게 생성하고 감별하면서 서로 학습한다. 이러한 과정을 끊임없이 반복하면서 생성자는 더욱 실제에 가까운 위조 데이터를 만들어내고, 이에 따라 감별자의 감별능력 역시 점점 정교하게 발달하면서 인공지능의 능력을 향상시켜나가는 것이다.

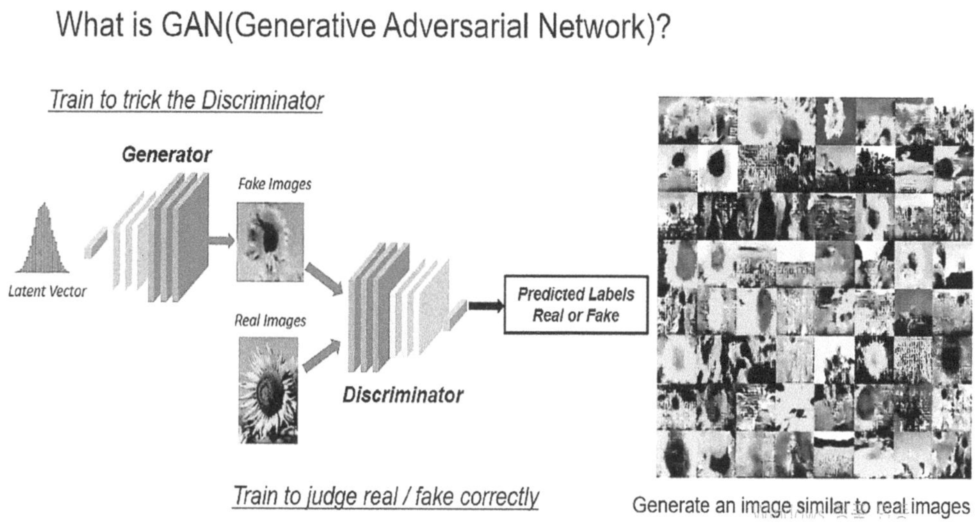

그림 80. GAN개념도 **그림출처 : MATLAB 영상캡처**

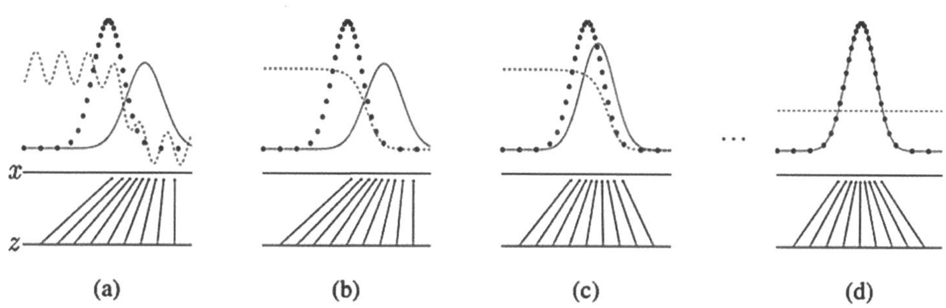

※ **검은 점선**: 원 데이터의 확률분포, 녹색 점선: GAN이 만들어 내는 확률분포, 파란 점선: 분류자의 확률분포

그림 81. GAN이 학습과정을 통해 원데이터를 맞추어가는 과정

초기의 GAN은 안전성이 떨어지고 제대로 학습시키기 쉽지 않아 굿펠로우의 이론을 구현하는데 어려움이 많았지만, 매년 많은 연구와 논문이 쏟아지면서 GAN은 비약적으로 발전했다. 이제 GAN은 이미지, 텍스트, 음악, 예술 등의 모든 분야에서 실제 우리의 세계와 놀랍도록 닮은 새로운 세계를 스스로 창조하는 수준에까지 와있다. 2018년 GAN으로 학습한 인공지능이 그린 '에드먼드 데 벨라미의 초상화'라는 미술작품이 세계 3대 경매사 중 하나인 크리스티경매에서 43만 2500달러(약 5억원)에 팔렸다. 오비우스(Obvious)팀이 개발한 GAN기반의 인공지능이 14~20세기의 그림 1만 5천여 작품을 학습한 후 이 작품을 그렸다.

그림 82. GAN이 그린 초상화 '에드먼드 데 벨라미'

생성자가 이미지를 만들면 감별자가 이것이 사람의 작품인지 아닌지를 평가하여 최종 '사람의 작품'이라는 결론에 도달할 때까지 반복해서 작업한 끝에 이 작품을 완성한 것이다.

최근 들어 GAN의 기법은 딥페이크[1]에 자주 악용되고 있다. GAN은 기존 실제 컨텐츠를 학습해 새로운 컨텐츠로 변형하는 능력이 있는데, 이때 알고리즘 스스로가 어색한 부분을 찾아서 진짜처럼 보정하는 것이다. 엔터테인먼트 분야에서 이러한 기술을 활용하면 유명배우나 가수가 직접 출연하지 않더라도 영상물을 제작할 수 있다. 그러나 이런 긍정적인 측면과 함께 악용될 위험성도 점점 커지는 추세이다. 만약 이런 딥페이크 기술을 정치적으로 악용하여 특정 정치인에 대한 비방이나 공격에 이용한다면 다수의 대중은 혼란을 겪을 수밖에 없다. 더군다나 그것이 정치적으로 중요한 시점에 일어난다면 한 국가의 운명을 바꾸어 놓을 수도 있을 것이다.

1) 딥페이크는 딥러닝(Deep Learning)과 가짜(Fake)의 합성어이다.

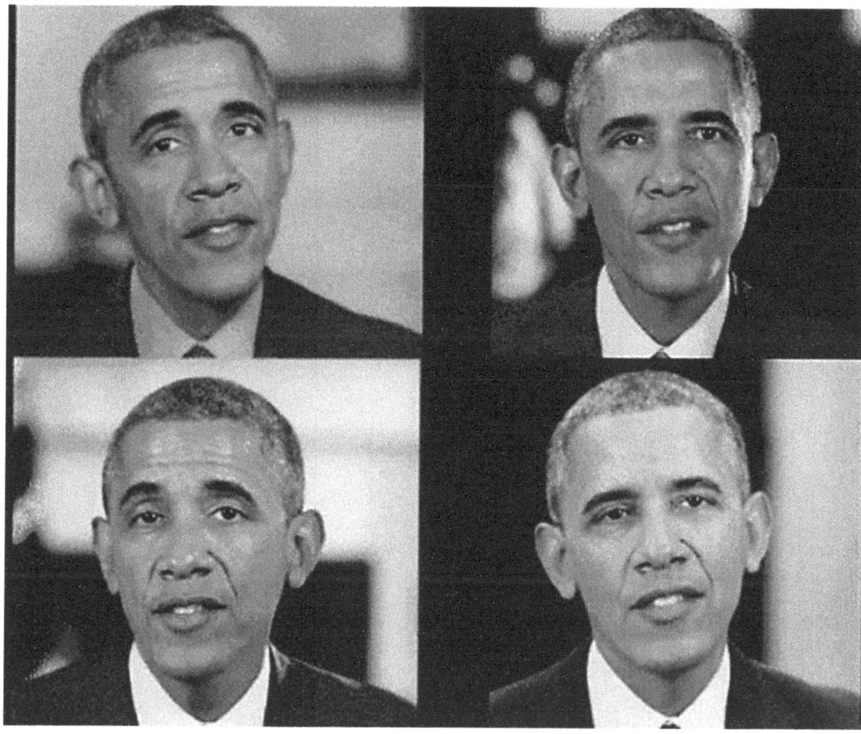

그림 83. GAN을 이용해서 만든 딥페이크 동영상(우측하단이 진짜이다)

GAN의 비지도학습 방식은 인간이 막대한 데이터를 입력하지 않아도 인공지능 스스로가 생성자를 통해 직접 이미지나 음성 등 대량의 데이터를 만들어내는 시스템이므로 기존 지도학습형 알고리즘과는 근본적으로 차별화 된다고 할 수 있다. 또한 이처럼 기계가 스스로 학습하기 시작한다면 미래의 어느 날, 사람 몰래 '자율성'까지 배우게 되는 일이 절대 일어나지 않는다고 장담할 수 없다. 생명체의 계층적 신경망에서 지능이 뛰어날수록 계층이 복잡한데 만약 계층이 십만, 백만, 1억의 층을 지닌 인공지능이 등장해 삶과 죽음 그리고 우주에 대해 설명한다면 인간은 전혀 알아들을 수 없을 것이다. 이런 강한 인공지능이 무서운 이유는 첫째, 인간이 만들었지만 인간의 능력을 뛰어넘을 가능성이 있고, 둘째는 자율성을 가진 강한 인공지능이 인간을 어떻게 판단할지 모르기 때문이다. 이런 이유로 과학자들은 인공지능의 위험성을 지속적으로 경고하고 있다.

나아가, 인공지능의 최종 목표점이 '인공감정'의 알고리즘화라고 했는데, 인공지능과 뇌과학 기술이 지속적으로 발전한다면 언젠가는 사람이 육체라는 한계에서 벗어날 것을 예상해 볼 수 있다.

사실 지금까지 인공지능 기술의 발전이 어려웠던 것은 인류가 아직 뇌에 대한 비밀을 모두 풀지 못했기 때문이다. 제대로 된 인공물이 만들어지기 위해서는 원본에 대한 완벽한 이해가 전제되어야 하는데, 인간 스스로가 뇌의 비밀을 모두 알지 못한 상태에서 인공뇌를 구현하려니 어려울 수밖에 없는 것이다.

2.4.4 뇌의 비밀을 풀기 위한 인류의 노력

어떤 대상을 파악하려면 그 대상을 해부하여 안을 들여다보면 되는데, 뇌는 해부해보고 성분을 분석해본다 하더라도 물 77~78%, 지질 10~12%, 단백질 8%, 유기물질 2%, 탄수화물 1%, 무기염류 1%로 구성되어 있다는 것 외에 작동 원리를 파악하기가 어렵다. 뇌를 잘게 잘라서 단면을 관찰해도 소득은 별로 없다.

이러한 뇌의 비밀을 해독하기 위한 인간의 도전은 오래전부터 시작되었다.

그림 84. 이집트의 Surgical Papyrus
http://jepilia.org/journal/view.php?viewtype=pubreader&number=3#!po=33.8710

고대 이집트에서 BC 3,500~2,500년경 제작된 것으로 추정되는 유명한 수술양피지(Surgical Papyrus)[1]에는 인류 최초로 뇌 표면 구조, 경막, 뇌척수

---

1) Surgical Papyrus는 고대유물거래상인 Edwin Smith(1822-1906)가 이집트에서 구입한 것인데 그의 노력에도 불구하고 내용을 해석하지 못하던 중, 미국 고고학자 James Breasted(1865-1935)가 10년의 노

액 등이 기록되어 있다.

또한 기원전 400년경 히포크라테스(Hippocrates, 약 기원전 460~약 기원전 370)에 의해 집필됐을 것으로 추정되는 'On the Sacred Disease 신성한 질병에 대하여'라는 글에는 뇌가 두 개의 대칭적인 반구로 나누어져 있다는 것과 뇌와 연결 된 수많은 혈관의 혈류 방향에 대해 기술하고 있다. 그리고 흥미롭게도 신성한 질병, 즉 간질은 뇌의 이상에서 비롯된다고 이미 파악하고 있었다.

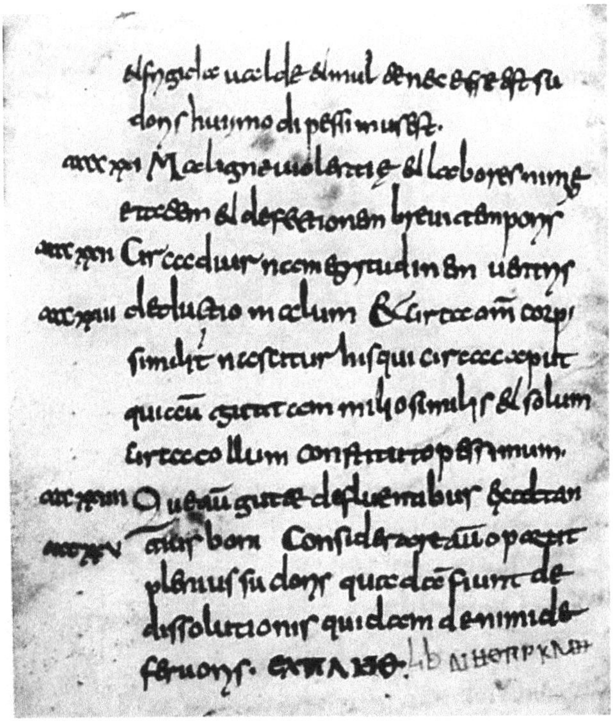

그림 85. 히포크라테스의 글귀

자료출처 : https://commons.m.wikimedia.org/wiki/

그 후 AD 900년경으로 추정되는 뇌의 시각계(Visual system)를 그린 그림을 보면 이미 오래전부터 뇌 속을 들여다보기 위한 다양한 시도들이 있었음을 알 수 있다. 두 눈에서 선이 이어져 뇌 쪽으로 연결되는 명료한 구조이다.

력을 기울인 끝에 1930년에 그 정체가 밝혀지게 되었다.

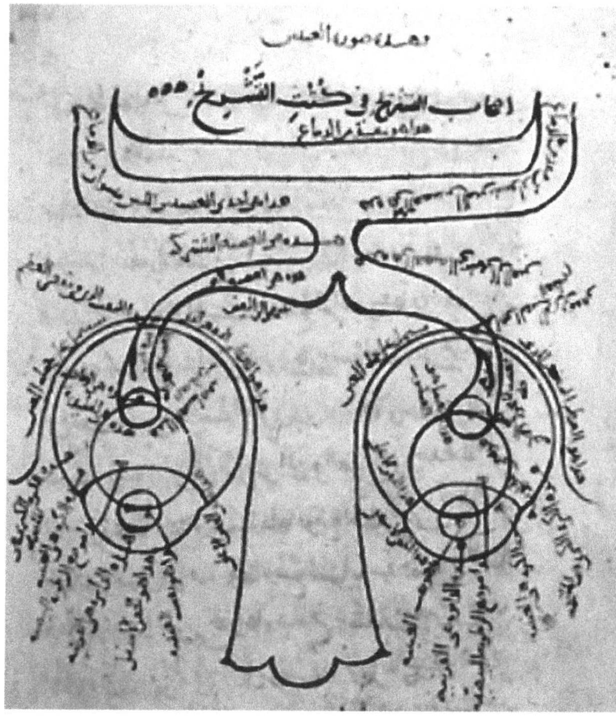

그림 86. AD 900년경 그려진 것으로 추정되는 뇌의 신경계

19세기로 접어들면서 이탈리아의 의사이자 병리학자였던 카밀로 골지(Camillo Golgi, 1843~1926)는 획기적인 염색기법으로 '뇌 신경계 구조'를 파악하고자 했다. 뇌 전체가 아닌 신경세포만 염색하는 방법을 개발하여 신경계를 관찰 할 수 있게 한 것이다. 1871년 골지는 "뇌의 구조는 신경세포가 거미줄처럼 하나로 연결 되어 있다"고 주장하였다.

이 당시만 해도 '뉴런'의 존재를 모를 때였고, 관찰 도구 및 기법의 한계로 인해 뇌의 신경망이 '그물망 주조'라고 판단한 것이다.

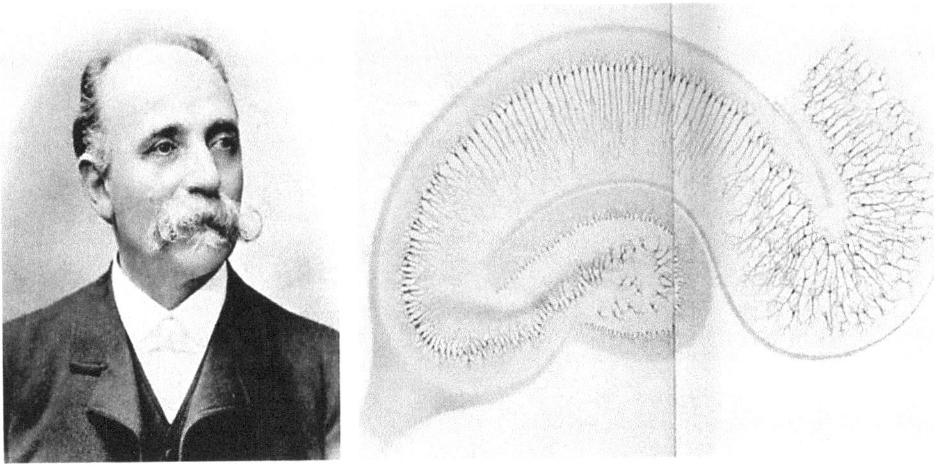

그림 87. 카밀로 골지, 신경세포가 하나로 연결되어 있다고 생각했다.

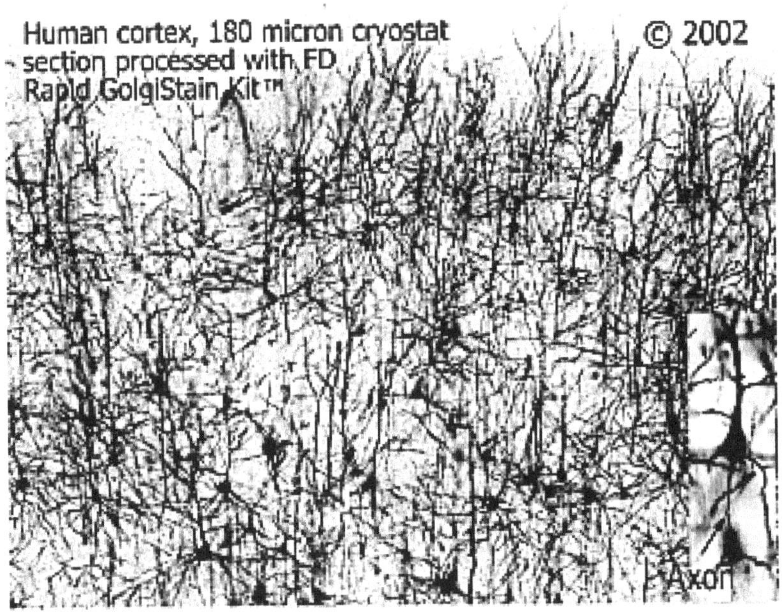

그림 88. 실제 골지 컬러링 결과

하지만 뇌 과학의 아버지라 추앙받는 스페인 신경조직학자 산티아고 라만이 카할[1](Santiago Raman Y Cajal, 1852~1934)의 견해는 달랐다. 그는 보다 정교한 Golgi Stain연구를 통해 뇌 신경망이 '하나의 그물구조'가 아니라 '이음새를 통한 연결구조'라고 주장했다. 카할은 최초로 신경세포가 하나하나 따로 존재한다는 사실을 확인한 것이다.

1) 골지와 카할은 1906년 노벨 생리의학상을 공동 수상하였다.

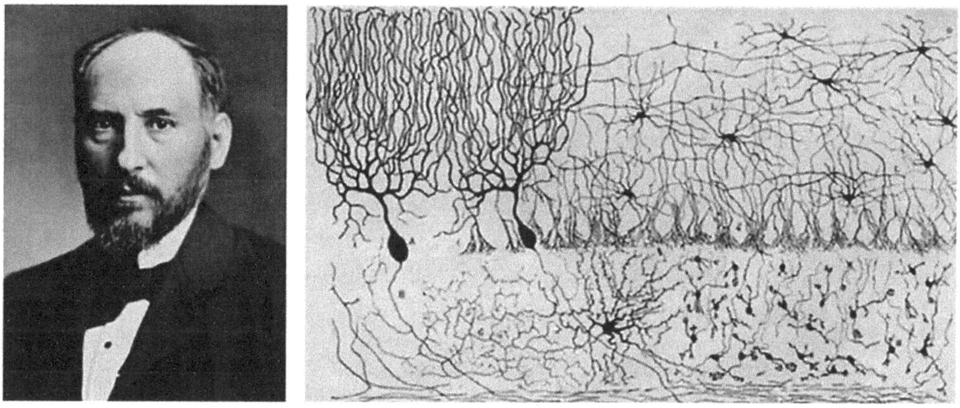

그림 89. 산티아고 라만 이 카할은 신경세포가 하나하나 따로 존재한다고 판단했다.

이 연구 결과에 따라 1891년 독자적인 신경세포인 뉴런(Neuron)이라는 단어가 처음 생겼고, 연결의 '이음새'는 이후 영국의 신경생리학자 찰스 스콧 셰링턴(Charles Scott Sherrington, 1857~1952)에 의해 1897년 발견되어 '시냅스Synapse[1]'라고 이름 붙여졌다.

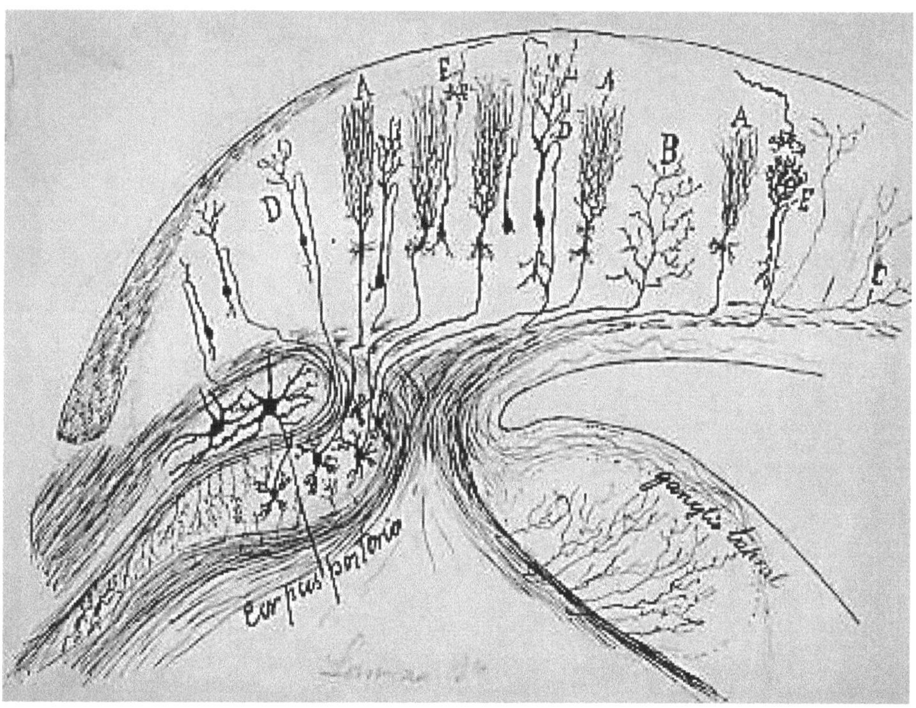

그림 90. '카할과 스페인 신경조직학 학파의 기록물'은 현대 신경과학사의 유일무이한 저작물로 인정 되어 2017년 유네스코 세계기록유산에 등재되었다.

1) 시냅스는 셰링턴이 만든 합성어 Synaptein에서 유래했는데, Synaptein은 그리스어 'Syn-,함께'와 'haptein,결합하다'의 합성어이다.

2.4.5 뇌는 정복 될 것인가?

미국국립보건원(NIH, National Institutes of Health)은 2009년 7월부터 인간의 뇌의 비밀을 밝히기 위한 휴먼 커넥톰[1] 프로젝트(HCP, Human Connectome Project)를 추진했다. 이 프로젝트의 궁극적인 목표는 인간의 뇌지도를 완성하는 것이다. 이를 통해 다양한 뇌 장애문제를 해결 하겠다는 것이다. 이 프로젝트는 2018년 11월16일자로 공식 종료되었다. 다양한 성과물도 많았지만 여전히 뇌는 베일을 벗지 않은 채 미완의 숙제로 남아있다.

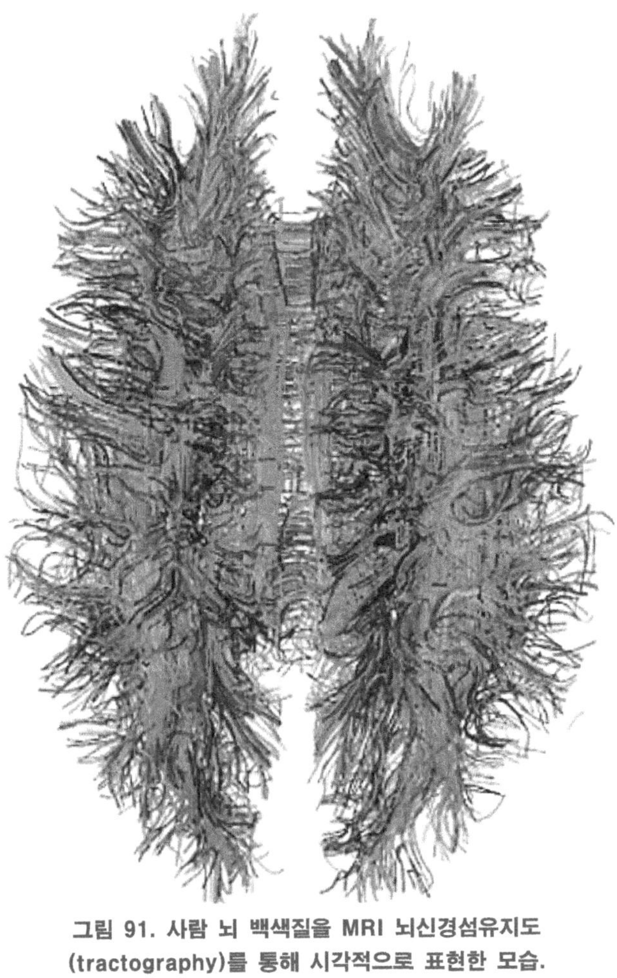

그림 91. 사람 뇌 백색질을 MRI 뇌신경섬유지도 (tractography)를 통해 시각적으로 표현한 모습.

사진출처 : 위키백과

1) 커넥톰은 뇌 신경세포들의 연결 상황을 표현한 뇌지도이며 뇌가 작동하는 원리를 규명할 뇌 회로도라고 할 수 있다.

뇌 과학자들은 정신질환, 뇌병변, 치매 등 많은 정신장애가 뇌 신경망의 연결이상 증세임을 밝혀냈다. 이는 정신장애를 일으키는 원인이 뇌의 '배선'과 연관되어 있다는 의미이다. 따라서 인간의 뇌지도를 파악하여 그 '배선'의 구조를 알 수 있게 된다면 인류가 겪는 수많은 정신질환을 치료할 수 있을 것이다. 또한 뇌 과학자들은 인간의 뇌지도를 완성하기 위한 노력과 함께 포유류의 뇌에 대한 지속적인 연구를 통해 조금씩 뇌의 비밀을 해독하며, 나아가 기존 관념을 바꾸는 결과물을 내놓고 있다.

일반적으로 모든 포유류의 뇌는 산소공급이 끊긴 후 10~15분이 지나면 뇌사에 이르게 된다. 그런데 2019년 4월 18일자 국제학술지 네이처Nature에 한편의 충격적인 논문이 게재되었다. 예일대 의과대학의 네나드 세스탄(Nenad Sestan)교수팀이 도축장에서 몸통이 잘려나간 돼지의 머리에서 이미 폐사된 뇌를 끄집어 낸 후, 브레인엑스(BrainEX)[1]라는 장치를 이용해 뇌세포를 다시 살려내는데 성공했다는 내용이었다. 죽은 지 4시간이 지난 뇌를 다시 살린 후 해부한 결과 되살아난 뇌의 뉴런들이 서로 소통 할 수 있는 능력을 유지했다는 사실이 밝혀졌는데, 이는 뇌세포들이 돼지가 정상적으로 살아있을 때의 기능을 그대로 유지했음을 의미하는 결과였다.

1) 브레인엑스는 루프형 튜브와 인공혈액이 담긴 저장탱크로 구성되어 있으며 산소, 영양분, 안정제 등이 함유된 인공혈액을 뇌의 동맥에 주입 할 수 있는 장치이다.

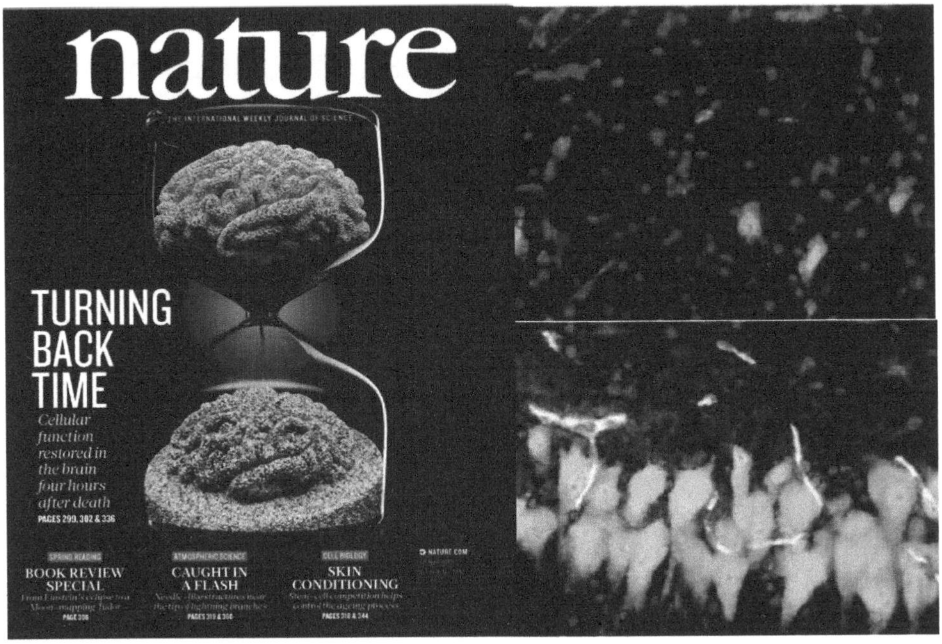

그림 92. 미국 예일대 연구팀이 이미 4시간 전에 죽은 돼지의 일부 신경세포를 6 시간 가량 재활성화 시키는 데 성공했다. 우측 상단 사진이 죽은 뇌세포의 사진이며, 우측 하단이 뇌세포가 되살아 난 상태이다(초록색이 신경세포 활성도를 나타 냄). 자료출처 : 네이처, 사진 : 예일대 의대

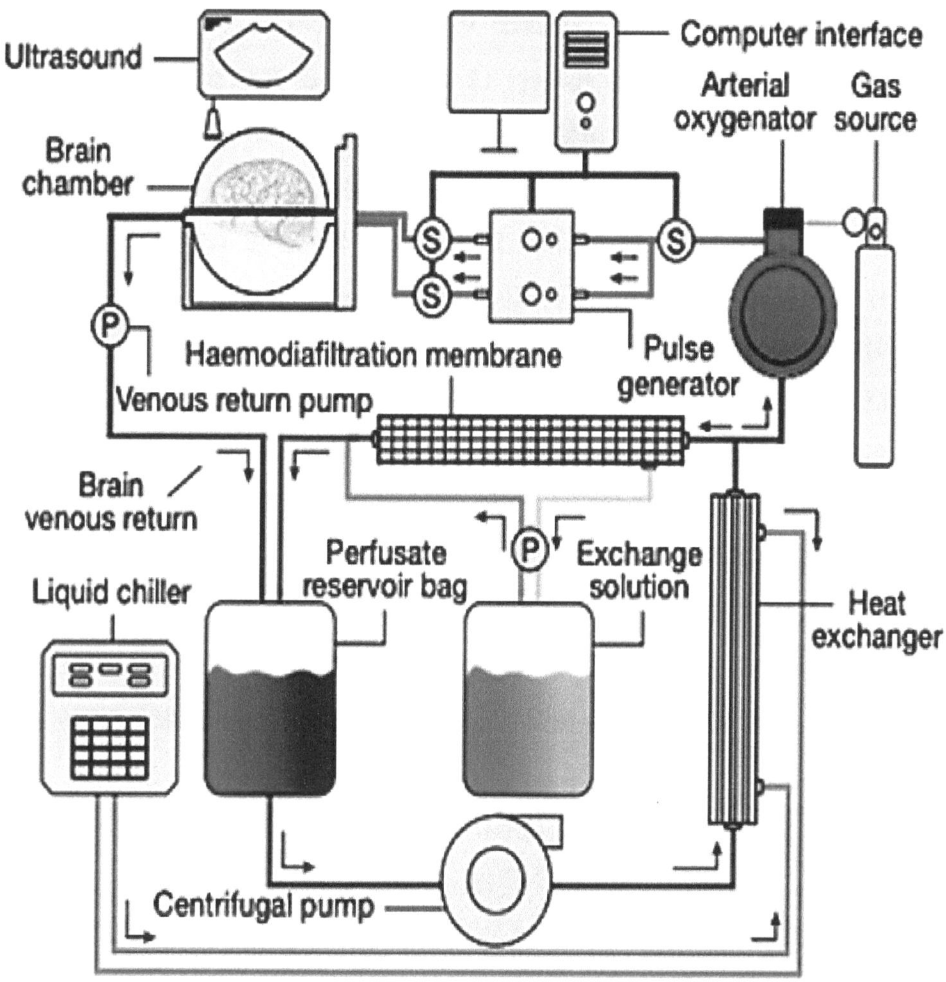

그림 93. 브레인엑스 작동원리　　　　　　　　자료출처 : Nature

하지만 이는 인류에게 또 하나의 근본적인 질문을 던지고 있다. 죽은 세포를 다시 살렸다는 점에서 삶과 죽음의 정의에 대한 논란을 불러일으킬 수 있기 때문이다. 이에 대해 류훈 카이스트 신경과학연구단장은 한 언론 매체와의 인터뷰에서 "과학적으로 좋은 성과지만 윤리적인 부분을 고려해 볼 필요가 있다."고 강조한다. 즉 이런 기술이 실제 인간에게 적용된다면 뇌사판정 기준 등 많은 부분에서 새로운 기준이 필요할 수 있다는 것이다.

죽은 뇌를 다시 살려서 뇌에 있는 모든 기억과 정보를 읽어낼 수 있고, 다른 기계나 생명체에 옮길 수 있다면 형태가 바뀌었다 해도 '나'라는 존재는 계속 유지되는 것이 아닌가? 인간은 뇌에 담긴 정보를 옮겨가며 영원히 존재할 수 있는 것이 아닐까?

「마음은 어디에 있는가?」

일반적으로 사람들은 내 몸속에, 내 머릿속에, 뇌 안에 마음이 있다고 답할 것이다. 그러나 '확장된 마음' 은 개인의 마음이 뇌의 바깥으로까지 확장될 수 있다고 주장한다. 우리 내부에 마음이 있다는 생각은 당연한 것 같지만 사실 자연스러운 사고방식은 아니다. 왜냐하면 내가 세상을 경험하는 것과 실존하는 세상은 다르기 때문이다. 즉 세상에 대한 경험이 세상 그 자체가 아니라는 것이다.

내가 아는 세상에 대한 '앎' 이 '전부' 가 아니며 심지어 왜곡된 것일 수도 있다는 자각을 할 수 있어야 비로소 세상에 대한 객관적 판단이 가능해진다.

'확장된 마음' 은 마음이 행위자 바깥의 물질의 도움을 통해 실현될 수 있다고 말하며, 마음을 뇌의 감옥과 인간중심주의의 편견으로부터 해방시켜야 한다고 주장한다. 이런 면에서 '확장된 마음' 이론은 '인지' 가 뇌뿐만 아니라 컴퓨터 같은 다른 수단을 통해서도 실현될 수 있다는 주장과도 일맥상통한다.

데카르트의 명제 "나는 생각한다. 고로 나는 존재한다" 라는 말이 "나는 생각한다. 고로 나는 살아있다" 또는 "나는 코를판다. 고로 나는 존재한다" 보다 더 큰 확실성을 주는 이유는 여기에 어떤 사고, 즉 우리가 지각하거나 아는 모든 것에 대한 '회의' 라는 특별한 생각이 작용했기 때문이다. '존재' 가 무엇인지 고민하고 있는 '나' 는 과연 '존재' 하는 것일까 라는 '회의' 에 대한 답으로써 데카르트는 '생각' 이라는 단어를 끄집어내어 존재의 근거로 제시한 것이다. 여기서 데카르트의 '생각' 은 '마음' 과도 같은 의미이다.

인공지능의 최종 목표점을 '인공감정' 의 생성이라고 보면, 결국 이 말은 인공지능이 사회성과 자율성을 갖는다는 말이 된다. 왜냐하면 마음은 개인의 소유물도 개인의 단독적 특성도 아니기 때문이다. 그것은 여러 행위자들의 참여로 이루어지는 역동적 프로세스이다. 감정의 생성과 표현이 분리될 수 없는 이유는 누군가의 감정표현이 다른 누군가의 감정을 생성하는 원인이 되기 때문이다.

2.5 4차 산업혁명시대, 국가별 대응전략

영국의 역사학자 에드워드 헬렛 카(Edward Hallett Carr, 1892~1982)는 "역사는 현재와 과거 사이의 끊임없는 대화이다"라고 했다. 여기서 '끊임없는'이라는 용어는 시대의 변화에 따라 역사적 사건의 해석도 끊임없이 변한다는 것을 의미한다.

우리는 지금 산업혁명을 1차, 2차, 3차 그리고 4차로 나누고 있지만, 세월이 흐른 후 우리 후손들은 지금까지의 산업혁명을 몽땅 하나로 묶어 '기계혁명' 혹은 '과학혁명'이라 명명할 수도 있고, 1차와 2차를 묶어 '제1차 기계혁명' 그리고 3차와 4차를 묶어 '제2차 기계혁명'이라 할지도 모를 일이다. 사실 네 차례에 걸친 산업혁명은 상호간 연관되어 있으며 두 개씩 묶을 때 인과관계가 더 잘 나타나기도 한다.

즉 증기(1차 산업혁명)와 전기(2차 산업혁명)의 발명을 묶어 기계가 인간의 육체노동을 대체한 '1차 기계혁명'으로, 그리고 정보혁명(3차 산업혁명)과 지능혁명(4차 산업혁명)을 묶어 지적노동까지 기계가 대체한 '2차 기계혁명'으로 분류할 때 특징이 보다 명확히 드러난다.

먼 훗날 후손들이 이 시대를 무엇이라 하든, 우리는 다가올 미래에 대한 준비를 하여야 한다. 사실 지나간 산업혁명에 대한 정의를 내리기는 쉽다. 이미 지나간 일이므로 우리는 그 내용을 객관적으로 평가할 수 있다. 하지만 4차 산업혁명은 미래를 다룬다. 예측이 틀린다면 지금 기울이는 모든 노력은 물거품이 될 수도 있다. 그만큼 치열한 고민이 필요하다. 미래는 준비된 자의 몫이니깐.

2.5.1 독일, 인더스트리 4.0

독일은 2011년에 '인더스트리 4.0 전략'을 통해 최초로 4차 산업혁명을 주창한 국가이다. '인더스트리 4.0전략'은 2016년 1월 스위스 다보스에서 개최된 세계경제포럼(WEF, World Economic Forum)의 제 46회 연차총회의 메인 주제로 선정된 '4차 산업혁명의 이해(Mastering the Fourth Industrial Revolution)'에서 상당부분 인용되며, 다양한 논의가 이루어졌다.

독일은 자동차, 화학 산업을 필두로 한 2차 산업혁명의 선도국가였지만, 글로벌 플랫폼 경쟁에서 뒤처지면서 3차 산업혁명기간 내내 힘을 못 쓰게 된다. MIT 슬로인 경영대학원 보고서에 의하면 2013년 세계 시가총액 기준 상위 30대 브랜드 가운데 무려 14개가 플랫폼 중심 기업이었다. 이러한 플랫폼의 중요성을 간과 했었던 뼈아픈 후회는 독일이 국가주도의 플랫폼전략을 도출하는 원동력이 되었다.

독일정부는 대량맞춤, 분권, 개방이라는 방향성에 기반한 인더스트리 4.0 전략을 통해, 이미 시장을 장악하고 있는 기존 플랫폼의 구도를 깨고 그들과 경쟁하려는 의도를 여과 없이 드러내고 있다.

독일 '인더스트리 4.0 전략'은 독일이 비교경쟁 우위를 갖고 있는 제조업에 IT시스템을 융합시켜 생산시설을 네트워크화 하고, 지능형 생산시스템을 갖춘 '스마트 팩토리'로 진화시켜야 한다는 것이 핵심내용이다.

독일정부는 이를 보다 구체화시켜 독일연방정부기관인 BMBF(독일연방 교육연구부)와 BMWi(독일연방경제기술부), 학계·연구소(FhG, Fraunhofer-Gesellschaft) 그리고 노동조합(IG Metall)이 참여하는 'Plattform Industry 4.0'이라는 산·관·학 협력기구를 조직하여 4차 산업혁명을 국가 차원의 '운동'으로 승화시켰다.

'플랫폼 인더스트리 4.0'이 갖는 가장 중요한 의의는 정부가 4차 산업혁명과 관련된 모든 이해 당사자를 한자리에 모아 대응방안과 전략을 함께 준비한다는 것이다. 2017년 3월 현재 이 기구에 참여하고 있는 기업과 기관의 수는 140여개에 달한다.

이러한 독일의 전략을 제대로 파악하기 위해서는 독일의 지난 산업혁명기 전체 흐름을 살펴볼 필요가 있다. 이를 통해 독일 인더스트리 4.0 전략의 핵심을 파악해 보고자 한다.

‖ 독일의 지난 발자취들

18세기 영국과 프랑스가 1차 산업혁명을 주도하며 발전을 거듭하던 시기에, 독일은 명목상 국가인 신성로마제국(962년~1806년) 아래 300개가 넘는 독립된 제후국이 난립한 상황이었다. 독일은 1차 산업혁명 대열에서 한참 뒤처지게 된다.

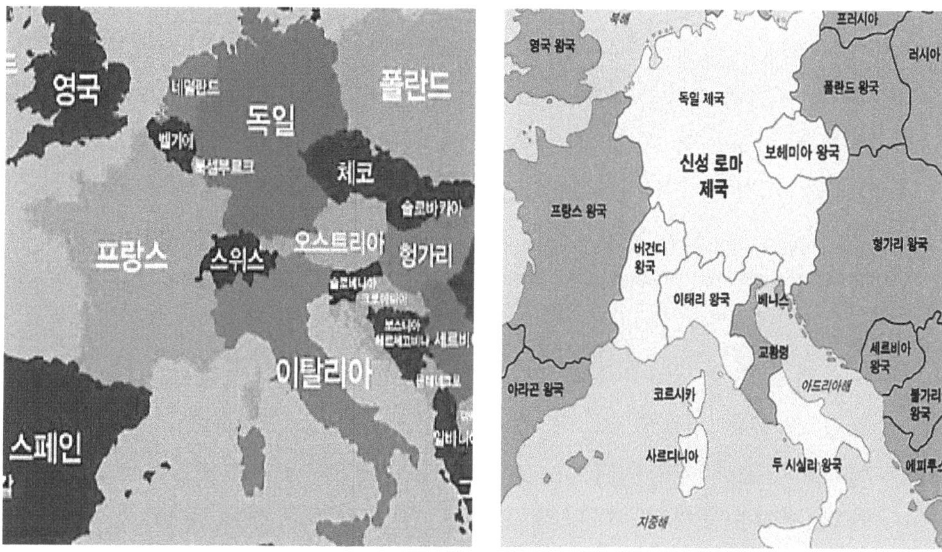

그림 94. 현재 유럽지도(좌)와 신성로마제국시대 유럽지도(우)

신성로마제국의 정치적 혼란은 프로이센왕국(1701~1918)[1]이 주도권을 잡고 독일연방을 세우면서 안정화 되었다. 프로이센의 개혁핵심은, 국민과 국가 사이를 정부가 중재한다는 '슈타인-하이델베르크 개혁'이다.

이를 통해 궁정과 국가재정을 분리하고 조세제도를 통일시켰다. 1834년 연방 내 관세동맹을 체결하여 각 제후국은 정치적 주권은 유지 하지만, 대외적으로는 동일한 관세를 적용하기로 합의하였다. 이 시점부터 독일도 1차 산업혁명 대열에 합류하지만, 경쟁국이 이미 1차 산업혁명 마무리 단계에 들어간 것에 비하면 때가 너무 늦었다. 그러나 운명의 여신은 독일의 손을 들어주었다. 독일은 1차 산업혁명에서 뒤처진 것이 오히려 전화위복이 되었고, 2차 산업혁명은 독일이 선수를 칠 수 있는 기회를 제공했다. 영국과 프랑스 등 1차 산업혁명 주도국들은 '증기기관'에 의한 설비를 모두 '전기'에 의한 설비로 바꾸어야 했다. 하지만 독일은 선발주자가 실패한 분야는 피해

1) 프로이센왕국 : 독일제국의 중심역할을 한 왕국으로서 수도는 베를린이었다.

가며 미래기술에 집중적으로 투자할 수 있었다. 특히 당시 첨단 분야인 화학이나 자동차, 전기 분야에 투자를 집중했다. 더욱이 1871년 보불전쟁(프로이센-프랑스전쟁)의 승리로 프랑스로부터 공업지역 알자스로렌을 넘겨받아 선진 공업경쟁력을 확보한 것도 2차 산업혁명을 주도하는데 큰 자산이 되었다. 독일의 바스프BASF, 바이엘Bayer, 훼히스트Hoechst 등의 기업들은 1913년 전 세계 시장의 90%를 점유할 정도였다. 독일은 명실상부한 2차 산업혁명의 선도국가가 된 것이다. 그러나 공업화에 따른 과잉생산은 식민지 쟁탈전, 신제국주의 출현 등으로 이어져 결국 1차 세계대전(1914. 7~1918. 11)과 2차 세계대전(1939. 9~1945. 9) 발발로 이어지게 된다.

세계를 선도하던 독일 산업은 패전의 멍에를 안고 바닥까지 추락한다. 하지만 '라인강의 기적'이라 불리는 경제기적이 1948년부터 시작되었다.

전쟁 전부터 보유하고 있던 기술 인력과 특허 등 지적재산권이 경제부흥의 기반이었다. 여기에 더해 독일식 변형 민주주의인 '질서자유주의'[1]가 주효했다.

독일정부의 질서자유주의 방침에 따라 독일 내 대기업과 중소기업은 상생을 위한 노력을 기울였고, 그 결과 지금도 독일은 세계에서 히든챔피언[2] 기업이 가장 많은 국가이다.

독일 경제부흥의 또 하나의 요인은 '한국전쟁'이었다. 2차 세계대전 후 독일제품은 국제적 반감으로 인해 수출에 어려움을 겪었지만, 한국전쟁에 따른 극심한 물자부족으로 인해, 각국은 독일제품 수입을 허용할 수밖에 없었다. 이외에도 서유럽 경제재건을 위한 미국의 원조, 1948년 당시 수상이었던 콘라트 아데나워(Konrad Adenauer, 1876~1967)의 탁월한 정치적 리더십 등의 요인들을 기반으로 독일의 경제는 빠르게 정상화 되었다.

하지만 3차 산업혁명이 본격화한 1970년대부터 독일 경제는 또다시 쇠퇴의 시기를 겪었으며, 1990년~2000년 초반에는 '유럽의 병자'라는 소리까지 듣게 된다. 이 시기는 미국이 인터넷을 개발하고, 미국 내 글로벌 플랫폼기업들이 세상을 장악하던 시기였다. 그러다가 2005년 총리로 취임한 앙겔라 도로테아 메르켈(Angela Dorothea Merkel, 1954~)총리의 뛰어난 정치적 리더십 덕분에 독일은 최악의 터널을 지나 가까스로 유럽 내 지도적 위치를 회복하게 된다.

---

1) 질서자유주의 : 시장을 자유롭게 방임할 때 발생하는 문제점에 정부가 적극적으로 개입해야 한다는 이념. 이에 따라 독일 내 경제주체들은 정부통제에 따라야 한다.

2) 히든챔피언 : 자사가 속한 분야에서 글로벌 경쟁력이 1~3위 이내이고 년 매출이 40억 달러 이하이면서 일반 대중이 그 이름을 알지 못하는 기업.

히든챔피언을 가장 많이 보유하는 등 2차 산업혁명 기간 독일의 강점이었던 부분이, 3차 산업혁명기에는 오히려 약점으로 작용하였다. 3차 산업혁명의 핵심인 플랫폼 경쟁에서 미국, 중국에 비해 규모가 작은 독일 기업은 철저하게 밀려나서 글로벌 플랫폼에 종속되었고, 제조나 서비스 등을 담당해야만 했다. 독일은 이를 위기로 인식하고 판을 뒤집기 위해 도전했지만, 이미 시장을 선점한 플랫폼을 이기기는 어려웠다. 결국, 그 해결책으로 이미 뒤처진 3차 산업혁명을 혁파하고 새로운 산업혁명을 제시하게 된다. 마치 1차 산업혁명의 위기를 넘어 2차 산업혁명에서 앞서간 것처럼.

**그림 95. 엔지니어들이 드라이브 대신 PC를 들고 다니며 작업하도록 하겠다고 공언한 앙겔라 메르켈 독일 총리가 스마트팩토리 공장인 지멘스를 돌아보고 있다.
사진출처 : 연합뉴스**

‖ 3차 산업혁명을 뒤집고 새로운 판을 짜려는 독일의 전략

인더스트리 4.0 전략은 2010년 독일 정부가 발표한 '첨단기술전략 HTS, High-Tech Strategy 2020' 중 정보통신 분야에서 정의된 개념이다. 2010년 발표 당시에는 '제조업 전산화'라고 다소 추상적인 개념이었는데, 2011년 하노버페어에서 구체화한 후, 2012년 10월에 인더스트리 4.0 워킹그룹이 독일 정부에 제안하고 독일 정부는 이를 전격 수용하였다. 2013년에는 '플랫폼 인더스트리 4.0'으로 구체화 되었다.

인더스트리 4.0 전략의 핵심 키워드는 3차 산업혁명의 패러다임을 깨고 고도로 유연한 '맞춤형 대량생산'을 추구하는 것이다. 이를 위해, 단순히 인간이 하던 일을 기계가 대신하는 기존의 공장자동화가 아니라 공장 스스로 최적화Optimization, 조직화Configuration, 자가진단Diagnosis 그리고 지능화 Intelligence를 구현할 수 있는 새로운 시스템을 제시하였다.

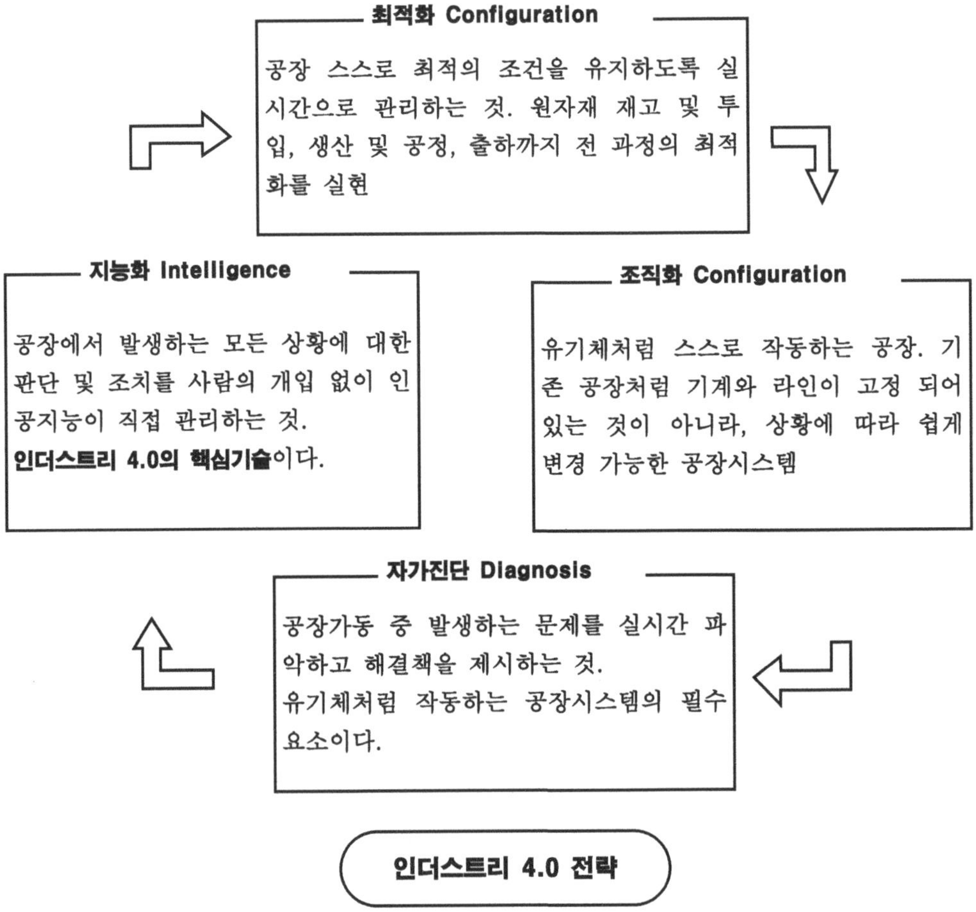

그림 96. 독일의 스마트팩토리 구상도

독일은 공장의 모듈 하나하나에 집중하는 것에 그치지 않고, 공장 전체를 하나의 생명력 있는 유기체로 바라본다. 결국 독일의 전략은 '스마트 팩토리' 전체를 하나의 상품으로 보고, 이 시스템을 통째로 수출함으로써 새로운 제조강국의 위치를 회복하겠다는 것이다. 이러한 독일의 또 하나의 숨은 병기는 베르미Verimi연합이다. 베르미 연합은 항공사(루프트한자), 통신사(도이체텔레콤), 은행(도이체방크), ID업체(분데스 드루커라이), 보험사(알리안츠), 자동차(다임러) 등 독일의 주요 기업들이 참여하는 범 국가차원의 플랫폼구축을 위한 연합체이다.

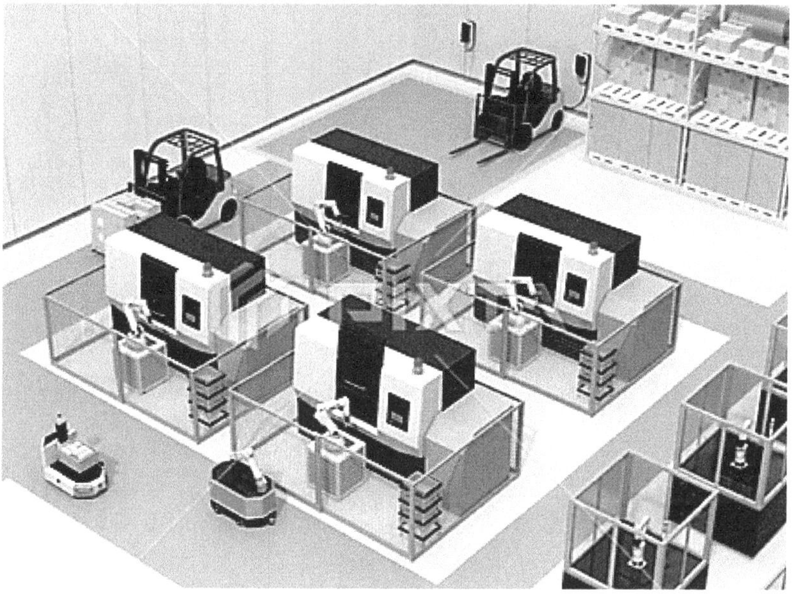

그림 97. 미래학자들이 예측하는 미래공장의 모습

독일은 구글, 아마존 등 기존 플랫폼을 깨기 위해서는 참여기업이 주도권과 욕심을 버리고, 국가 주도하에 시민에게 모든 혜택과 권한을 부여하는 분권과 개방을 지향하는 플랫폼이 제시되어야 한다고 판단한다. 이를 통해 공고한 3차 산업혁명의 판을 근본적으로 흔들어 놓겠다는 의도를 갖고 있다.
맞춤, 분권, 개방의 방향성을 갖는 4차 산업혁명에 걸맞게 명확한 비전을 제시한 독일이 최종 승자가 되기 위해서는 자국내 기업간 협업을 넘어 다른 국가 기업과도 협업하는 유연함이 요구된다 하겠다.

그림 98. 1970년 12월 7일 폴란드 수도 바르샤바의 유대인 위령탑 앞에서 당시 서독의 빌리 브란트 총리가 한참 고개를 숙였다가 털썩 무릎을 꿇고 손을 모았다. 반면 일본은 지금도 침략에 대한 반성이 없다. 이런 자세는 4차 산업혁명 시대를 맞아 일본이 고립 된 나락으로 떨어질 수 있음을 암시한다.

2.5.2 미국, 제조업 활성화 계획

미국정부는 4차 산업혁명시대에 필요한 제조업 기술지원을 위해 오바마대통령 집권기였던 2012년 7월 '미국 제조업 활성화 계획 The President's Plan to Revitalize American Manufacturing'을 공표함과 동시에 제조업혁신을 주도할 산·관·학 협력주체로서 15개의 '제조업혁신 연구소(Institutes for Manufacturing Innovation)'를 설립하였다. 이후 이들 연구소들을 미국 전역으로 연결하는 '국가제조업혁신 네트워크 NNMI, National Network for Manufacturing Innovation' 프로그램을 통하여 장기적인 혁신의 밑그림을 완성해 나가고자 한다.

미국은 4차 산업혁명 방향성 가운데 특히 '대량맞춤'과 같은 제조업혁신에 방점을 두었다. 이는 트럼프정부 출범 후 대대적인 제조업의 귀환 Reshoring정책으로 이어지고 있다.

‖ 미국의 지난 발자취들

유럽이 1차 산업혁명을 거치던 시기에 미국은 여전히 농업국가였다. 영국은 잠재적 경쟁국이던 미국으로의 기술유출을 철저히 막았고, 미국의 독자적인 방적기계 제작 시도는 번번이 실패했다. 그런 때에 미국 산업혁명의 아버지라고 칭송 받는 사무엘 슬레이터(Samuel Slater, 1768~1835)가 등장했다. 슬레이터는 1768년 영국에서 태어났고, 미국이 공장설비기술을 갈망한다는 사실을 알고는 공장설비기술을 모두 암기한 채 1789년 뉴욕으로 밀항한다. 슬레이터가 만든 기계설비는 급속히 확산되어 미국 산업혁명의 도화선이 되었다.

이후 산업혁명시기 미국은 도금시대(1860년대 말~1890년대)[1]와 진보시대(1890년대~1920년대)[2]를 연달아 거치며 세계에서 가장 높은 경제성장률과 함께 제조업 전성기를 누렸다.

---

1) 도금시대(鍍金時代, Gilded Age 1860년대 말~1890년대)
: '강도귀족'으로 불렸던 극소수의 자본가가 독과점을 포함한 여러 문제를 야기했던 시기였다. 1865년 미국남북전쟁이 끝난 후 1868년에 시작되어, 불황이 시작되는 1890년대까지 미국 자본주의가 급속히 발전한 시대를 일컫는 말이다.

2) 진보시대(Progressive Era, 1890년대~1920년대)
: 미국 역사상 사회운동 및 정치개혁에 대한 열망이 가장 들끓었던 시대를 가리킨다. 도금시대를 거치며 제기된 여러 문제를 해결하기 위해 반독점법 등 진보적 법안이 만들어졌고 정부, 학교, 교회, 가정 등 사회전체에 비효율적이고 불평등한 여러 요소를 개선하려는 사회운동이 일어났다.

그림 99. 미국의 도금시대
자료출처 : http://www.senate.gov/artandhistory/art/artifact/Ga_Cartoon/Ga_cartoon_38_00392.htm

미국은 2차 산업혁명 기간 중 산업전반의 발전과 함께 다양한 사회문화를 개선하려는 진보적 사회운동도 함께 겪었다. 이러한 균형 잡힌 저력으로 미국은 3차 산업혁명을 주도하는 자리에 오르게 되었다.

3차 산업혁명을 대표하는 컴퓨터, 인터넷, 모바일 기술은 대부분 미국에서 시작 되었다. 1980년대 개인용 컴퓨터를 선보인 IBM과 그 운용체제를 개발한 마이크로소프트사도 미국 회사다. 인터넷 검색 시 손쉽게 다른 사이트로 이동하는 기능을 제공하는 응용소프트웨어, 이른바 웹브라우저를 독점했던 넷스케이프도 미국 회사고, 이를 꺾고 최종 승자가 된 회사 역시 미국의 마이크로소프트사다. MS의 윈도우는 현재 구글의 크롬과 치열하게 경쟁 중인데, 구글도 미국회사다. 구글과 모바일시대 주도권 경쟁을 하는 애플도 미국회사이고, 인터넷과 모바일을 기반으로 한 다양한 플랫폼(페이스북, 우버, 에어비앤비 등)비즈니스도 역시 미국이 주도하고 있다. 4차 산업혁명 기반기술로 분류 되는 클라우드 플랫폼도 미국의 아마존이 주도하고 있다. 이렇듯 미국은 자국내 혁신적 업체와 글로벌 플랫폼 사업을 지배하며, 3차 산업혁명시대 절대강자의 자리를 차지했다.

‖ 3차 산업혁명을 넘어, 4차 산업혁명시대를 주도하고 싶은 미국의 꿈

버락 오바마의 '국가제조업 혁신 네트워크 2012(NNMI, National Network for Manufacturing Innovation 2012)' 프로그램은 첨단기술을 융합시켜 제조업 경쟁력을 획기적으로 높이겠다는 전략이다. 이 전략이 가능한 이유는 디지털기술의 혁신적 발전 덕분이다. 이러한 기술 발전 덕분에 더 이상 노동자들의 임금수준이 기업에게 큰 변수가 되지 않을 것이다. 각종 기술이 융합하여 구현 될 4차 산업혁명시대의 전략적 목표인 대량맞춤기술이 제조업 경쟁력을 끌어 올릴 것이라 보는 것이다. 이 전략은 3D 프린팅, 센서, 검사(진단)장비, 바이오제조 등 4차 산업혁명시대 대량맞춤을 목표로 하는 스마트 팩토리 기반기술에 초점이 맞추어져 있다. 미국은 이를 통해 '다품종 대량생산기술'[1]을 선점하고자 한다.

이와 같이 미국정부는 4차 산업혁명에 대하여 종합대책에 치중하기 보다는, 오히려 각 산업 부문별로 대응하는 측면이 강하다. 미국은 2016년 한 해에만 '연방정부 빅데이터 R&D 전략계획(2016. 5. 24)', '자율주행차 15대 성능지침발표(2016. 9. 20)', '인공지능 국가 연구개발 전략계획(2016. 10)' 등 굵직한 부문별 전략을 쏟아낸 바 있다.

지난 산업혁명시대 '소품종 대량생산'시스템은 인건비와 각종 인프라가 비싼 미국이 불리했지만, 4차 산업혁명시대 기반기술이 마련되면서 '다품종 대량생산'을 통해 인건비가 낮은 국가와도 경쟁이 가능하리라 판단한 것이다.

더 이상 낮은 인건비가 상품의 경쟁력을 담보하지 못할 것이다. 만약 플랫폼사업의 독점적 지위를 지키면서 제조업까지 장악한다면, 미국의 위치는 상당기간에 걸쳐 공고해 질 것이다.

---

1) 다품종대량생산 : 인공지능과 빅데이터를 기반으로 한 자동화된 가변생산 방식이다. 제품의 제작시간과 가격은 대량생산과 같지만 소비자 개인이 원하는 디자인과 소재, 크기 등을 맞춤으로 반영하여 제공하는 방식이다.

2.5.3 중국, 메이드 인 차이나 2025

중국의 경제성장률은 과거 30년 이상을 연평균 10% 이상 유지했으나, 2007년 14.2%를 정점으로 이후 2008년 미국발 세계금융위기와 중국 국내의 산업 환경 변화로 인해 이전과 같은 고성장은 불가능해졌다. 이에 중국은 4차 산업혁명에 따른 산업전반의 체질개선을, 저성장 시대로 진입하는 중국의 경쟁력확보를 위한 필연적 선택으로 인식하고 있다. 지금까지 '세계의 공장'이라 불렸던 중국은 이제, '제조대국'에서 '제조강국'으로의 변화를 꾀하며 공업화와 정보화의 융합을 통해 뉴노멀시대의 경제활성화를 도모하려하고 있다.

‖ 중국의 지난 발자취

광업과 철강을 근대산업의 시작으로 보면, 중국은 서구를 1,000년 이상 앞선다. 근대적 의미의 강철 생산을 기준으로 보더라도, 서구사회는 18세기 산업혁명시대에 이르러서야 겨우 11세기 송나라 수준에 다다랐다.

그 외 상업과 운송, 무역 등 거의 모든 산업부문에서 산업혁명이 도래한 18세기 이전까지 중국은 인류역사의 대부분 시기에 세계 산업을 주도한 국가 중 하나이다. 하지만 18세기 산업혁명시대부터 중국은 뒤처진다. 이에 대해 환경역사학자인 마크 엘빈(John Mark Dutton Elvin, 1938~)은 당시 중국이 갖추고 있던 효율성이 도리어 문제였다는 '높은 수준 균형의 함정' 이론을 제시했다. 이미 오래전에 높은 수준으로 생산성을 끌어올려 놓았기에, 수급균형이 잘 맞아서 제조업에서 특별히 추가적인 혁신의 필요성을 느끼지 못했다는 것이다. 따라서 산업혁명이라는 새로운 혁신의 필요성을 중국은 무시했다고 해석했다. 월등히 앞섰던 기술이 오히려 독이 된 것이다.

이후 1차, 2차 산업혁명기의 중국은 일본과의 전쟁, 영국과의 두 차례에 걸친 아편전쟁, 국민당과 공산당 간 내전 등 혼란 그 자체였다. 여기에 1960년대 문화대혁명을 거치며 중국은 퇴보를 거듭했다.

끝없이 추락하던 중국의 산업화는 등소평이 1978년 중국 공산당 11기 3차 중앙위원회에서 '현대화 노선'을 제기하며 싹을 틔우게 되었다.

등소평은 '현대화 노선'을 통해, 공산주의는 유지했지만 정부주도가 아닌 시장경제를 추구하였다. 또한 경제개발지역을 지정하여 서구기업의 자유로운 기업 활동을 보장하기도 하였다. 때마침 경제를 개방한 시점이 3차 산업혁명이 세계적으로 활성화되던 기간이었던 것도 성장에 크게 기여하였다. 서구의 오프쇼어링 전략과 맞물려 세계의 공장 역할을 하면서 세계 2대 강국의 위치에까지 급부상하게 되었다. 화웨이와 같은 글로벌 제조기업뿐 아니라, BAT(바이두Baidu, 알리바바Alibaba, 텐센트Tencents)로 대표되는 IT 기업들도 이때 두각을 나타내었다.

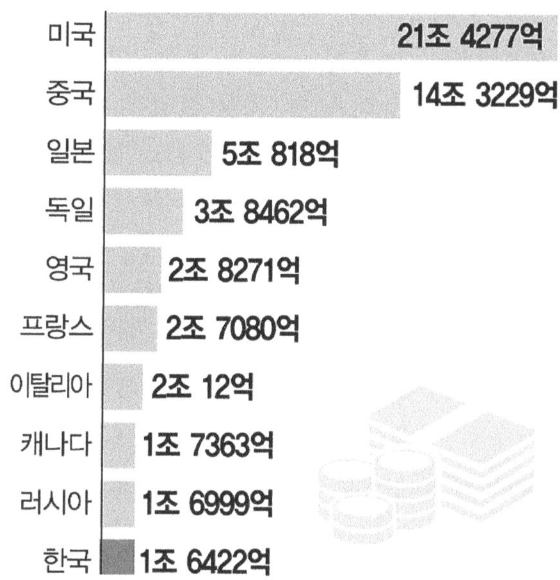

그림 100. 2019년도 주요국 GDP 자료출처 : OECD

2019년 중국의 GDP는 14조 3,229억 달러 규모로 미국에 이어 세계 2위를 기록하고 있으며, 2022년에는 전 세계 GDP 비중의 17.7%까지 증가할 것으로 예측된다.

‖ 세계의 공장지위를 지키고자 하는 중국의 4차 산업혁명전략 – 메이드인 차이나 2025, 인터넷 플러스

2015년 5월에 발표된 '중국제조 2025'는 독일의 '인더스트리 4.0'을 벤치마킹한 것이다. 이 전략의 핵심은 '혁신을 통한 중국산업의 체질개선'이다. 이를 위한 전략 목표는, 양을 우선시하던 방식에서 질과 환경을 우선하는 방식으로 체질을 개선하여 중국산업 전체를 업그레이드하는 것이다.

세계공장으로서의 지위를 유지하면서 동시에 부품 국산화를 추진한다는 계획에 따라, 2025년까지 독일, 일본 수준의 제조강국으로의 진입 및 부품국

산화 70% 달성이라는 목표를 제시하고 있다. 또한 2035년 이후에는 주요 산업에서 세계 최강의 경쟁력을 확보하고자 하는 것이 중국 전략의 핵심이다. 이를 위한 혁신 중점 분야로 IT, 자율주행차, 우주항공, 바이오제약 및 헬스케어기기, 고급NC공작기계 및 로봇, 해양공정장비 및 하이테크 선박, 선진궤도장비, 에너지장비, 농기계장비, 신소재 등 10개 분야를 선정하여 집중육성을 추진하고 있다.

이외에도 2015년 3월 리커창 중국총리는 4차 산업혁명에 대응하는 또 하나의 축으로 소프트웨어 인프라 구축을 위한 '인터넷 플러스'전략을 제시했다. 중국 산업은 '인터넷 플러스'를 통해 산업간 경계를 허물고 확장성 구축을 시도하고 있다. 인터넷 플러스에서 '플러스'는 인터넷플랫폼+제조, 인터넷플랫폼+에너지, 인터넷플랫폼+금융, 인터넷플랫폼+의료, 인터넷플랫폼+문화미디어, 인터넷플랫폼+농업과 같이 플랫폼과 산업간 융합을 통해, 경계를 허물고 스마트 인프라를 구축하겠다는 의지를 담고 있다.

하지만 이러한 중국정부의 노력에도 불구하고 지금 중국의 상황이 희망적이기만 한 것은 아니다. 인건비 상승에 따른 경쟁력 약화, 부품의 낮은 국산화율, 서구의 제조업 부흥전략에 따른 리쇼어링 등은 심각한 위협이다. 더구나 세상이 맞춤, 분권, 개방의 방향으로 가는 것에 대해 중국의 특성상 이를 받아들이기는 쉽지 않을 것이다. 4차 산업혁명시대에 세계의 공장 지위를 유지하면서 제조 강국의 위치를 차지하기 위한 중국의 여정이 만만치 않아 보인다. 중국은 지금 위기와 기회를 동시에 마주하고 있다.

"19세기에는 자동차가, 20세기에는 인터넷이 혁명을 이끌었고,
21세기에는 블록체인이다 "

-미래학자 돈 탭스콧 Don Tapscott-

제3장 블록체인, 웹 3.0시대의 서막

3.1 블록체인의 철학

블록체인의 핵심 아이디어는 1991년 초 과학자 스튜어트 하버(Stuart Haber)와 스캇 스토네타[1](W. Scott Stornetta)에 의해 처음 제시되었다. 이들은 디지털정보를 기록, 저장할 때 날짜나 내용 등의 위변조를 방지하는 방법으로 '타임스탬프'기술을 개발하였다. 타임스탬프는 전자문서가 특정시점에 존재하고 있었다는 '존재증명'과 그 이후로 데이터가 변경되지 않았다는 '내용증명'을 해주는 일종의 전자도장 역할을 한다. 타임스탬프 형식에 맞춰 기록하는 행위를 타임스탬핑(Timestamping)이라 하며 타임스탬핑은 전자문서의 진본성 및 유효성을 입증하기 위해 데이터의 해시값과 현재 시간값을 암호화하여 전자서명[2]한 값을 타임스탬프 정보에 저장함으로써 무결성과 신뢰성을 보장 한다. 이후 1992년 머클트리[3](Merkle Tree) 구조를 도입하여, 여러 문서를 하나의 블록에 모을 수 있게 함으로써 효율성을 높였다. 그러나 이 기술은 당시 주목받지 못했고, 사토시의 논문이 나오기 4년 전인 2004년에 특허권이 만료되었다.

그들에 이어 1998년에는 암호학자 웨이다이(Wei Dai)가 '전자 분산원장시스템'에 기반을 둔 비머니(B-Money)라는 최초의 전자거래 분산화 솔루션을 개발함으로써 '분산거래'에 한 걸음 더 다가가게 되었다. 2004년에 이르러서는 암호학자 할 피니(Hal Finney)가 '재사용가능한 작업증명방식(RPoW, Reusable Proof of Work)'을 제시한다. 재사용가능한 작업증명방식은 전 세계 유저들이 데이터의 정확도와 무결성을 실시간으로 확인할 수 있도록 설계된, 신뢰할 수 있는 서버에 토큰의 소유권을 기록함으로써 '이중지불문제'를 해결하는 방식이었다.

---

1) 사토시의 논문에서 인용된 8개의 논뭄 중 3개가 하버와 스토네타의 논문이다.
2) 암호 해싱 알고리즘을 사용하여 각 문서마다 고유 ID를 생성 함.
3) 머클트리는 랄프 머클(Ralph Merkle)이 1979년에 특허를 낸 개념이다. 머클트리 구조의 주된 목적은 빠른 검색이 아니라, 정보의 확실한 인증이다.

그림 101. 왼쪽부터 데이비드 차움, 아담 백, 닉 사보, 할 피니

할 피니의 재사용가능한 작업증명방식은 역사상 최초의 암호화폐 프로토타입[1]이자 중요한 초기단계 버전이었다고 할 수 있다.

그러던 중 2008년도에 미국발 세계금융위기가 불어 닥쳤고, 이는 월가 점령운동 'We are the 99%'의 도화선이 되어 금융뿐 아니라 정부, 학교, 사회 전반으로 기득권에 대한 저항운동이 확산 되었다. 사람들은 2008년 금융위기를 통해 1%의 기득권세력이 99% 서민들의 삶을 한 순간에 초토화 시키는 것을 보면서 정부나 대기업 등 제도권과 기득권층에 대한 혐오감이 커졌고, 이들에 대항하는 새로운 시민연대의식의 필요성을 느끼게 되었다. 이렇게 금융위기의 광풍이 전 세계를 휩쓸던 2008년 10월 31일 사토시 나카모토라는 가상의 인물(혹은 집단)이 <Bitcoin : A Peer-to-Peer Electronic Cash System>이라는 제목의 논문을 https://bitcoin.org/bitcoin.pdf 사이트에 발표하였다. 사토시는 논문을 통해 개인과 개인이 직거래하는 새로운 금융시스템을 제시했지만, 정작 '암호화폐 Crypto Currency'나 '블록체인 Block Chain'이라는 용어는 이 논문에 사용하지 않았다. 다만 그에 해당하는 개념을 타임스탬프 서버(Timestamp Server)로 설명했다. 그는 논문에서 다음과 같이 언급한다.

"The solution we propose begins with a timestamp server. A

1) 프로토타입(prototype) : '시제품', '초기형'으로 해석할 수 있다. 정보시스템의 미완성 버전 또는 중요한 기능들이 모두 포함되어 있는 시스템의 초기모델이라 할 수 있다.

timestamp server works by taking a hash of a block of times to be timestamped and widely publishing the hash, such as in a newspaper or Usenet post. The timestamp proves that the data must have existed at the time, obviously, in order to get into the hash. Each timestamp includes the previous timestamp in its hash, forming a chain, with each additional timestamp reinforcing the ones before it." <우리가 제시하는 해결책은 타임스탬프 서버로 부터 시작된다. 타임스탬프 서버는 시간 순으로 기록된 블록의 해시를 취하여 신문이나 유즈넷 포스트처럼 그 해시를 널리 배포하는 일을 수행한다. 타임스탬프는 해시를 취하기 위해 해당 시간에 그 데이터가 분명하게 존재했음을 증명한다. 각 타임스탬프는 이전 타임스탬프를 해시의 형태로 포함하며, 마치 체인처럼 이전 타임스탬프를 하나씩 연장하는 형태가 된다.>

또한 그는 비트코인 시스템에 대하여
"online payment to be sent directry from one party to another without going through a financial institution"<중간에 어떠한 금융기관도 거치지 않고 직거래할 수 있는 온라인 결제시스템>이라고 정의 내렸다.
사토시는 블록체인이라는 용어를 사용하지 않았지만, 그가 논문에서 "chain of hash based proof-of-work 해시암호기반의 작업증명"이라고 표현한 것을 후일 사람들이 간단하게 '블록체인'이라 부르게 되었다.
이러한 사토시의 논문이 처음부터 세상의 이목을 받은 것은 아니었다. 사람들은 그의 논문을 어떤 괴짜의 재미있는 제안정도로 받아들일 뿐이었다. 그러자 사토시는 2009년 1월 3일 논문 속 내용을 직접 구현해 보였는데, 이때부터 비트코인 시스템의 '제네시스 블록 Genessis Block'이 생성되고 채굴도 시작되었다.
앞서 언급한 암호학자 할 피니는 사토시가 논문을 발표했을 때 단번에 그의 주장을 이해한 몇 안되는 사람 중 한명이었으며, 사토시의 초기 비트코인 알고리즘의 버그를 찾아 고쳐주기도 하였다. 그의 재사용 가능한 작업증명(RPoW)방식은 사토시의 작업증명(PoW)방식과 매우 유사하다는 사실에 대다수 전문가들은 공감한다. 그는 사토시로부터 최초로 비트코인을 송금받았으며, 사토시를 제외하고는 최초로 암호화폐를 채굴한 인물이기도

하다.(그는 2014년 8월에 루게릭병으로 사망했는데, 많은 사람들은 그가 바로 사토시 나카모토일 것으로 생각하고 있기도 하다)
월가의 부도덕함과 이로 인한 세계경제 불평등에 대한 문제제기, 그리고 기존 금융시스템에 대한 불신과 반감이 금융기관을 배제하고 직접 거래할 수 있는 새로운 접근법을 만든 사토시의 출사표였고, 그 결과 이론상으로만 존재했던 암호화폐가 현실세계에 등장하게 되었다.

그림 102. 사토시는 <런던 재무장관의 두 번째 구제금융 임박>이라는 2009년 1월 3일자 더 타임지 1면 내용을 비트코인 제네시스 블록에 남겼다. 이를 통해 사토시가 비트코인을 개발한 근본 동기를 알 수 있다.

사실 지난 산업혁명의 부작용인 중앙 집중과 폐쇄적 운영이 가장 두드러지게 나타나는 분야가 금융이다. 특히 은행의 지급준비금제도는 은행에 대한 대중의 믿음에 심각한 허점이 있음을 잘 보여준다. 예를 들어, A가 100만원 예금 시 은행은 지급준비금 7%를 제외한 93만원을 대출에 사용할 수 있다. 그런 후 다시 93만원 중 7%를 제외한 86만 5천원을 대출해 줄 수가 있다. 이런 식으로 은행은 예금액의 열배가 넘는 대출을 통해 이자수익을 얻는 매우 쉬운 사업을 하고 있었던 것이다. 하지만 이는 뱅크런 Bank Run 위험을 항시 내포하고 있으며, 2008년 세계금융위기는 그 한 예에 불과한 것이다.

블록체인 기술은 이러한 중앙 통제식 금융기관을 배제하고, 금융기관이 보장하던 안정성을 모든 참여자가 보관하는 분산거래원장 방식으로 해결하고자 하는 것이 핵심 아이디어이다.

거래가 발생하면 거래당사자뿐 아니라 체인으로 연결된 모든 노드[1)]가 장부를 함께 관리하는 방식이다. 다만 장부는 함께 공유하지만, 암호화 되어 있어 내용을 볼 수는 없다. 즉 내용은 몰라도 위변조 여부는 알 수 있는 시스템이다.

이와 같이 블록체인은 탈중앙화를 지향한다는 점에서 기존에 존재하던 모든 것에 획기적인 영향을 주는 근본기술이며, 기존기술을 뒤엎는 파괴적 혁신기술이라 할 수 있다. 또한 블록체인은 단순한 프로그래밍 기술이 아닌, 철학과 사상이 융합되어 있는 생명체와 같은 존재이다. 블록체인을 제대로 이해하려면 컴퓨터공학, 프로그래밍, 암호학 등 기술적인 지식뿐 아니라 경제, 금융, 심리학, 역사, 철학 등 인문학적 지식도 필요하다.

4차 산업혁명을 선도하는 두 개의 핵심축인 인공지능과 블록체인 중에서 인공지능은 전문가가 많지만 블록체인은 전문가가 거의 없다. 인공지능은 기술을 이해하기는 어렵지만, 인공지능이 무엇이며 어떤 변화를 가져올 것인지 예측하기는 쉽다. 그러나 블록체인은 반대이다. 블록체인 기술이 어려운 것이 아니라 블록체인의 본질과 이것이 앞으로 어떤 변화를 가져올지 실체파악이 어려운 것이다.

노후화된 가치사슬의 대명사가 되어버린 금융시스템을 타깃으로 시작된 블록체인은 이제 업종에 관계없이 노후화된 모든 가치사슬을 해체시키고 있다. 정치, 경제, 사회구조를 근본부터 뒤엎는 '문명의 이동', 이것이 블록체인의 목표이다.

---

1) 노드는 네트워크에서의 연결지점을 말한다. 다른 노드로 데이터를 전송 할 수 있으며 독자적인 주소를 가지고 있다. 블록체인에서는 참여자 또는 참여자의 컴퓨터가 노드가 된다. 새로운 블록을 승인 받으려면 노드의 과반수 이상이 동의해야 한다. 풀노드full blockchain node는 네트워크의 모든 거래 정보를 갖는 노드이며, 라이트 노드light weight node는 머클트리만 갖는 노드이다.

그림 103. 거추장스러운 낡은 가치체계를 풍자한 골드버그의 자동 냅킨 제공 장치
그림출처 : Rube Goldberg

Ⅱ 할피니의 마지막 편지

할피니는 2009년 발병한 루게릭병으로 인해 2014년 사망했다. 그는 2011년 더 이상 체력적으로 버티지 못하고 은퇴했는데, 사망을 일 년여 앞둔 2013년 그는 비트코인 포럼에 '비트코인과 나'라는 마지막 이별편지를 올렸다. 그의 순수했던 영혼과 비트코인 탄생에 얽힌 이야기가 독자들이 블록체인을 이해하는데 도움이 되리라 생각되어 소개한다.

출처 : 비트코인 포럼

Topic: Bitcoin and me (Hal Finney) (Read 272565 times)

March 19, 2013, 08:40:02 PM

I thought I'd write about the last four years, an eventful time for Bitcoin and me.

For those who don't know me, I'm Hal Finney. I got my start in crypto working on an early version of PGP, working closely with Phil Zimmermann. When Phil decided to start PGP Corporation, I was one of the first hires. I would work on PGP until my retirement. At the same time, I got involved with the Cypherpunks. I ran the first cryptographically based anonymous remailer, among other activities.

Fast forward to late 2008 and the announcement of Bitcoin. I've noticed that cryptographic graybeards (I was in my mid 50's) tend to get cynical. I was more idealistic; I have always loved crypto, the mystery and the paradox of it.

When Satoshi announced Bitcoin on the cryptography mailing list, he got a skeptical reception at best. Cryptographers have seen too many grand schemes by clueless noobs. They tend to have a knee jerk reaction.

I was more positive. I had long been interested in cryptographic payment schemes. Plus I was lucky enough to meet and extensively correspond with both Wei Dai and Nick Szabo, generally acknowledged to have created ideas that would be realized with Bitcoin. I had made an attempt to create my own proof of work based currency, called RPOW. So I found Bitcoin facinating.

When Satoshi announced the first release of the software, I grabbed it right away. I think I was the first person besides Satoshi to run bitcoin. I mined block 70-something, and I was the recipient of the first bitcoin transaction, when Satoshi sent ten coins to me as a test. I carried on an email conversation with Satoshi over the next few days, mostly me reporting bugs and him fixing them.

Today, Satoshi's true identity has become a mystery. But at the time, I thought I was dealing with a young man of Japanese ancestry who was very smart and sincere. I've had the good fortune to know many brilliant people over the course of my life, so I recognize the signs.

After a few days, bitcoin was running pretty stably, so I left it running. Those were the days when difficulty was 1, and you could find blocks with a CPU, not even a GPU. I mined several blocks over the next days. But I turned it off because it made my computer run hot, and the fan noise bothered me. In retrospect, I wish I had kept it up longer, but on the other hand I was extraordinarily lucky to be there at the beginning. It's one of those glass half full half empty things.

The next I heard of Bitcoin was late 2010, when I was surprised to find that it was not only still going, bitcoins actually had monetary value. I dusted off my old wallet, and was relieved to discover that my bitcoins were still there. As the price climbed up to real money, I transferred the coins into an offline wallet, where hopefully they'll be worth something to my heirs.

Speaking of heirs, I got a surprise in 2009, when I was suddenly diagnosed with a fatal disease. I was in the best shape of my life at the start of that year, I'd lost a lot of weight and taken up distance running. I'd run several half marathons, and I was starting to train for a full marathon. I worked my way up to 20+ mile runs, and I thought I was all set. That's when everything went wrong.

My body began to fail. I slurred my speech, lost strength in my hands, and my legs were slow to recover. In August, 2009, I was given the diagnosis of ALS, also called Lou Gehrig's disease, after the famous baseball player who got it.

ALS is a disease that kills moter neurons, which carry signals from the brain to the muscles. It causes first weakness, then gradually increasing paralysis. It is usually fatal in 2 to 5 years. My symptoms were mild at first and I continued to work, but fatigue and voice problems forced me to retire in early 2011. Since then the disease has continued its inexorable progression.

Today, I am essentially paralyzed. I am fed through a tube, and my breathing is assisted through another tube. I operate the computer using a commercial eyetracker system. It also has a speech synthesizer, so this is my voice now. I spend all day in my power wheelchair. I worked up an interface using an arduino so that I can adjust my wheelchair's position using my eyes.

It has been an adjustment, but my life is not too bad. I can still read, listen to music, and watch TV and movies. I recently discovered that I can even write code. It's very slow, probably 50 times slower than I was before. But I still love programming and it gives me goals. Currently I'm working on something Mike Hearn suggested, using the security features of modern processors, designed to support "Trusted Computing", to harden Bitcoin wallets. It's almost ready to release. I just have to do the documentation.

And of course the price gyrations of bitcoins are entertaining to me. I have skin in the game. But I came by my bitcoins through luck, with little credit to me. I lived through the crash of 2011. So I've seen it before. Easy come, easy go.

That's my story. I'm pretty lucky overall. Even with the ALS, my life is very satisfying. But my life expectancy is limited. Those discussions about inheriting your bitcoins are of more than academic interest. My bitcoins are stored in our safe deposit box, and my son and daughter are tech savvy. I think they're safe enough. I'm comfortable with my legacy.
[edited slightly]

Hal Finney

위 원문의 번역본은 아래 주소 참조
https://brunch.co.kr/@ashhan/34

3.1 블돌, 조개 그리고 암호화폐

3.2.1 블록체인 작동원리, 무신뢰에 기초한 신뢰시스템

돌덩어리나 조개껍질이 돈이었던 시절이 있었다. 모든 사람이 돈이라 인정하고 그 사실에 신뢰를 부여했기에 가능했었다.

그림 104. 얍(Yap)섬의 Rai stone. 돌의 무게가 4톤 이상일 때 높은 가치를 인정받았다.

태평양에 위치한 미크로네시아 제도(괌과 팔라우의 중간지역)의 '얍섬 Yab Islands' 주민들은 오래전부터 돌을 화폐로 사용해왔다. 주민들은 돌화폐를 '페이 fei'라고 불렀는데, 페이는 작은 것은 지름 7cm부터 큰 것은 지름 5m에 무게가 4톤을 넘는 크고 두꺼운 것까지 다양하며 바퀴형태로 다듬어진 돌이다. 워낙 크고 무거워서 섬과 섬 사이를 이동하다가 바닷속에 빠트리기도 했는데, 나중에는 거래할 때 실제로 돌을 주고받는 것이 아니라 전체 마을 사람들이 모여 "저 돌은 이제부터 아무개 것이다"하고 소유권만 합의했다. 실물을 소유하지 않아도 소유권이 인정되는 것이다. 즉 그 돌이 육지에 있던 바닷속에 있던 심지어 어디 있는지 모른다 해도 그것은 중요하지 않은 것이다. 마을 주민 모두가 가지고 있는 장부에 그 돌의 거래가 어떻게 이루어졌는지 기록에 따라 돌의 주인이 결정되는 것이다.

그림 105. Submerged Rai Stones off the coast of Yap
사진출처 : EconomicAnthropology, 2019

얍섬 주민의 신뢰는 세대를 초월해서도 성립하였다. 실제로 얍섬에 사는 한 부자는 아주 크기가 큰 페이를 소유한 것으로 알려져 있는데, 실제로는 그 페이가 얍섬 어디에 있는지, 존재하는지 조차 확인이 안 되지만 사람들은 그 부자의 돌이 맞다고 인정하고 있다. 왜냐하면 그 부자의 증조부 이전부터 이어져 내려오는 장부 내용에 따라 바로 그 커다란 페이가 그 부자 집안의 재산으로 인정받았기 때문이다.

이런 의미로 보면, 얍섬의 돌화폐가 암호화폐의 오리지널 모델이라고 볼 수 있다. 암호화폐의 대표격인 비트코인을 A가 B에게 보낼 때, 실제로 비트코인이 가는 것이 아니다. 비트코인은 가상의 화폐다. 얍섬 사람들이 바다 밑에 가라앉은 돌화폐의 소유권을 사고 팔 듯이, 비트코인 역시 사람들의 합의하에 소유권만 왔다 갔다 하는 것이다.

역사상 암호화폐가 등장하지 못했던 가장 큰 이유는 온라인상에서 '이중지불문제'를 해결하지 못했기 때문이다. 디지털의 특성상 변형이나 복제가 쉬워 디지털화폐를 복사하여 동시에 두 곳에 지불하면, 진위여부를 알기가 어려웠던 것이다. 물론 할 피니의 '재사용 가능한 작업증명방식'처럼 이중지불문제의 해결방안이 제시되기도 했지만, 모두 중앙통제기관의 통제 하에서만 가능한 방식들이었다.
이로 인해 인터넷은 '정보의 이동'은 가능하지만, '가치의 이동'은 불가능하다는 주홍글씨를 가지고 있었다. 바로 이 문제를 근본적으로 해결하여, 중앙통제기관 없이도 '가치의 이동'이 가능하도록 한 것이 사토시였다. 사토시는 2008년 그의 논문에서 다음과 같이 말한다.

"We propose a solution to the double spending problem using a peer-to-peer network. The network time stamps transaction by hashing them into on ongoing chain of hash-based proof-of-work." <우리는 P2P 네트워크를 통해 이중 지불 문제를 해결하고자 한다. 네트워크상에서 타임스탬프 처리된 트랜잭션은 작업증명 해시가 체인처럼 연결되어 해싱 된다.>

바로 이 두 문장 속에 블록체인의 구조와 원리 그리고 기존의 모든 것을 뒤엎을 힘이 숨겨져 있다.
먼저, 'peer-to-peer network(P2P 네트워크)'는 분산과 공개의 원리를 담고 있다. 예를 들어 우리가 큰 금덩어리를 안전하게 보관하고 싶다면 어떻게 해야 할까? 아마 아무도 모르는 곳에 숨겨 놓거나, 아무도 뚫지 못할 금고 속에 보관하고자 할 것이다. 이것이 전통적인 방법이다. 하지만 블록체인이 선택한 방법은 달랐다. 이 금덩어리를 세상 모든 사람들이 24시간 내내 볼 수 있도록 공개하는 방법을 택한 것이다. 즉 모든 사람들이 항상 보고 있기에 누군가가 몰래 훔쳐가는 것이 불가능하도록 만든 것이다.
블록체인의 블록은 약10분에 하나씩 생성되며, 10분간 발생한 모든 거래내역이 기록된다. 이렇게 생성된 블록을 모든 참여자(노드)들에게 오픈하고 그들의 컴퓨터에 분산 저장함으로써, 위변조를 방지하겠다는 것이다. 이것이 바로 '분산원장기술'이다.

예를 들면 A가 100비트코인을 가지고 있다고 네트워크상의 모든 노드들에게 알려준 상태에서, 누군가에게 100비트코인을 보내면 그 사실도 모든 노드에게 공개되는 식이다. 그러면 이제 모두가 A가 가진 비트코인이 0개라는 것을 알고 있기 때문에, 만약 A가 다른 곳에 이중으로 비트코인을 또 보내려 하면 "넌 지금 가지고 있는 비트코인이 하나도 없잖아" 라는 답과 함께 승인이 거절되는 것이다.
이렇듯 블록체인은 이중지불의 문제를 분산컴퓨팅 기술로 해결한 것이 아니라 P2P네트워크에서 생성되는 집단지성으로 해결하였다. 중간관리자 없이도 이중지불과 사회적 신뢰문제를 해결한 합의 알고리즘이 블록체인이다.
블록체인으로 인해 인터넷상에서도 디지털 자산의 생성과 가치의 이동이 가능해졌다. 블록체인을 제2의 인터넷이라 하는 이유가 여기에 있고, 인터넷을 정보혁명이라 한다면 블록체인은 가치혁명이라 할 수 있다.
사토시의 두 번째 키워드는 'hash'이다. 해시함수는 임의의 길이의 데이터를 확정된 길이의 데이터로 매핑하는 함수이다. 해시함수에 의해 얻어지는 출력값을 해시값, 해시코드, 또는 간단하게 해시라고 한다.
해시값은 추적이나 역추적이 불가능하며, 어떤 크기의 입력 데이터도 동일한 길이의 해시로 변환된다.

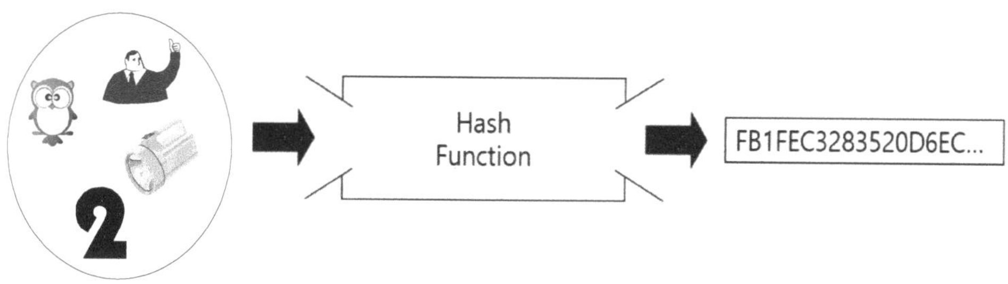

그림 106. 해시함수는 어떤 것이 입력되더라도 256비트 길이의 해시값이 출력 된다.

비트코인에서 사용하는 SHA-256 해시함수는 어떤 데이터건 256비트(32바이트)로 바꿔주는 함수이다. 블록의 난이도 목표를 만족시키는 논스(Nonce, Number Only used once)를 찾는 과정을 작업증명(PoW, Proof-of-Work)이라 하며, 작업증명의 대가로 암호화폐를 보상받는 것을 '채굴'이라 표현한다. 노드가 논스값을 찾으면 해당 블록의 모든 거래내역은 해시값으로 변환되어 블록에 기록된다.
논스는 0부터 시작하여 순차적으로 1씩 증가시키며, 원하는 목푯값보다 낮은값을 구할 때까지 계속 대입을 반복하여 얻게 된다.
사토시는 바로 이 '작업증명'을 통해 1982년에 레슬리 램포트(Leslie Lamport, 1941~)가 제기한 '비잔틴장군문제'를 해결하며, 이중지불 문제 해결의 마지막 퍼즐을 마무리하였다. 예를 들어, 우리가 해시함수에 어떤 숫자를 넣으면 '0이 8개가 앞에 붙는 256비트의 해시값을 얻을 수 있을까? 답은 '아무도 모른다'이다.
계속해서 무작위로 임의의 숫자를 넣어 보는 수밖에 없다. 그러다가

'xxxxz…'이라는 숫자를 넣었더니, 해시값이 8개의 '0'으로 시작하는 것을 발견한다면 작업증명에 성공한 것이다. 이후 다른 노드들의 인증과 합의(역함수방식)가 끝나면 'xxxxz…'라는 숫자는 블록헤더의 'Nonce'란으로 들어가 블록을 완성하고 모든 노드들의 컴퓨터에 분산저장 된다. 즉 최종 논스가 확정되어야 블록생성시간, 버전, 이전블록의 해시값, 머클해시, 난이도 등을 모두 조합하여 다시 한번더 해시로 변환하여 최종 블록해시값으로 확정된다.

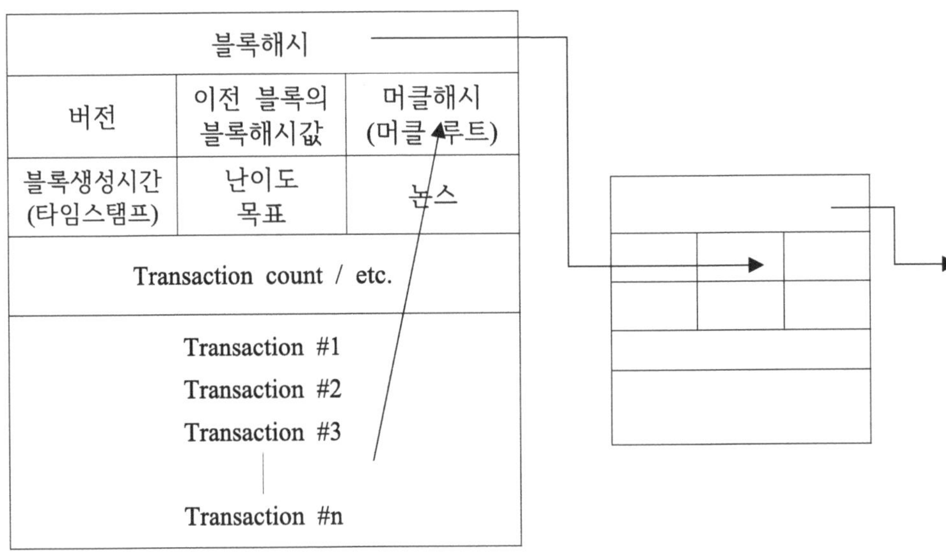

그림 107. 블록간 연결 구조

위의 블록에서 만약 어떠한 이유로 거래정보(transaction)가 변경되면 머클해시가 변경되고, 머클해시가 변경되면 블록해시가 변경되고, 블록해시가 변경되면 다음 블록의 블록해시가 연쇄적으로 변경된다. 그리고 블록해시는 작업증명(PoW)의 해답(Nonce)을 찾아내야 구할 수 있으므로, 거래정보를 변경(해킹)한 블록부터 그 이후의 모든 블록을 순서대로 다시 채굴해야 변경(해킹)이 완료된다. 즉 이미 승인된 블록의 정보를 변경하려면, 타깃이 된 블록부터 그 이후의 모든 블록을 순서대로 다시 채굴해야 하는데 이는 엄청난 시간이 소요된다. 더구나 그 동안 다른 노드들에 의해 블록이 계속 추가되므로, 한번 완료된 거래정보의 변경은 사실상 불가능하다.

이와 같은 작업증명은 분산시스템에서의 오류와 무결성을 보장하기 위한 합의 알고리즘이다. 이렇게 10분간의 거래내역(블록바디)뿐 아니라, 작업증명서(블록헤더)까지 묶인 블록은, 다시 이전 블록과 체인화 되어 강력한 신뢰와 보안을 담보할 수 있다.

이것이 "The network time stamps transaction by hashing them into an ongoing chain of hash-based proof-of-work."라고 말한 사토시의 생각이었고, 블록체인의 원리다.

그림 108. 신뢰기계
블록체인을 특집기사로 다룬 2015년 「이코노미스트」 표지

3.2.2 분산컴퓨팅의 오래된 난제, 이중지불문제

사토시의 비트코인은 P2P네트워크 시스템이다. 이와 같은 분산컴퓨팅의 가장 큰 약점은, 어떤 노드 또는 프로그램이 네트워크에 접속하는지 알 수 없기 때문에 신뢰와 보안에 구멍이 생길 수 있다는 점이다. 특히 비트코인은 암호화폐 시스템, 즉 화폐로서의 이용을 목적으로 하는 시스템이다. 이중거래는 암호화폐 시스템에서 반드시 해결해야하는 부정행위 가운데 하나이다.

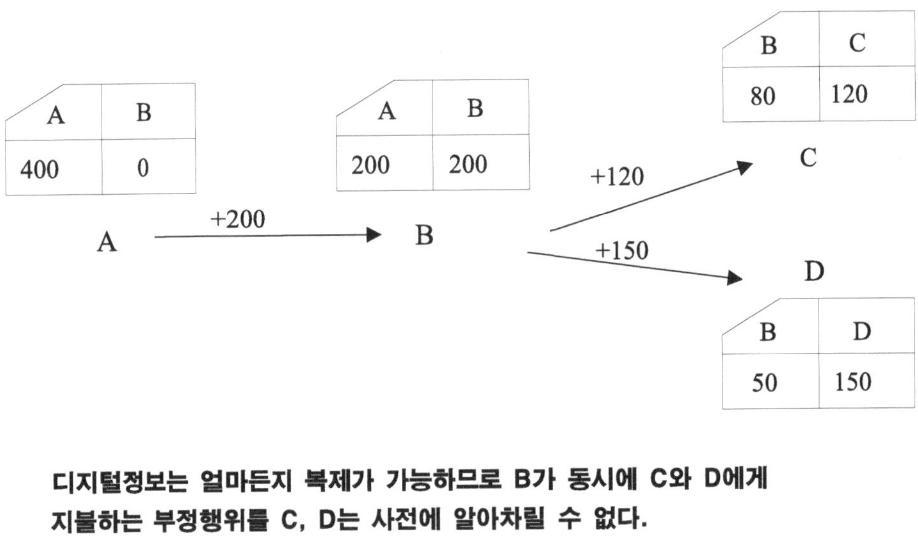

그림 109. 이중지불문제 발생

비트코인 이전의 암호화폐 시스템은 이중거래를 방지하기 위해 중앙통제기관이 화폐발행 등의 관리를 하도록 설계되었다. 비트코인은 모든 거래이력을 참여 노드들이 보유하고, 거래이력의 올바른 순서에 대해서 노드들이 합의함으로써, 순서를 조작하여 이중거래를 하는 부정행위가 불가능 하도록 만든 시스템이다. 여기서 '합의'라는 단어가 갖는 의미를 정확히 합의하는 것이 매우 중요하다. 만약 블록체인에 대한 논의에 있어서 누가 무엇에 대해 합의한다는 것인지 애매모호한 상태에서 '합의'라는 단어를 사용한다면 블록체인이 갖는 진정한 힘을 느낄 수 없게 될 것이다. '데이터의 무결성을 복수의 컴퓨터가 합의함으로써, 중앙기관 없이도 이중지불문제를 해결하는 시스템'인 블록체인에서 합의 문제가 어려운 것은, 정상적인 거래라고 승인되기만 하면 네트워크상에 장애가 발생해도 합의에 도달할 수 있도록 알고리즘을 설계해야하기 때문이다. 장애발생 상황을 고려하지 않으면, 장애발생시 복수의 프로세스가 서로 다른 값을 출력값으로 결정하기 때문에 합의에 이를 수가 없게 된다. 이러한 합의에 도달하는 문제에 있어서 중요한 몇 가지 상황을 짚어보도록 하자.

첫째, '상호간의 일관성문제'이다. 이는 모든 프로세스가 각각 제안한 값을 전부 공개하여 알게 하는 방법이다. 그런 다음 공통의 규칙(예 : 최댓값, 최솟값, 중앙값 등)에 따라 하나의 값으로 좁혀가는 방식이다.

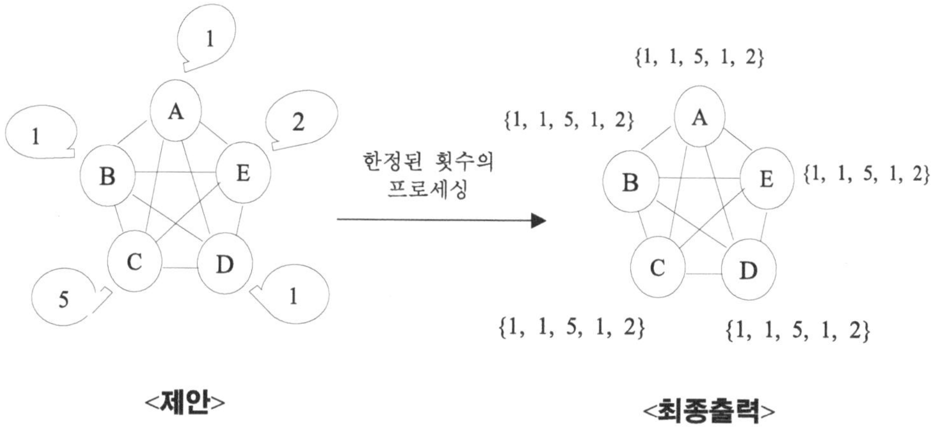

그림 110. 모든 노드가 가지고 있는 데이터가 동일하다.

두 번째는 '장군문제'이다. 상호간의 일관성문제의 특수한 형태로서 값을 제안하는 프로세스가 하나뿐인 상황이다. 즉 이 프로세스가 장군의 역할을 하는 것이다. 장군문제를 해결하는 알고리즘이 존재한다면, 그 알고리즘을 전체 프로세스에 적용함으로써 상호간의 일관성 문제를 해결할 수 있을 것이다.

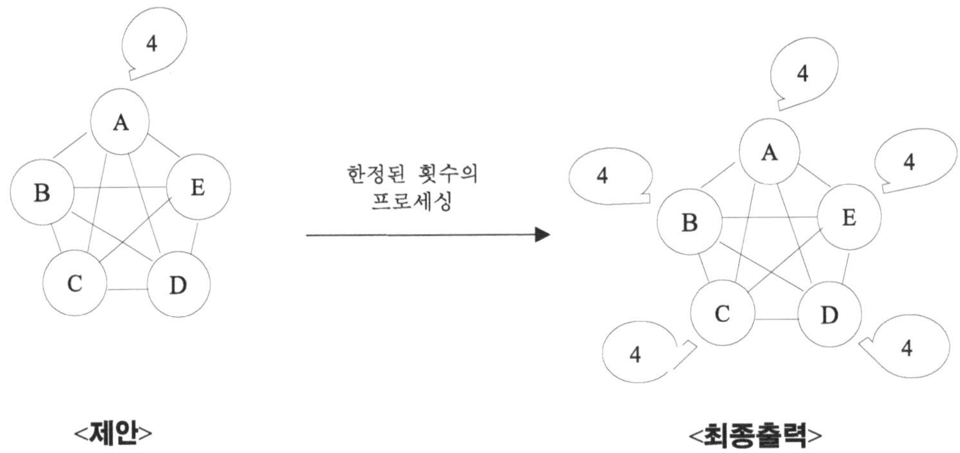

그림 111. 모든 노드가 가지고 있는 데이터가 동일하다.

세 번째는 '비잔틴 장애문제'가 발생하는 상황이다. 상호간의 일관성문제에서, 각 프로세스에 다른 값을 제안하거나 마치 정지한 것처럼 전혀 제안하지 않는 프로세스가 하나라도 존재한다면, 각각의 프로세스가 받아들인 제안값 리스트가 제각각일 것이고, 이 경우 하나의 값으로 합의하기가 어려워진다.

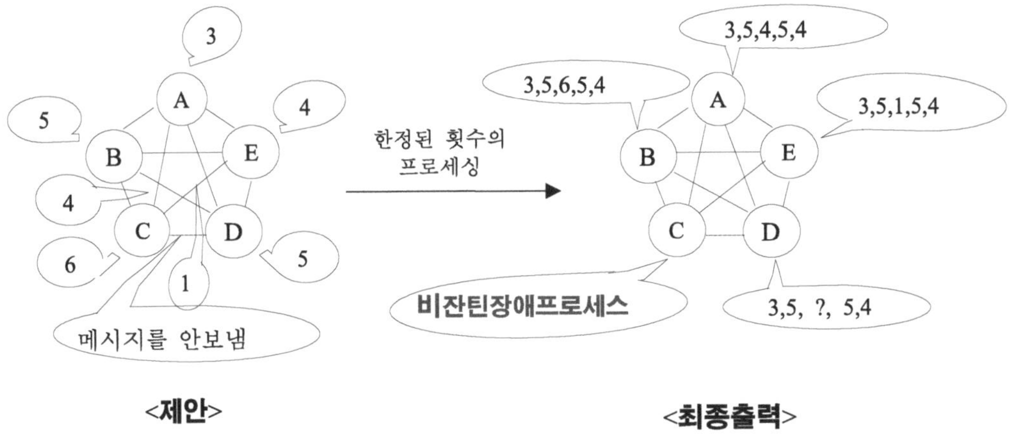

그림 112. 각 노드들이 가지고 있는 데이터가 다르다.

분산컴퓨팅 시스템에서 이와 같은 비잔틴장애가 발생하면 네트워크는 정상적인 기능을 할 수가 없다.

3.2.3 비잔틴 장군 문제

이중지불문제와 관련하여 또 하나 살펴 볼 상황은 '비잔틴 장군문제'이다. 이는 비잔틴장애의 발생을 고려한 장군문제이다.
우선 이 문제를 살펴보기 전에, 1972년에 진행된 가상실험인 '두 장군의 문제'를 먼저 살펴보자. 두 장군의 문제의 전제조건은 다음과 같다.

1. 두 장군 A와 B가 적의 성 양옆에서 공격대기 중이다.
2. 두 장군은 같은 날 같은 시각에 공격해야 적의 성을 함락 할 수 있다.
3. 이때 전령을 통해 메시지를 주고받아야 하는데, 전령은 두 장군 사이에 있는 적의 성을 반드시 통과해야만 한다.
4. 전령의 메시지는 항상 적군에게 뺏기거나 왜곡 될 위험이 존재한다.

이러한 상황에서 두 장군이 제대로 된 메세지를 받았는지, 전령이 매수를 당한 것은 아닌지에 대한 불확실성이 존재하여 두 장군은 합의에 도달할 수 없고, 결론적으로 적의 성을 공격할 수 없게 된다.

그림 113. 두 장군 문제
그림출처
https://sketchplanations.com/the-two-generals-problem

이제 비잔틴 장군 문제를 살펴보자.

비잔틴 장군 문제는 미국 분산컴퓨팅의 대가인 레슬리 렘포트(Leslie Lamport, 1941~)와 마샬피즈가 1982년 공동 발표한 논문에서 '비잔틴 장군들의 딜레마 Byzantine Generals problem'라는 문제를 제기했는데, 분산컴퓨팅 분야에서 오랫동안 풀리지 않는 과제로 남아있었다. 두 장군의 문제가 아닌 여러 명의 장군이 같은 상황을 겪게 되는 문제를 제기한 이 논문에서 램포트는 1453년 오스만 투르크에 의해 멸망한 비잔틴제국(395~1453, 당시에는 로마제국으로 불렸음)을 빗대어 분산컴퓨팅에서의 취약한 신뢰와 보안문제를 제기하였다.

블록체인으로 비교해본다면 각 장군들은 노드가 되는 것이고 노드들이 합의에 이룰 수 있는 방법이 필요한 것이다. 분산화 네트워크의 대다수 참가자들은 동일한 입력값과 출력값을 전제로 행동하기로 결정해야 한다. 그러므로 최소한 과반수이상의 노드들이 선택한 합의를 최종 합의라고 생각하고 승인하여야 한다.

램포트의 가정을 간단히 정리하면 다음과 같다.

1. 황제는 여러 지역에 흩어져 있는 5명의 장군들에게 명령하여 적의 성을 공격하도록 하였다.
2. 이들은 흩어져 있어서 공격지점과 공격일시를 합의하기 위해서는 전령을 주고받을 수밖에 없다.
3. 적의 성을 함락시키기 위해서는 3명 이상의 장군들이 동시에 공격해야 성공할 수 있다.
4. 문제는 이 장군들 중에 배신자가 있거나 전령의 메시지가 왜곡될 가능성이 있는데, 누가 배신자인지 또는 전령의 메시지가 어디서부터 왜곡되는지 전혀 알 수 없다는 것이다.

이와 같은 상황에서 설령 다섯 명 중에 배신자가 있다손 치더라도 이 공격이 성공하기 위해서는 어떤 규칙에 따라 행동해야 하는가 하는 문제가 바로 '비잔틴 장군들의 딜레마' 문제이다.

즉 전체 프로세싱 중 특정 프로세스에 비잔틴 장애가 일어나더라도, 최종적으로 동일한 하나의 출력값을 도출할 수 있는 알고리즘을 발견할 수 있는지 묻는 문제이다.

예를 들어 다섯 명의 장군들 중 한 명이 배신자이고, 배신자가 누구인지는 알 수 없는 상황이라고 하자. 이때 장군들은 어떤 규칙에 따라 공격여부를 결정하여야 할까?
만약 중앙관리자의 통제가 이루어지는 시스템이라면, 비잔틴 장애까지 고려한 비효율적인 합의 알고리즘을 사용하지 않더라도 디버그(오류수정)나 보안강화에 주력하여 장애발생을 막을 수 있다. 그러나 비트코인과 같이 어떤 컴퓨터가 접속하고 있는지 전혀 예상할 수 없는 P2P시스템에서는 비잔틴 장군문제를 절대 회피 할 수 없다.

이러한 비잔틴 장군문제 해결을 위한 노력 즉, P2P시스템에서 합의에 도달하는 방법에 관한 연구는 꾸준히 이어졌는데, 그 중 중요한 두 편의 논문을 살펴보도록 하자.
먼저 살펴 볼 논문은 두세르Doucerr의 2002년 논문 <시빌공격Sybil Attack>이다. 시빌[1])은 동명의 소설에 등장하는 16명의 인격을 가진 주인공의 이름이다. 시빌공격은 1명의 이용자가 하나의 컴퓨터에서 다수의 이용자 ID를 만들어 P2P시스템에 접속하여 정상적인 합의를 교란 또는 통제하는 공격방식이다. 두세르는 논문에서 '만약 P2P시스템 내에서 이용자 ID 생성이 계산량에 따라 달라지는 알고리즘을 만든다 해도, 계산자원을 많이 가진자에게 부당하게 주도권을 빼앗긴다'라고 언급했다. 따라서 두세르의 논문에서 제기된 악의적인 시빌들의 공격은 P2P시스템에서 정상적인 합의에 도달하기 위해 반드시 해결해야 하는 문제인 것이다.

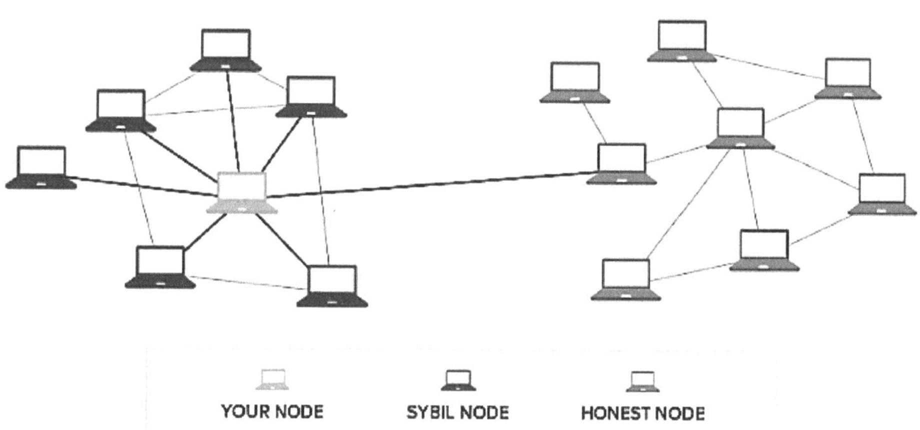

그림 114. 시빌공격 개념도
자료출처 : https://academy.horizen.io/technology/advanced/attacks-on-blockchain/

1) 여기서 특별히 시빌이라는 명칭이 사용된 것은 다중인격장애를 앓았던 시빌 도르셋(Sybil Dorestt)이라는 여성의 사례연구에서 유래되었다.

블록체인 네트워크에서 실제로 시빌 공격이 발생한다면, 무효블록 라인이 오히려 유효블록 라인이 되는 심각한 왜곡상황이 발생 하게 된다.

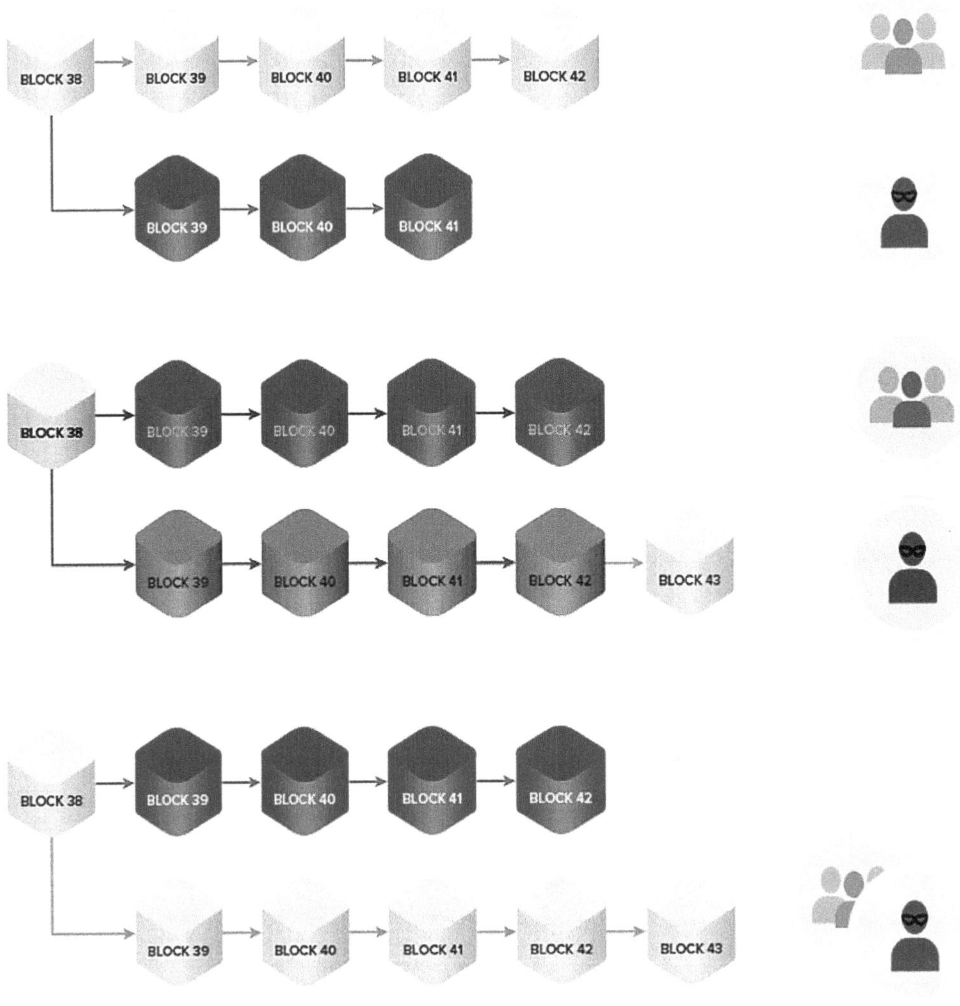

그림 115. 시빌공격에 의한 왜곡 발생

이후 2005년에 아스프너스Aspnes는 <Exposing Computationally-Challenged Byzantine Impostors>라는 제목의 논문을 발표했다.
두세르의 시빌공격의 전제조건은, 악인은 자신의 컴퓨터에서 다수의 ID를 만들 수 있지만 선인은 자신의 컴퓨터에서 하나의 ID 밖에 만들지 못한다는 것이었다. 아스프너스는 선인도 자신의 컴퓨터에서 다수의 ID를 만들 수 있다는 것을 전제로 합의 알고리즘을 고안했다. 그 결과 P2P시스템에서도 각 프로세스 사이에 합의가 가능하다고 아스프너스는 주장했다. 즉 악인이 존재해도 선인들만의 합의 알고리즘을 통해 비잔틴 장군문제를 해결할 수 있다는 것이었다. 그러나 이 연구에서도 계산자원을 많이 가진 자가 합의 형성의 주도권을 잡는다는 점에서, 두세르의 연구와 동일한 결과를 얻게 된다.

이 세기의 난제는 2008년 사토시에 의해 비로소 해결되었다. 사토시는 2008년 자신의 논문 발표 직후, 메일링 리스트 상에서 진행된 논의에서
"The Proof-of-Work chain is a solution to the Byzantine General's Problem."이라고 언급했다.
사토시의 이 말은 어떤 의미일까? 앞서 제기되었던 다섯 명의 장군들 중에서 한 명이 배신자이고 그 배신자가 누구인지 모르는 상황에서, 장군들은 어떤 규칙에 따라 행동해야 할까?
우선 장군들의 상황을 살펴보도록 하자.
A장군이 배신자라면 작전은 어떻게 될까? B, C, D, E장군이 동일한 공격 메세지를 받게 되므로 이 공격은 성공할 것이다. B장군이 배신자라해도 C, D, E장군이 동시에 공격할 것이므로 이 또한 작전성공이다.

C장군이 만약 배신자라면? 이때는 문제가 심각해진다. A, B장군과 D, E장군이 각각 다른 메시지를 받게 되므로 공격은 실패할 것이다. D나 E장군이 배신자라 하더라도 최소한 A, B, C 세 장군이 동시에 공격할 것이므로 공격은 성공한다.

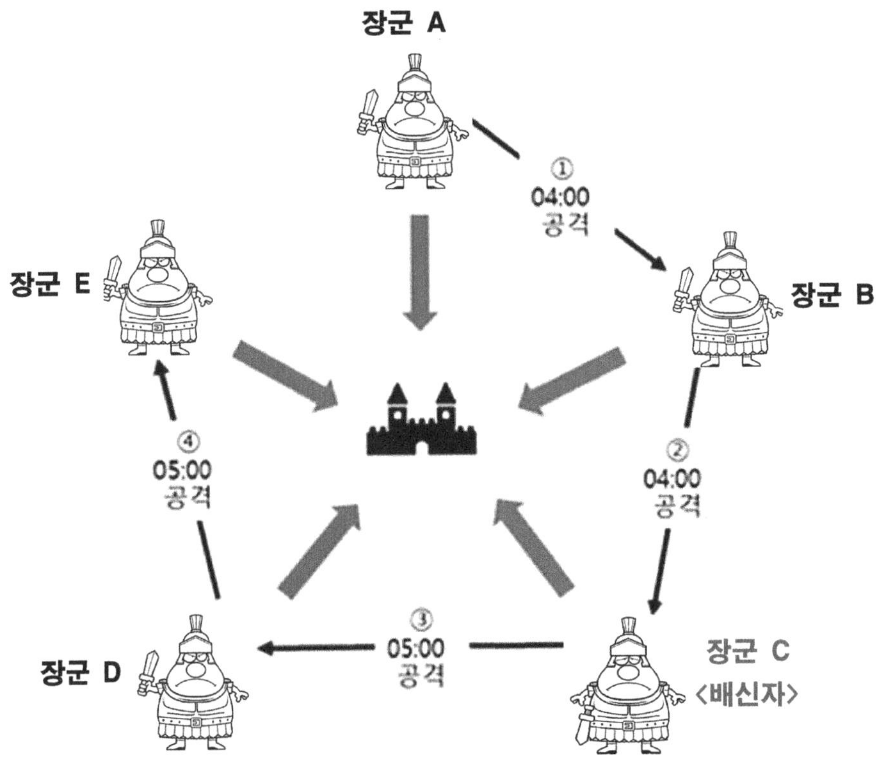

그림 116. 비잔틴장군 문제

이제 C장군이 배신자일 가능성으로 논의를 좁혀보자.

C장군이 배신자일지도 모르는 상황에서, 이 공격을 성공시키기 위한 방법은 무엇일까? 사토시는 그 해결책으로 작업증명(PoW)방식을 제시한 것이다. 사토시의 규칙은 다음과 같다.

1. 메시지를 받은 장군은 10분 내에 다음 장군에게 메시지를 전달해야 한다.
2. 받은 메시지를 위조하려면 10분의 시간이 필요하다.
3. 메시지를 보내는 장군은 그 메시지가 본인이 보내는 것이 맞다는 것을 입증하기 위해 10분간 작업해야만 하며, 그 작업 증거와 이전 장군들이 보낸 모든 메시지를 함께 보내야 한다.

위와 같은 규칙이 추가 된다면 어떻게 될까?

배신자 C장군은 입장이 곤란해진다. A, B장군으로부터 전달받은 메시지를 모두 조작해야하는데, 본인도 10분간 작업을 해야 본인의 서명을 할 수 있으므로 절대적인 시간이 부족하다. 메시지를 그대로 전달할 수밖에 없는 것이다.

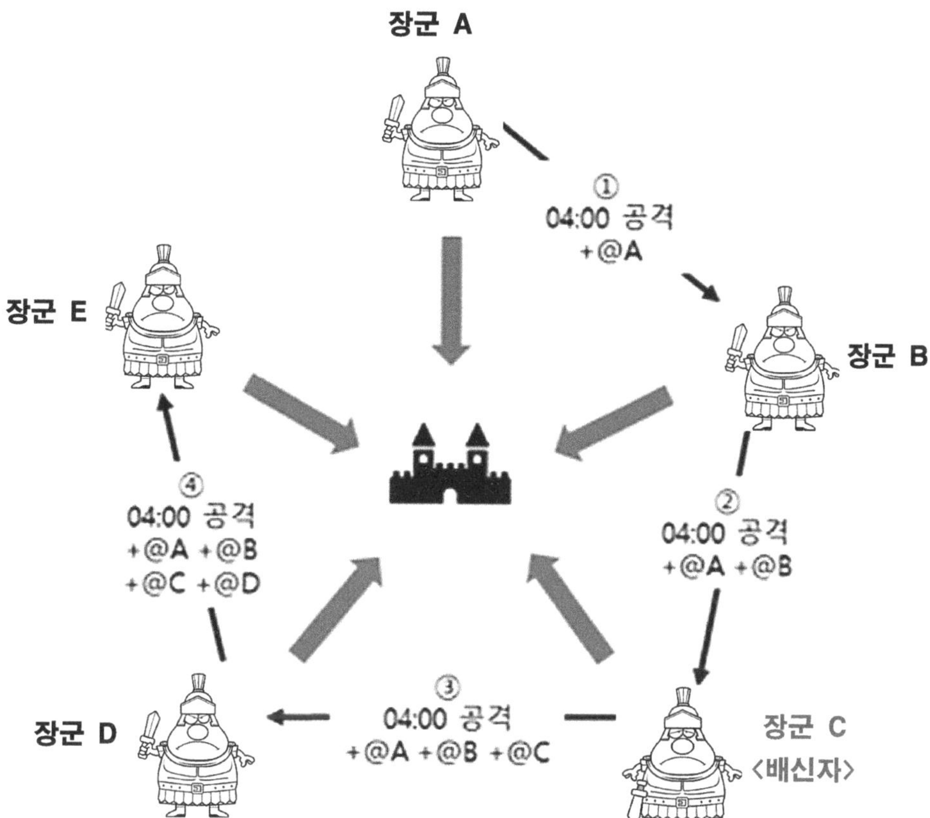

그림 117. 비잔틴장군의 문제

이것이 비잔틴 장군문제를 해결한 사토시의 방식이다. 그리고 이것이 분산 시스템에서의 오류와 무결성을 보장하기 위한 합의 알고리즘의 핵심 아이디어다. 현재 주요 합의 메커니즘으로는 작업증명, 지분증명, 활동증명 등이 사용되고 있다.

3.3 블록체인의 뿌리, 블록체인 게놈 분석

3.3.1 블록체인 유전자 분석

블록체인을 정확히 이해하려면, 블록체인의 유전자가 무엇인지 알아 볼 필요가 있다. 블록체인이 어디서 온 것인지 그 뿌리와 토양이 무엇인지 알아야 블록체인의 가능성과 한계를 알 수 있는 것이다. 블록체인은 기술이면서 동시에 사상이자 철학이라 할 수 있다.

블록체인의 철학은 1% 기득권층이 독점하고 있던 권력과 이익을 99% 대중에게 돌려주겠다는 개방과 분산 그리고 권력이동의 사상이다. 이를 위해 세상의 모든 거래와 정보를 1%가 독점하는 중앙서버 대신 노드들의 컴퓨터에 분산저장하고, P2P방식을 통해 해결하겠다는 것이다. 이 정신은 인터넷의 정신과 동일하다. 인터넷도 중앙 통제기관 없이 자율적으로 운영되는 분산네트워크이다. 인터넷의 등장은 이전에는 1%의 강력한 중앙기관(군대, 정부, 대기업 등)이 통제하던 통신망과 정보망을 일반대중의 손에 넘겨준 혁명적인 사건이었다. 이런 점에서 인터넷도 '탈중앙화된 자율적 조직'이다. 이처럼 인터넷과 동일한 유전자를 가지고 있으면서 인터넷에서 한 단계 진화한 것이 블록체인이다. 따라서 블록체인의 뿌리를 파헤치기 위해서는 인터넷의 유전자가 어떻게 블록체인에 전이되었는지 살펴볼 필요가 있다.

1879년 토마스 앨바 에디슨(Thomas Alva Edison, 1847~1931)이 최초로 전구를 발명했을 때 사람들은 이 일을 대수롭지 않게 여겼다고 한다. 저렇게 조그만 불빛으로 무었을 할 수 있을지 의구심을 가졌던 것이다. 하지만 전기는 2차 산업혁명의 기폭제가 되었고, 오늘날 세상은 전기 없이는 아무것도 할 수 없는 세상이 되었다. 인터넷의 발명도 비슷한 역사를 거쳤다. 3차 산업혁명의 기폭제가 되었고, 지금의 세상은 인터넷 없이는 작동하지 못하는 상황이 되었다. 만약 누군가가 블록체인으로 과연 부엇을 할 수 있는지 궁금해 한다면, 지금 인터넷으로 무엇을 하고 있는지 살펴보면 된다. 블록체인이 4차 산업혁명시대에는 제2의 인터넷 역할을 할 테니까.

‖ http와 www.의 탄생

인터넷은 1969년 미국 국방고등연구소(DARPA, Defence Advanced

Research Projects Agency)의 '통신망 네트워크 프로젝트'로부터 시작 되었다. 당시 세계 최초로 패킷교환[1](Packet-Switching)방식을 이용한 통신 네트워크였던 아르파넷Arpanet이 인터넷의 출발점이다.

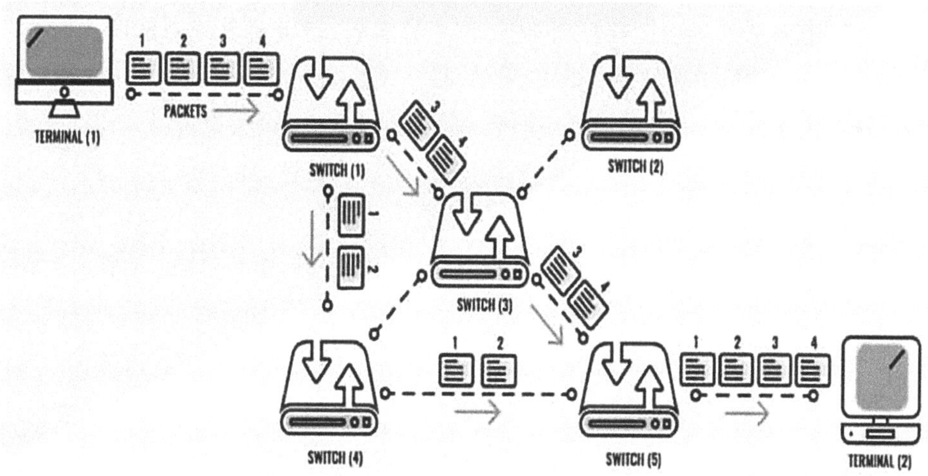

그림 118. Packet Switching Diagram
그림출처 : https://www.comparitech.com

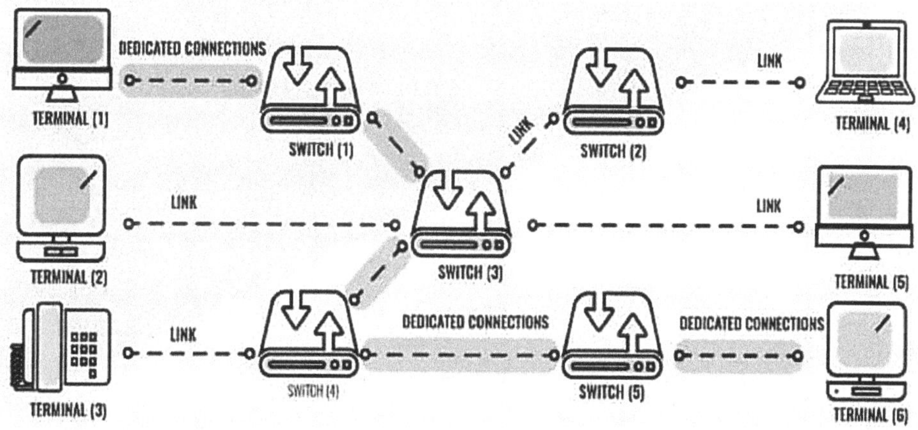

그림 119. Circuit Switching Diagram
자료출처: https://www.comparitech.com

---

1) 패킷교환방식은 전송하고자 하는 데이터를 패킷이라는 단위로 나눠 전송하는 방식으로 데이터를 전송하는 동안에만 네트워크 자원을 사용하며 전용선이 필요 없다. 이에 비해 회선교환(Circuit Switching) 방식은 전용선이 설정되어 데이터를 전송하지 않는 동안에도 다른 컴퓨터가 이 회선을 사용 할 수 없다. 회선의 이용률면에서는 불리하지만 독점 사용하기 때문에 대량의 데이터를 고속으로 전송 할 수 있다는 장점이 있다.

아르파넷은 네트워크 일부가 파괴되더라도 남아있는 네트워크가 제 기능을 할 수 있는 컴퓨터 상호 접속 방식을 취하고 있다. 미국이 아르파넷 프로젝트를 추진한 계기는 통신망의 중요성을 절감했기 때문이다. 미국은 2차 세계대전을 겪으며 어떠한 경우에도 통신망은 유지 되어야 한다고 생각했고, 그 방편으로 통신 네트워크를 거미줄처럼 분산시키는 방법을 택했다. 주요 통신시설이 파괴되는 것을 방어하는 것보다, 오히려 통신 네트워크를 다양한 방식으로 분산시키는 것이 안전하다고 판단한 것이다. 인터넷에서 항상 문제가 되는 해킹은 이러한 분산시스템이 갖는 태생적 한계에 기인한 것이다.

이렇게 역사적 탄생을 알린 인터넷은 1990년 이전에는 정부, 연구소, 대학 등 1% 기득권들의 전유물이었고, 99%의 일반 대중은 네트워크에 접근조차 어려웠다.

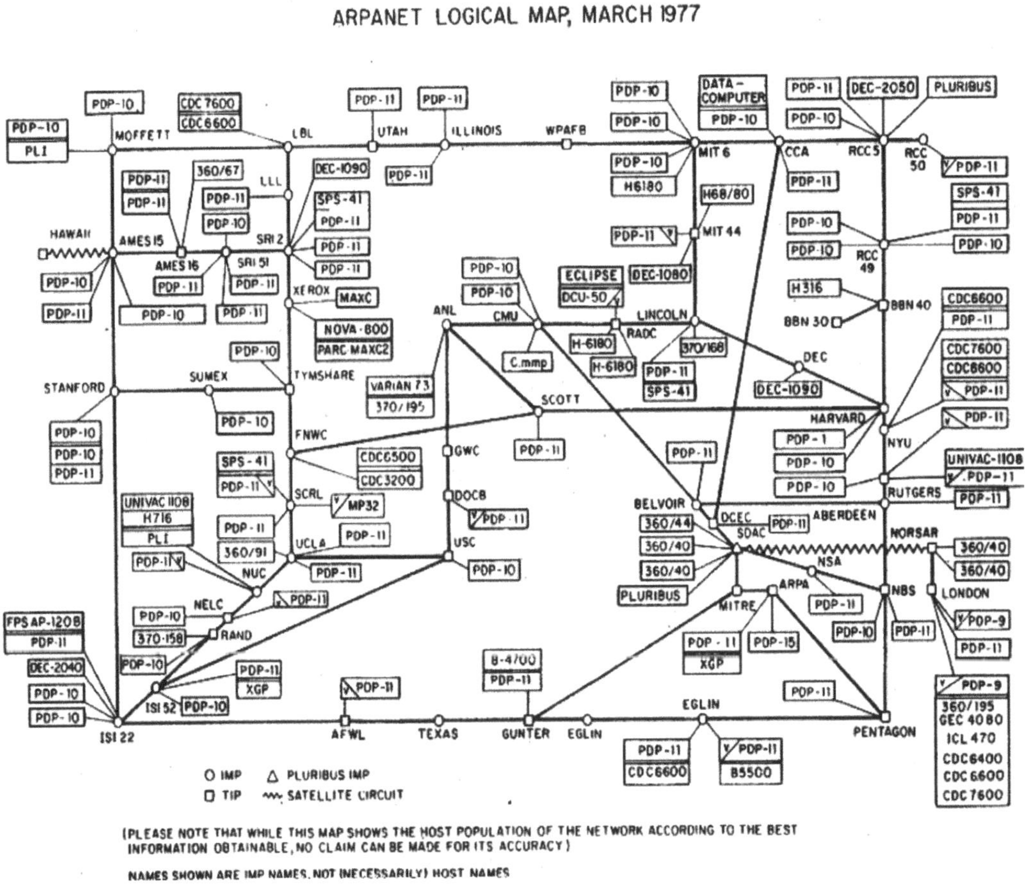

그림 120. 1977년 3월 아르파넷 논리지도

이렇듯 대중에게 폐쇄적이었던 인터넷은 웹의 아버지격인 팀 버너스리(Tim Berners Lee, 1955. 6. 8 ~)에 의해 일반인들도 사용할 수 있는 통신 네트워크로 재탄생 하게 되었다. 버너스리는 유럽입자물리연구소에서 정보검색시스템 구축작업을 하던 중 '하이퍼텍스트'개념을 알게 되었고, 이 개념을 응용하여 통신을 위한 전송프로토콜인 '하이퍼텍스트 프로토콜'을 개발하였다. 버너스리의 이 프로토콜 덕분에 일반인들도 인터넷 사용이 가능해졌다. 인터넷 주소창 맨 앞에 적혀 있는 http는 'Hyper Text Transfer Protocol'의 약자로서, 전송프로토콜이 하이퍼텍스트라는 것을 의미한다.

그림 121. 월드와이드웹(www.)의 창시자 팀 버너스리

컴퓨터마다 운영체제나 사용하는 소프트웨어가 달랐기 때문에, 통신을 주고받는 정형화된 통신프로토콜이 필요했는데 버너스리의 http가 그 역할을 해주었던 것이다.

하이퍼텍스트는 기존 선형적인 문서분류시스템의 한계를 극복하기 위해 영국의 테드 넬슨(Ted Nelson)이 처음 고안한 개념이다. 문서들이 초월적이고 무작위로 마구 연결되어 비선형적으로 검색되는 방식이다. 테드 넬슨은 바네바 부시(Vannevar Bush)가 1945년 발표한 <As we may think 우리가 생각한 대로>라는 논문에서 제시한 '메멕스[1]Memex (Memory extender 또는 Memory index의 합성어 혼용 사용)'라는 분류시스템에서 영감을 얻고, 이를 한 단계 발전시켜 하이퍼텍스트 개념을 접목한 '제나두Xanadu'를

1) 메멕스 : 우리가 생각하는 방식이 체계적이지 않고, 마구잡이 방식이라는 점에 착안하여, 인간의 마구잡이식 기억장치를 응용한 새로운 분류시스템이다. 이론상 원시 하이퍼텍스트 컴퓨터 시스템을 명명한다.

만들었다.

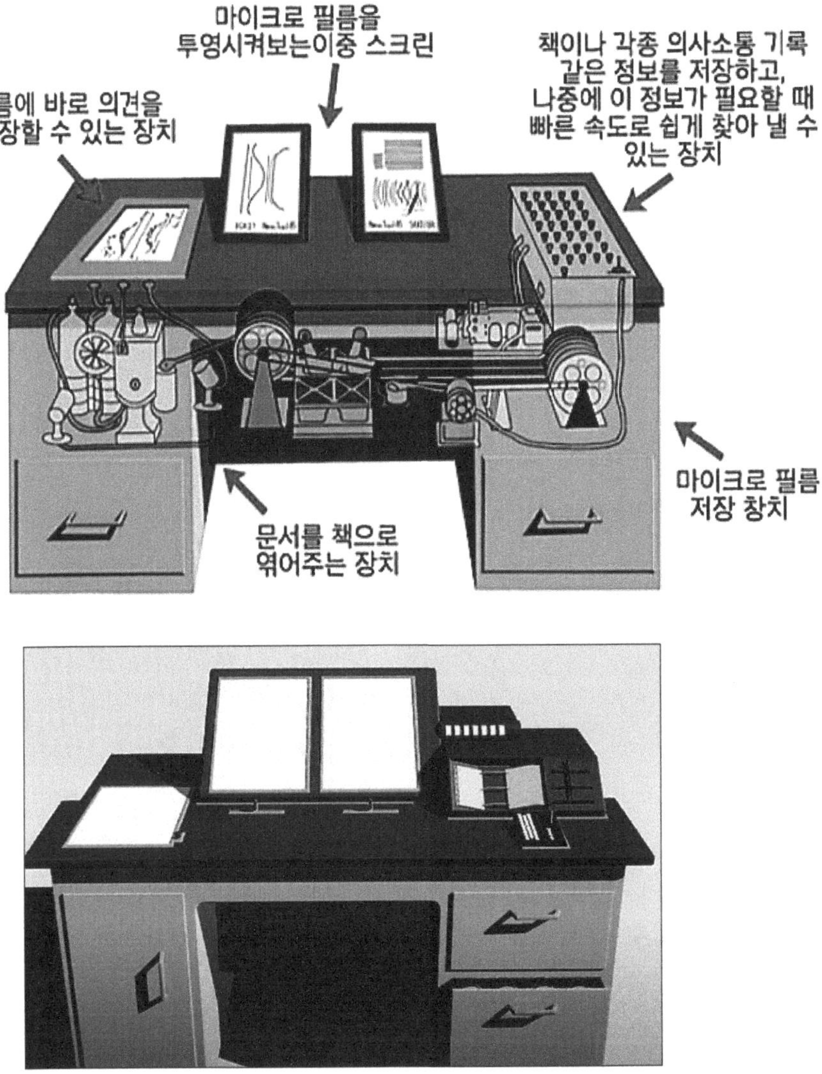

그림 122. 바네바 부시가 1945년 고안한 메멕스 장치

1960년 탄생한 제나두는 체계를 초월해서 비선형적으로 링크시키는 구조로 되어있다. 제나두는 최초의 하이퍼텍스트 프로젝트였고 지금 우리가 사용하는 웹Web의 원형이다.

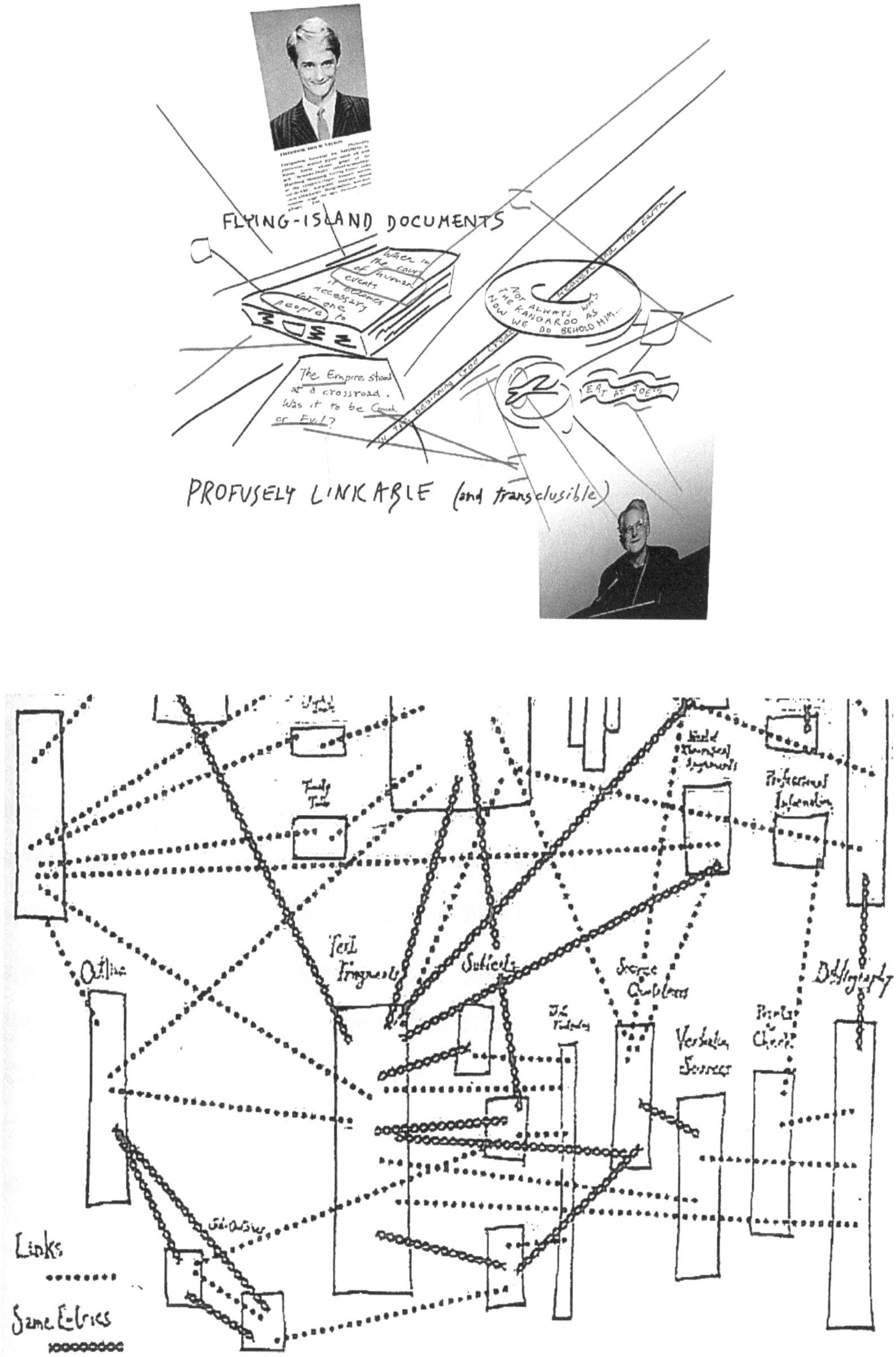

그림 123. 테드넬슨이 1965년 생각한 제나두 구상도. 자료출처 Open Edition.org

팀 버너스리는 넬슨의 제나두 프로젝트를 계승하여 1989년 "링크로 연결된 문서조각들의 거미줄이, 고정된 계층구조보다 한층 더 유용하다"면서 HTTP를 주창했고, 인터넷 언어인 HTML 관련 소프트웨어를 개발했다. 팀 버너스리는 월드와이드웹www개념을 만들었고, 1994년부터 월드와이드웹 컨소시엄(W3C)을 설립하여 이끌고 있다.

메멕스 → 제나두 → http → www으로 진화하면서 일반 대중 누구나가 참여할 수 있는 웹 생태계가 조성 되었다.

결과적으로 하이퍼텍스트는 정보를 분류하고 통제하던 권력을 개인들에게 넘겨주었고 순차적이고 선형적인 세계를 모호함의 세계로 바꾸어 놓았다. 이것이 인터넷이 불확실성이 높은 복잡계를 낳게 된 태생적 이유고, 블록체인이 '권력이동'이라는 특징을 갖게 된 배경이다.
웹은 인터넷이라는 통신망기술에 하이퍼텍스트를 접목하여, 각 서버에 흩어져 있는 정보를 하나의 시스템으로 융합한 것이다. 우리는 하이퍼텍스트로 구성된 웹페이지에서 정보를 얻고, 하이퍼링크를 통해 여러 웹페이지를 이동한다. 즉 인터넷은 분산된 네트워크인 하드웨어이고, 웹은 그 인프라 위에 조성된 소프트웨어다. 인터넷에 하이퍼텍스트를 얹은 것이 바로 웹이다.
예전에는 정보를 체계적으로 분류하는 주체가 대학, 연구소, 정부 등이었는데, 하이퍼텍스트로 인해 99% 피어들이 주도권을 넘겨받게 되었다.
블록체인의 분산화와 권력이동이라는 본질이 여기에서 유래한 것이다. 블록체인의 유전자가 바로 하이퍼텍스트인 것이다.

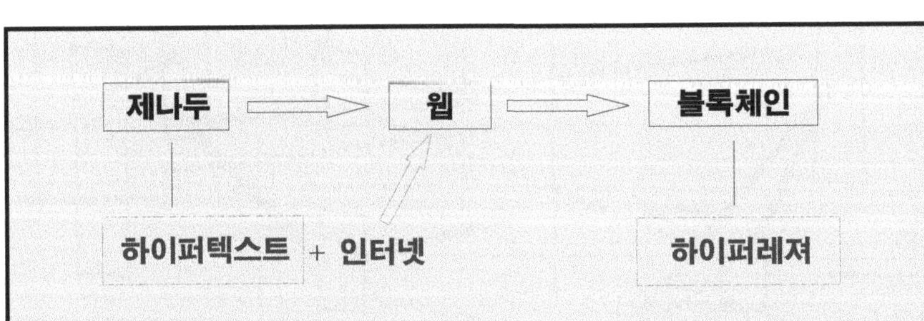

블록체인의 게놈 : 제나두의 유전자 하이퍼텍스트가 분산네트워크인 인터넷을 만나 웹으로 진화하였고, 21**세기 들어 블록체인의 하이퍼레져로 유전자 진화가 일어나고 있다.**

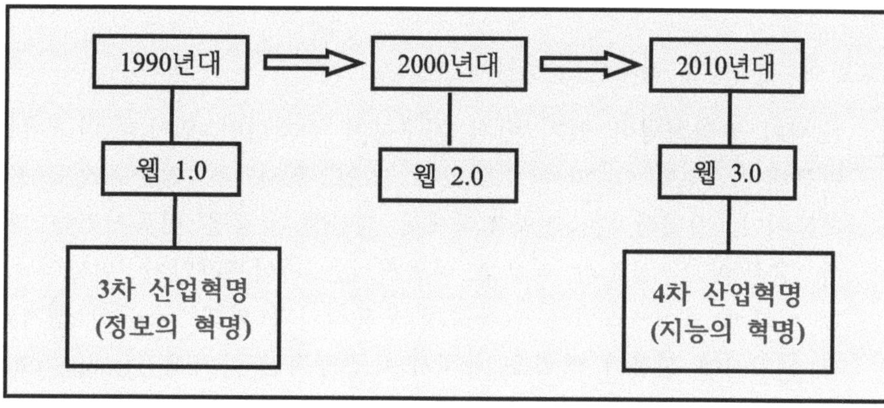

모든 문서를 비선형적으로 링크시켰던 하이퍼텍스트에서, 모든 거래 데이터를 링크하는 하이퍼레저로 진화한 블록체인은 웹 3.0이라 할 수 있다.

이러한 인터넷의 유전자가 블록체인 기술로 구현되는 과정을 살펴보면 특이한 점이 발견된다. 일반적인 신기술의 경우, 기술이 상용화되기까지는 오랜 기간 동안 학계를 중심으로 기술의 오류를 찾고 현실에 맞도록 다듬고 발전시키는 과정을 거친다. 인터넷의 경우 1969년 아르파넷 등장부터 1990년대 상용화가 되기까지 20년 이상의 기술 축적기간이 있었다.

특히 사회기반기술이라면 오랜 기간에 걸친 연구와 표준화는 반드시 거쳐야 하는 단계이다. 그러나 블록체인기술은 연구와 표준화과정 없이 사토시의 논문발표 즉시 기업이 먼저 기술을 구현했다. 즉 블록체인 기술 구현에 따른 과제는 그대로 남겨둔 채 비즈니스가 먼저 전 세계적으로 확대되고 있는 것이다.

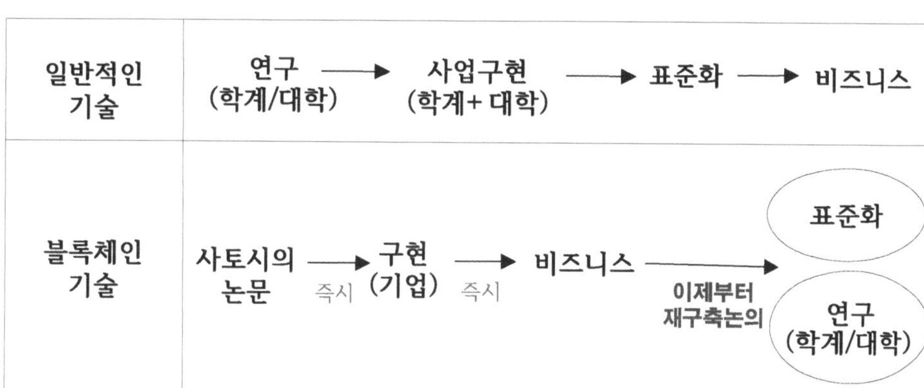

3.3.2 새로운 시대, 가치란 무엇인가

18세기 산업혁명이 있기 이전 지구상에 존재했던 도시의 인구비율은 전체 인구대비 3%도 안 되는 수치였다. 기업, 회사라는 전문조직도 산업혁명의 산물이다. 기업이라는 전문조직에서 생산한 상품을 이동시키는 파이프라인이 '유통'이고, 상품의 정보를 이동시키는 파이프라인이 '미디어'이다. 그리고 이러한 파이프라인을 원활하게 운용시키기 위해 '금융'이 생겨났고 금융은 산업시대 심장의 역할을 자처하며 전통적인 가치체인(value chain)을 완성시켰다. 이처럼 굴뚝 산업시대의 가치체인은 순차적으로 가치가 추가 되는 가치부가방식이었다. 이것은 수직적구조의 단방향이며 경쟁을 수반하는 가치창출방식이다. 그러나 인터넷의 등장으로 시간과 공간의 경계는 허물어졌고, 산업시대의 가치체인은 점점 거추장스러운 녹슨 장치가 되어갔다. 이 시점에 블록체인이 등장했다.

인터넷이 굴뚝 산업시대의 가치체계를 무기력하게 만들었다면, 블록체인은 가치체계의 급격한 해체를 의미한다. 지금까지 금융은 산업시대의 피를 흐르게 만든 심장의 역할을 해왔지만, 가까운 미래에-어쩌면 수년이내일지도 모를 일이다-금융의 개념은 전혀 달라져 있을 것이다. 이것은 단순한 가치체계의 변화가 아니다. 기존 산업의 가치창출방식은 모두 바뀌게 될 것이다. 돈이 오가는 모든 거래는 암호화되어 중앙감독기관 없이 P2P로 거래될 것이다. 다가올 미래의 가치체인은 '가치부가방식'이 아닌 '가치융합방식'이 될 것이다. 가치융합방식은 블록체인의 등장과 함께 본격화 되었으며 다방향의 협업과 수평적, 순환적 구조를 추구한다. 즉 피어들과의 네트워크를 통해 함께 가치를 융합하고 창출해 내는 방식이다. 이러한 분산화와 권력이동은 블록체인의 본질적인 특성이다. 그리고 이런 블록체인의 유전자는 공유경제, 기그경제와 맞닿아 있다. 공유경제는 생산하고 판매해서 돈을 버는 것이 아니라 연결하고 융합하는 방식으로 부를 만들어 낸다.

그렇다면 블록체인과 공유경제는 무엇을 분산시키고, 어떤 방식으로 권력을 이동시킨다는 것일까? 쉽게 생각하면 앞으로 기업들은 고객들이 돈을 벌 수 있도록 도와주어야만 살아남을 수 있다고 생각하면 된다.

유튜브가 유튜버에게 돈을 벌게 해주고, 구글이나 애플이 앱스토어 등에서 고객이 돈을 벌수 있도록 하는 것처럼, 기업의 이익을 소비자에게로 분산시키고, 소비자에게 권력을 이양해서 그들과 함께 가치를 창출하고 이익을 공유하는 기업이 성공하는 시대가 온 것이다.

기업경영의 법칙도 바뀌고 있다. 앨빈토플러가 <부의 미래>에서 예측했던 '새로운 부 창출체제'가 모습을 드러내고 있다. 생산과 판매를 통해 부를 창출하는 기업들의 가치는 갈수록 하락하는 반면, 공유와 융합을 통해 부를 창출하는 기업들은 부상하고 있다. 나아가 블록체인과 인공지능이 본격 결합되면 단순제조나 단순서비스업은 노동로봇들의 업종이 될 것이다. 물론 그 외 모든 업종들도 인공지능 로봇과의 협업은 필수가 될 것이다.

블록체인은 모든 것을 P2P방식으로 공유하자는 사상이다. 블록체인은 모든 중개인을 거부한다. 블록체인은 모든 기득권도 거부한다. 따라서 모든 비기득권층에게 블록체인은 다시 오지 않을 기회가 될 것이다.

이전에 없었던 가치창출방식은 이미 현실화되어 나타나고 있다. 2018년 2월 '포에버로즈Forever Rose프로젝트'라는 재미있는 이벤트가 있었다. 세계적인 사진작가 케빈아보쉬(Kevin Abosch)의 디지털 사진작품 '포에버로즈'를 이더리움 기반의 블록체인 기술로 암호화하고 ICO[1]를 통해 100만 달러에 매각한 것이다.

그림 124. Kevin Abosch의 〈The Forever Rose〉

---

1) ICO, Initial Coin Offering : 블록체인 기술을 기반으로 암호화폐를 발행하기 위해 불특정 다수의 투자자들로부터 초기개발자금을 투자받는 과정을 일컫는다. 이는 비상장기업이 그 주식을 불특정다수의

이 프로젝트에서 이더리움기반 로즈토큰은 단 1개 발행했다. 흥미로운 사실은 로즈토큰 안에 디지털사진 원본이 있는 것이 아니라는 것이다. 원본은 케빈아보쉬의 컴퓨터에 그대로 저장되어 있고, 더군다나 작품은 www.foreverrose.io에서 누구나 무료로 감상할 수 있도록 하였다. 즉 토큰 안에 사진 원본을 담아 구매자에게 소유권을 넘겨준 것이 아니다. 로즈토큰을 산 사람은 원본은 구경도 못해보고, 단지 '기술과 예술이 만나는 역사적인 과정에 참여한 것'에 의미를 부여한 것이다. 토큰의 소유자일지라도 사진의 소유권이나 배포권 등에 있어서 아무런 권한이 없다. 그런데도 150명 이상이 ICO에 몰려 10명에게 분할 판매되었고, 로즈토큰은 지금 거래소에 상장되어 가격이 형성되어 있다. 이 프로젝트를 주도한 케빈아보쉬의 사상은 블록체인의 정신을 가장 혁신적으로 보여주고 있다.

그는 공유의 시대로의 진입을 선언함과 동시에 '소유'를 비웃으며 '소유의 종말'을 선언한 것이다. 지나간 산업시대를 거치며 '소유'를 위해 전력을 다해 살아 온 기성세대가 '소유의 종말'을 가치기준으로 여기는 블록체인 세대와 어떻게 융합해야 할까? 4차 산업혁명은 희망과 함께 우리가 풀어야 할 숙제도 안겨주었다. 문득 앨빈토플러가 <부의 미래>를 통해 한 말이 떠오른다. "10마일로 기어가는 지금의 교육체제가 100마일로 달리는 기업에 취업해야하는 학생들을 준비시킬 수 있겠는가?"

투자자들에게 팔고 재무내용을 공시하는 IPO(Initial Public Offering)에서 유래한 용어이다.

3.3.3 새로운 시대의 시작, 블록체인 탄생

블록체인이라는 용어는 2008년 사토시 나카모토의 논문 <Bitcoin : Peer-to-Peer Electronic Cash System>에서 '블록의 체인(Chain of Blocks)'이라는 말이 언급된 후, 여러 해를 거치면서 '블록체인'이라는 말로 정착되었다. 블록체인을 이해하려면 분산시스템의 개념을 이해해야 한다. 또한 블록체인 알고리즘을 통해 세상에 모습을 드러낸 비트코인, 혹은 더 넓은 의미의 암호화폐를 제대로 이해하려면 '전자화폐(디지털화폐)'의 개념을 이해하고 있어야 한다.

전자화폐(e-cash, electronic cash)의 개념은 새로운 것이 아니다. 미국의 컴퓨터 과학자이자 암호학자인 데이비드 차움(David Chaum, 1955~)은 1989년에 디지캐시라는 기업을 설립하여, e-cash라는 암호화폐를 상업화하였다. e-cash의 백서는 1982년에 작성되었으며, 오픈소스로 개방했기 때문에 '비트코인'개발에도 차움의 개념이 적용되었다고 할 수 있다. 사실상 차움을 암호화폐 개념의 창시자라 할 수 있다. 하지만 1980년대 데이비드 차움이 제안했던 전자화폐 프로토콜에서는 두 가지 문제가 해결되어야 했는데, 바로 책임추적성accountability과 익명성anonymity이었다.

책임추적성은 전자화폐가 한번만 지불되고 정당한 소유권자에 의해서만 지불되도록 보장하는 기술이다. 익명성은 사용자의 프라이버시를 보호하기 위해 필요한데, 지불된 돈을 역추적하여 실제로 돈을 지불한 개인을 찾는 것이 불가능하도록 하는 기술이다. 데이비드 차움은 은닉서명blind signatures과 비밀공유secret sharing라는 두 가지 암호기법을 사용해 이 두 문제를 해결했다. 여기서 은닉서명은 서명자의 신원정보를 노출시키지 않는 전자서명으로서 사용자의 익명성을 보장한다는 개념이고, 비밀공유는 사용자의 프라이버시를 지키면서도 이중지불여부를 탐지하는 개념이다.

그러다가 2009년, 처음으로 '무신뢰 trustless'를 기반으로 한 신뢰시스템인 전자화폐시스템이 비트코인이라는 모습으로 구현되었다. 암호화폐라는 용어는 나중에 나왔다. 비트코인은 공개키 암호화(public key cryptography)와 작업증명(PoW, Proof of Work)이라는 기법으로 안전하면서도 탈 중앙화된 디지털 화폐 발행 방법을 제시하였다.

Author	Topic: Pizza for bitcoins? (Read 793965 times)
laszlo Full Member Activity: 199 Merit: 424	**Pizza for bitcoins?** May 18, 2010, 12:35:20 AM *Merited by DaRude (50), Seccour (50), Vod (20), alani123 (12), OgNasty (10), the_poet (10), Totscha (10), leps (10), arthurbonora (10), mnightwaffle (10), TimtheYoutuber (10), suchmoon (9), cheefbuza (7), d5000 (5), ebliever (5), bitbollo (5), Betwrong (5), mia_houston (5), krogothmanhattan (5), klondike_bar (3), nutildah (3), vapourminer (2), gbianchi (2), LFC_Bitcoin (2), bones261 (2), LoyceV (2), Halab (2), malevolent (1), EFS (1), ETFbitcoin (1), iluvbitcoins (1), HI-TEC99 (1), S3cco (1), jacktheking (1), BobLawblaw (1), bitart (1), batang_bitcoin (1), Astargath (1), elianite (1), coolcoinz (1), TheQuin (1), apoorvlathey (1), Toxic2040 (1), pushups44 (1), chimk (1), JanEmil (1), invincible49 (1), amishmanish (1), Financisto (1), fishfishfish313 (1), DireWolfM14 (1), SimpleFX (1), Toughit (1), nullius (1), barjan (1), lonchafina (1), grinbuck (1), alia (1), inkling (1), Kda2018 (1)* #1
	I'll pay 10,000 bitcoins for a couple of pizzas.. like maybe 2 large ones so I have some left over for the next day. I like having left over pizza to nibble on later. You can make the pizza yourself and bring it to my house or order it for me from a delivery place, but what I'm aiming for is getting food delivered in exchange for bitcoins where I don't have to order or prepare it myself, kind of like ordering a 'breakfast platter' at a hotel or something, they just bring you something to eat and you're happy! I like things like onions, peppers, sausage, mushrooms, tomatoes, pepperoni, etc.. just standard stuff no weird fish topping or anything like that. I also like regular cheese pizzas which may be cheaper to prepare or otherwise acquire. If you're interested please let me know and we can work out a deal. Thanks, Laszlo

그림 125. 2010년 5월 18일 라스즐로가 올린 게시글. 자료출처 : 비트코인 포럼 게시판 캡처

비트코인 발행 후 최초로 실거래가 성사된 것은 2010년 5월22일이다. 미국 플로리다주에 살던 프로그래머 라스즐로 핸예츠는 5월18일 비트코인 포럼 게시판에 "피자 두 판을 배달해주면 비트코인 일 만개를 주겠다."는 글을 올렸다.

글을 올린 지 사흘뒤인 5월22일 거래는 실제로 성사되었고, 라스즐로는 인증샷을 포럼 게시판에 올렸다. 인류 역사상 가장 비싼 피자가 배달된 순간이었다.(2021년 1월 10일 현재 1BTC=40,684US$이니깐, 피자 두판에 406,840,000US$ 한화로 약 4천 4백억 원이다)

I just want to report that I successfully traded 10,000 bitcoins for pizza.

Pictures: http://heliacal.net/~solar/bitcoin/pizza/

Thanks jercos!

BC: 157fRrqAKrDyGHr1Bx3yDxeMv8Rh45aUet

Re: Pizza for bitcoins?
May 22, 2010, 10:10:25 PM

Congratulations laszlo, a great milestone reached

그림 126. 2010년 5월 22일 라스즐로가 피자와 비트코인 10,000개를 맞바꾸는 거래가 성사되었다고 기뻐하며 올린 게시글. 자료출처 : 비트코인 포럼 게시판 캡처

그림 127. 피자를 배달받은 라스즐로가 비트코인포럼에 올린 '인증샷'. 라스즐로의 딸로 추정되는 어린 아이가 피자를 먹으려 손을 뻗는 모습이 담겨 있다.
사진출처 : 비트코인포럼

라스즐로는 딸의 첫 번째 생일을 색다르게 축하해주고 싶어서 이런 이벤트를 한 것이라고 했다. 라스즐로는 그로부터 십년이 지난 2020년 5월 22일 한 매체와의 인터뷰에서 그 날 일을 후회하지 않느냐는 기자의 질문에 자신이 인류 최초로 암호화폐로 실물 거래를 한 사람으로 기록 된 것만으로도 무한한 행복과 영광스러운 심정이라고 하였다.(미국에서는 이 날을 기념하여 매년 5월22일을 비트코인 피자데이라고 한다)

한편 실제 비트코인에 사용되지만, 비트코인이 발명되기 전부터 존재했던 주요기술로는 머클트리 Merkle tree, 해시함수 hash funtion, 해시체인 hash chain 등이 있다.
머클트리 혹은 해시트리 구조라는 개념은 1979년 랄프 머클(Ralph merkle)이 만들었다. 다른 트리 알고리즘과 다르게 머클트리의 목적은 빠른 검색이 아니라, 데이터의 확실한 인증이다. 머클트리는 데이터의 간편하고 확실한 인증을 위해서 SHA-256 암호화기술인 해시함수를 사용하고 있다.

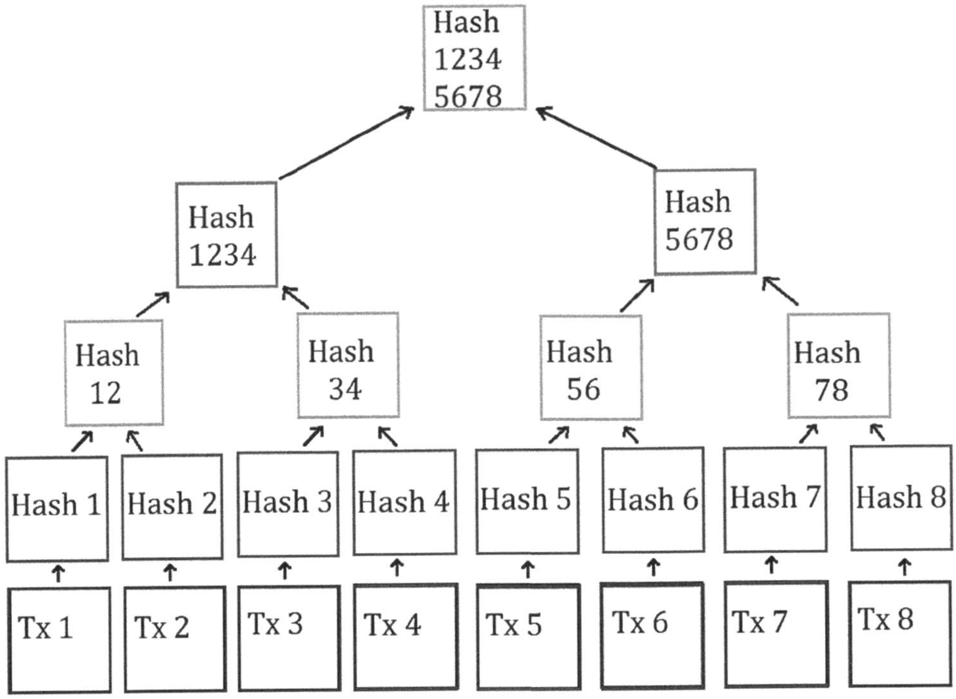

그림 128. 머클트리 구조

머클트리는 이진트리로, 리프노드(자식이 없는 노드)부터 입력을 배치한 후, 자식노드쌍을 함께 해싱하여 부모노드의 값을 구해나가는 방식으로, 최종 트리의 뿌리에 해당하는 머클루트Merkle root의 해시값을 얻을 때까지 해싱을 거듭해나가는 구조이다.

머클루트는 머클트리에 있는 모든 트랜잭션의 해시값을 조합하여 해싱한 해시값이다. 이 말은 머클루트만 확인하면 모든 트랜잭션을 하나씩 확인하지 않아도 머클트리에 있는 모든 트랜잭션의 무결성을 확인할 수 있다는 의미이다.

해시함수란 임의의 길이의 입력값을 고정된 길이의 출력값으로 바꾸어주는 함수로서, 이때 출력값을 해시값 또는 메시지 다이제스트라고 한다. 이 출력값(해시값)으로부터 원래의 입력값을 역으로 찾아내기는 계산적으로 불가능하며, 이러한 해시함수의 특징을 일방향성(단방향성, one-way property)이라고 한다. 해시함수는 흔히 디지털서명과 메시지인증코드(MAC, Message Authentication Code) 등에 사용되며, 해시함수에는 역상저항성preimage resistance, 제 2 역상저항성 Second preimage resistance,

충돌저항성 collision resistance이라는 세 가지 보안속성이 있다.
역상저항성은 다음과 같은 간단한 방정식으로 나타낼 수 있다.

$$h(x)=y$$

여기서 h는 해시함수, x는 입력값, y는 출력된 해시값이다.
역상저항성이란, 출력된 y를 이용하여 x를 역으로 찾아내기가 계산적으로 불가능해야 한다는 속성이다. x를 y의 역상preimage으로 간주하여 역상저항성이라는 이름이 붙었다. 역상저항성을 일방향속성이라고도 한다.
제 2 역상저항성(또는 약충돌저항성 weak collision resistance)은 x와 $h(x)$가 주어졌을 때, $h(x)=h(x')$인 다른 입력값 x'을 구하는 것이 불가능해야 한다는 속성이다.
충돌저항성(또는 강충돌저항성 strong collision resistance)이란 서로 다른 두 개의 입력값에 따른 해시결과가 같지 않아야 한다는 속성이다. 즉 제 2 역상저항성은 같은 출력값을 얻을 수 있는 서로 다른 입력값을 구할 수 없다는 것이고, 충돌저항성은 서로 다른 입력값은 반드시 서로 다른 출력값을 도출해야 한다는 것이다. 이런 차이를 제외하면 이 두 가지 속성의 기본적인 개념은 동일하다. 이러한 세 가지 특징을 만족하는 해시함수를 암호학적 해시함수라고 할 수 있다.
해시함수에서 충돌이 일어나면 두 개의 서로 다른 입력값이 같은 출력값으로 해싱 된다. 그러므로 임의의 충돌을 일으키는 입력값을 찾아내는 것이 계산적으로 불가능해야 한다. 이러한 개념을 눈사태효과Avalanche effect라고도 하는데, 이것은 입력텍스트가 조금만 달라져도 전혀 다른 해시결과가 나오는 것을 말한다.

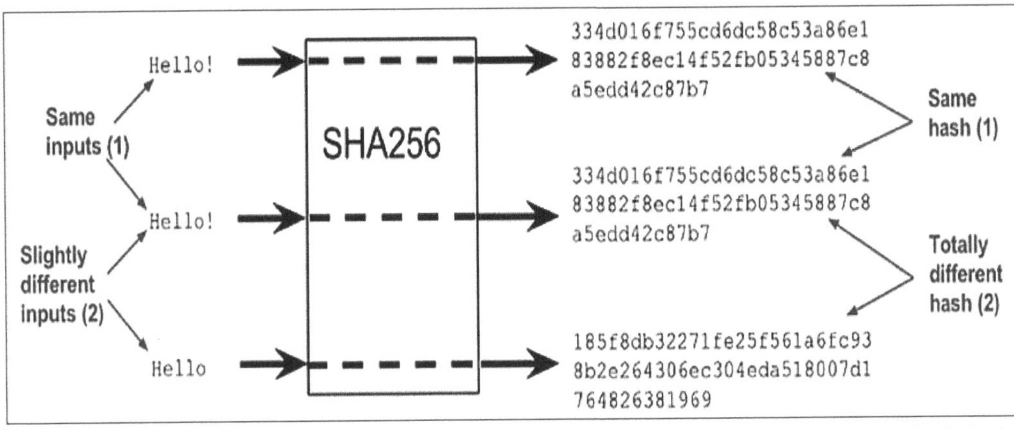

그림 129. 동일한 입력값에서는 항상 동일한 결과값이 나오고, 조금이라도 다른 입력값은 전혀 다른 결과값이 출력된다.
자료출처 : https://freecontent.manning.com/cryptographic-hashes-and-bitcoin/

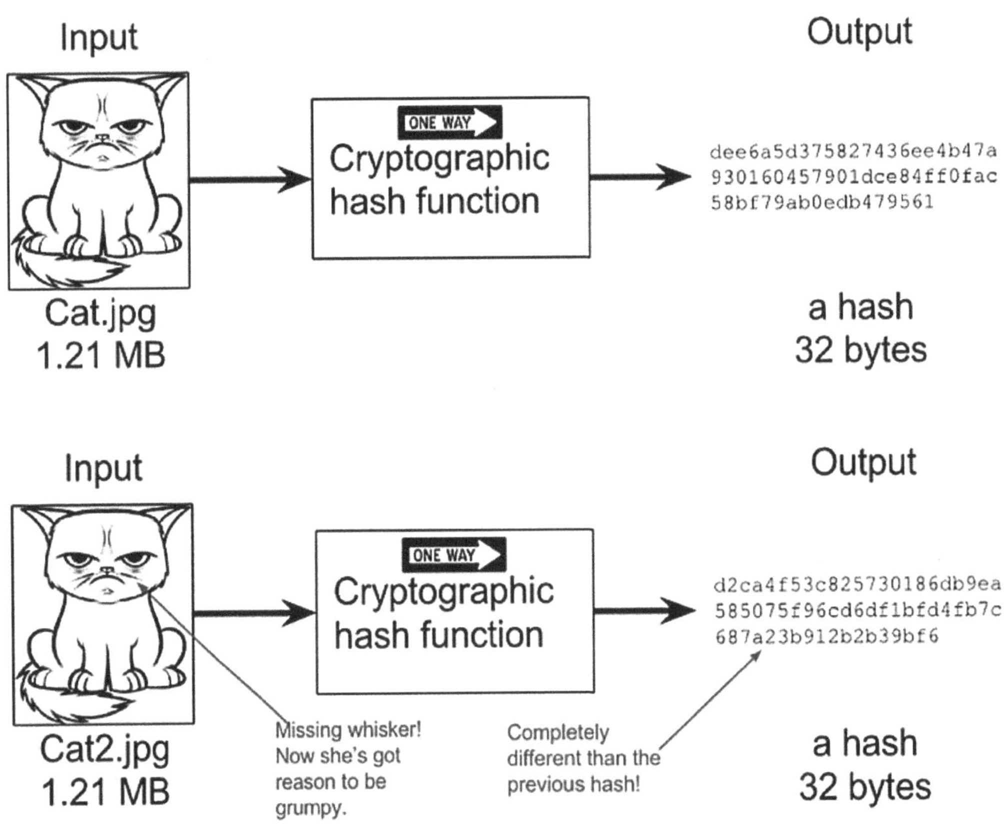

그림 130. 그림파일의 경우에도 수염 한가닥만 차이가 나도 해시값은 전혀 다르게 출력된다.
자료출처 : https://freecontent.manning.com/cryptographic-hashes-and-bitcoin/

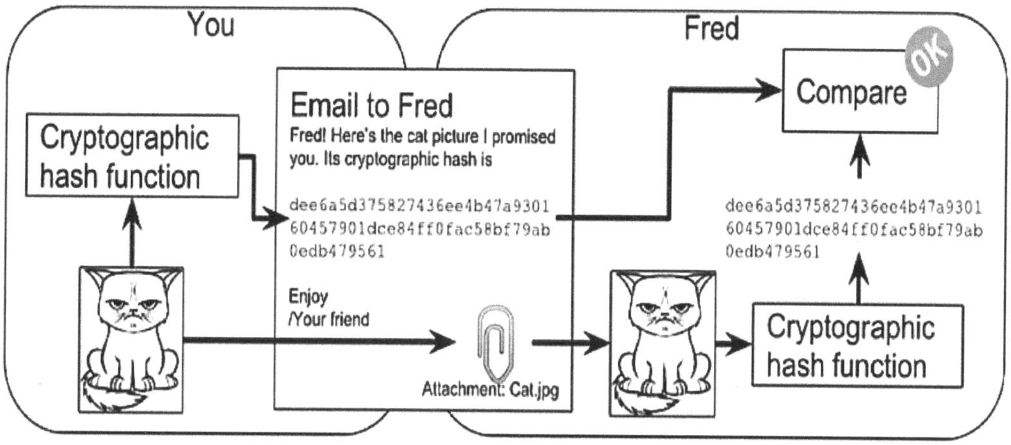

그림 131. 해시값을 이용하여 첨부파일의 진위 여부를 확인할 수 있다.
자료출처 : https://freecontent.manning.com/cryptographic-hashes-and-bitcoin/

만약 상대방에게 첨부파일을 보낼 때 이 파일의 해시값을 함께 보낸다면, 상대방은 받은 첨부파일을 해시하여 첨부파일과 함께 수신된 해시값과 비교해봄으로써, 파일의 진본성을 확정할 수 있다.

해시함수는 일반적으로 반복해시함수iterated hash function 접근방식에 따라 설계되는데, 이 방식은 입력메시지를 여러 라운드에 걸쳐 블록단위로 압축해 결과를 산출하는 방식이다. 대표적으로 머클-댐가드 구성방법 Merkle-Damgard construction이 있다. 이 방법은 입력데이터를 동일한 크기의 블록으로 나누어, 이 블록들을 압축함수에 반복적으로 넣는 방식이다. 압축함수가 충돌저항성을 지니면 해시결과도 충돌저항성이 있음이 보장된다.

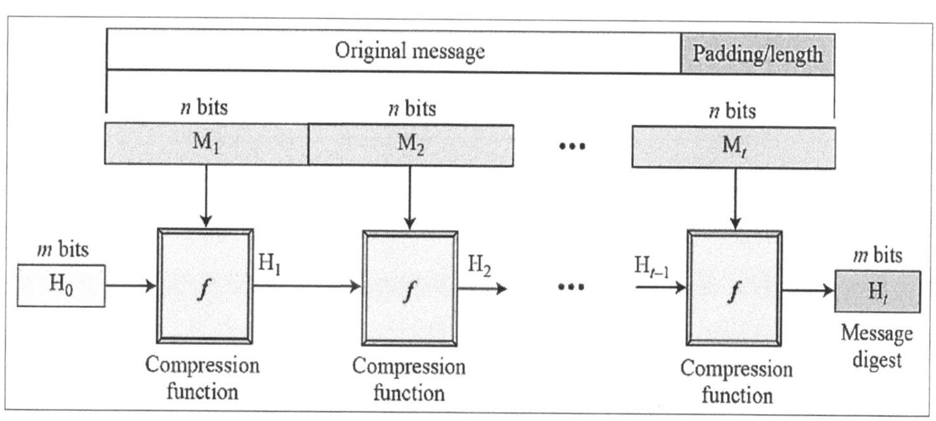

그림 132. 머클댐가드 구성도. 자료출처 : https://slideplayer.com/slide/9400105/

가장 보편적인 보안해시알고리즘(SHA, Secure Hash Algorithm)인 SHA 함수군은 미국 국립표준기술연구소(NIST, National Institute of Standards and Technology)에서 설계한 것으로 미국표준이다. SHA-0은 1993년 NIST에서 도입한 160비트함수이고, SHA-1은 1995년 NIST에서 SHA-0을 대체하여 도입했으며 이 역시 160비트함수이다. 주의해야 할 점은 SHA-0과 SHA-1에 대한 공격방법이 이미 발견되었기 때문에 공식기관에서는 이들을 더 이상 사용하지 않고 있다. 이후 해시의 비트수에 따라 정의된 SHA-224, SHA-256, SHA-384, SHA-512가 발표되었고 이들을 통칭하여 SHA-2라고 하기도 한다. 이들은 TLS, SSL, SSH, PGP, 1PSec 등의 다양한 보안 프로토콜과 시스템에서 사용되고 있는데, 보안성을 높이기 위해서는 SHA-256 이상을 사용할 것을 권고하고 있다.

SHA-3은 가장 최신의 SHA함수군이다. SHA-3-224, SHA-3-256, SHA-3-384, SHA-3-512가 여기에 속한다.

SHA-3 함수군은 케착Keccak 알고리즘을 NIST에서 표준화한 것이다. 케착은 일반적으로 사용되는 머클-댐가드 방식 대신 스펀지 구조 Sponge construction라는 새로운 접근법을 사용했다.

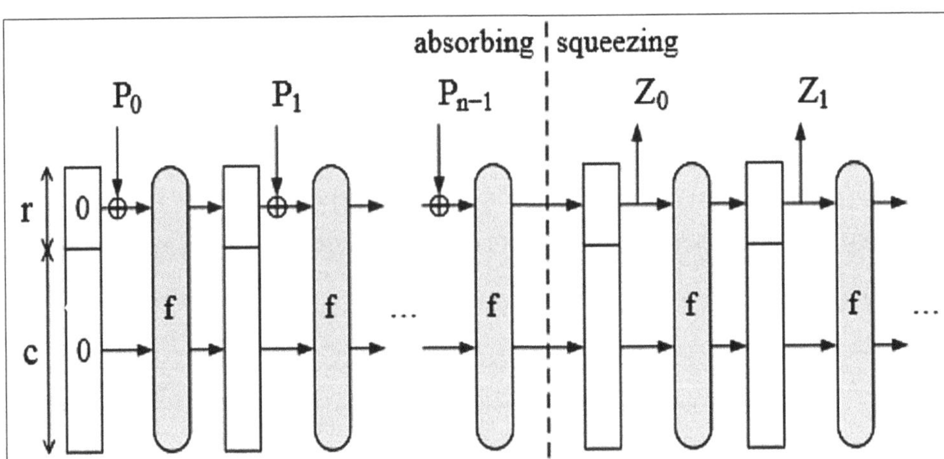

그림 133. 스펀지 구조 : SHA-3의 흡수(absorbing)함수와 압착(squeezing)함수

이 방법은 무작위 치환 모델의 하나로 마치 스펀지처럼, 데이터에 패딩을 적용한 다음, 변환된 상태를 나타내는 결과를 스펀지 함수밖으로 압착하여 내보낸다. 여기서 속도r(rate)은 스펀지 함수의 입력 블록 크기이며, 용량 c(capacity)는 보안수준을 결정한다.

해시함수는 블록체인에서 중요한 역할을 하는데 특히 작업증명에서는 SHA-256을 두 번 사용하여 채굴자가 소모한 계산량을 확인한다.

3.4 블록체인, 너는 누구냐

3.4.1 블록체인의 암호화 기법

블록체인의 기술적 정의는 다음과 같다.

「블록체인은 P2P(Peer-to-Peer) 분산원장으로서, 원장은 모두 암호화 되어 보호되며 추가만 허용하고 한번 기록된 정보는 변경이 불가능하다. 블록체인의 업데이트는 참여한 모든 노드들의 합의를 통해서만 가능하다.」

위의 정의를 키워드별로 살펴보면 블록체인의 이해에 도움이 될 것이다.

P2P는, 네트워크상에 중앙통제장치가 없고 모든 피어들이 직접 서로 소통하는 방식이다. 흔히 블록체인을 분산원장이라 한다. 분산원장distributed ledger이란, 모든 장부가 네트워크에 참여한 모든 피어에게 전파되고 각 피어가 전체 원장의 사본을 보유하는 형태이다. 이러한 원장이 암호화 되어 보호된다는 것은 원장을 위변조하지 못하도록 보안서비스가 제공된다는 뜻이다. 암호화 기법은 데이터를 암호화encryption 하거나 복호화decryption 하는 알고리즘이며, 복호화를 위해서는 반드시 비밀키가 필요하다. 사토시가 발명한 비트코인[1]은 머클트리merkle tree, 해시함수hash function, 디지털서명digital signature, 비대칭암호화asymmetic cryptograpy(공개키암호화 public key cryptography라고도 한다) 등 수십년간에 걸쳐 연구되어 온 암호학 이론을 기반으로 하고 있다. 또한 비트골드(bit gold, 닉 사보가 1998년 만든 스마트계약 기반의 암호화폐, 실제 현실화 되지는 못했지만 비트골드와 비트코인은 매우 유사한 원리와 구조를 갖고 있다), 비머니(B-money, 웨이 다이Wei Dai가 1998년 11월에 고안한 암호화폐로써 실제 구현은 안됐지만 비트코인 백서에 인용되었다), 해시캐시(hashcash, 1997sus 아담 백Adam Back이 고안한 작업증명PoW시스템, 아담 백이 고안한 작업증명 시스템은 1998년 웨이다이의 비머니에서 채택 되었다, 이후 사토시 나카모토는 비트코인의 채굴 알고리즘 방식으로 해시캐시가 제안한 작업증명 방식을 채택 하였다), 타임스탬프(timestamp, 둘 이상의 데이터의 생성시각이나 수정시각을 비교하여 전자기록물의 진본성 및 유효성을 입증

1) 대문자로 시작하는 비트코인Bitcoin은 블록체인 프로토콜을 말하는 것이고, 소문자로 시작하는 bitcion은 사토시의 프로토콜에 의해 발행 된 암호화폐를 일컫는 것이다.

하기 위해 주로 사용한다) 등의 기술과 개념이 비트코인 발명의 토대를 제공했다고 할 수 있다.

그림 134. 왼쪽부터 닉 사보Nick Szabo, 웨이다이Wei Dai, 아담 백Adam Back

이런 수십년간의 축적된 기술이 절묘하게 융합되어 세계최초 암호화폐인 비트코인이 탄생한 것이다. 이외에도 블록체인에는 부인방지non-repudiation, 데이터 무결성data integrity, 데이터 출처인증data origin authentication 등의 기술이 적용되었다. 그리고 추가만 허용하고 변경 불가능하다는 것은 데이터가 시간 순서에 따라 순차적으로 블록체인에 추가되기만 하며 일단 승인된 데이터는 변경이 불가능하다는 속성이다. 마지막으로 블록체인의 가장 중요한 속성 중 하나인 피어간의 합의에 의해서만 업데이트 할 수 있다는 것은, 블록체인 프로토콜에 정의된 기준에 따라 유효성검사를 거친 후 모든 참여 피어가 합의에 도달하여야만 블록체인에 대한 업데이트가 가능하다는 의미이다.

블록체인 원장 보호를 위한 보안서비스 중 데이터 출처인증data origin authentication은 정보의 출처가 명확히 확인됐음을 보장한다. 데이터의 출처가 확실히 입증되면 이후 데이터가 변경되지 않았다는 데이터 무결성을 보장할 수 있다. 여기에는 메시지 인증코드, 디지털 서명 등이 보편적으로 사용된다.

부인방지non-repudiation는 특정 활동이 발생했다는 명백한 증거를 제공하여 해당 노드가 자신의 약속이나 행위를 부정하지 못하도록 하는 보안서비스다. 부인방지 프로토콜의 기본 요구사항은 공정성, 효과성, 적시성이다.

많은 트랜잭션의 경우 당사자가 둘보다 많은 경우이므로, 양자간 부인방지 two-party non-repudiation 프로토콜과 함께 다자간 부인방지 MPNR, Multi-party Non-Repudiation 프로토콜이 사용되고 있다.

블록은 선택된 트랜잭션들을 함께 묶어 구성한 것이다. 트랜잭션transaction은 블록체인의 기본단위인데 한 주소에서 다른 주소로 값을 전송하는 이벤트를 기록한 것이다. 블록은 이러한 여러 트랜잭션과 이전 블록의 해시, 타임스탬프, 논스, 머클해시 등의 요소들로 이루어져 있다. 기원블록genesis block은 해당 블록체인에서 최초로 생성된 블록으로서 처음 시작될 때 하드코딩 된다. 블록체인 네트워크의 노드node는 트랜잭션을 제안하고 유효성검증을 할 수 있으며 채굴mining을 수행하기도 한다. 또한 노드는 트랜잭션 서명기능을 수행한다. 노드는 먼저 트랜잭션을 생성한 다음, 해당 노드가 자산의 정당한 소유자이고 블록체인 네트워크상의 다른 노드에게 전송하려 한다는 것을 증명하기 위해 개인키private key를 사용하여 디지털 서명을 할 수 있다.

비트코인은 컴퓨터 프로그래밍에 의한 코드의 조합이며, 블록체인은 비트코인을 프로그래밍하기 위한 알고리즘으로 처음 세상에 등장했다.

블록체인은 분산공개원장 개념으로 네트워크의 모든 트랜잭션에 대해 타임스탬프에 따른 순서를 부여한다. 한번 승인된 트랜잭션의 내용은 변경 불가능하다. 각 블록은 고유한 해시값으로 식별되며, 이전 블록의 해시값과 연동됨으로써 상호 연결된다.

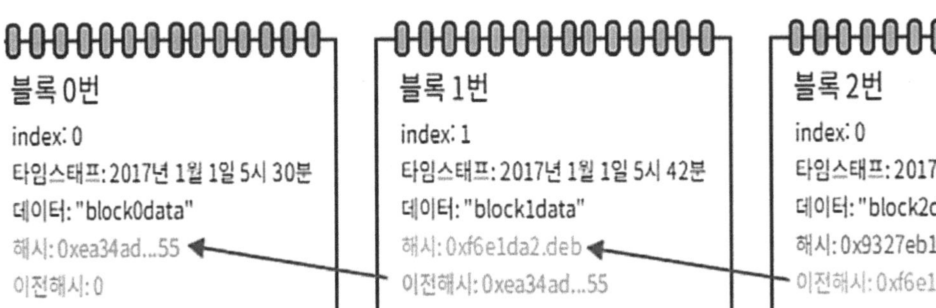

그림 135. 블록의 연결과정 그림출처 : Steemit

3.4.2 블록의 구조와 채굴

블록의 구조와 사용되는 용어를 좀 더 자세히 살펴보면 다음과 같다.

	용어	사이즈	역할
블록헤더	버전	4byte	블록의 버전을 나타내며, 유효성검사 규칙을 결정한다.
	이전블록헤드해시	32byte	직전 블록헤더의 이중 SHA−256해시값이다.
	머클해시	32byte	해당 블록에 기록된 모든 트랜잭션으로 구성된 머클트리의 해시값이다.
	타임스탬프	4byte	블록생성시각을 유닉스시간(Unix Time)형식으로 나타내는 필드이다. 1970년 1월 1일 자정부터 경과한 시간을 초단위로 계산한 값이다.
	난이도 목표	4byte	블록의 현재 난이도 목푯값이다.
	논스	4byte	생성되어 한 번만 사용되는 수다. 채굴자가 난이도 목푯값보다 낮은 해시값을 찾기 위해 반복적으로 변경하는 임의의 수이다. 최초의 0부터 시작하여 조건에 맞는 해시값을 찾을 때까지 1씩 증가시켜 나간다.
	블록해시	32byte	블록헤더의 6가지 정보를 입력값으로 하고, 이것을 SHA−256함수를 2회 적용해서 계산한 해시값이다. 블록 전체를 해시한 값이 아니라, 블록헤더를 해시한 값이다.
블록바디	트랜잭션 카운트	1~9 byte	블록의 모든 트랜잭션의 수와 코인베이스 트랜잭션을 포함한다.
	트랜잭션들	가변 길이	블록에 포함된 모든 트랜잭션

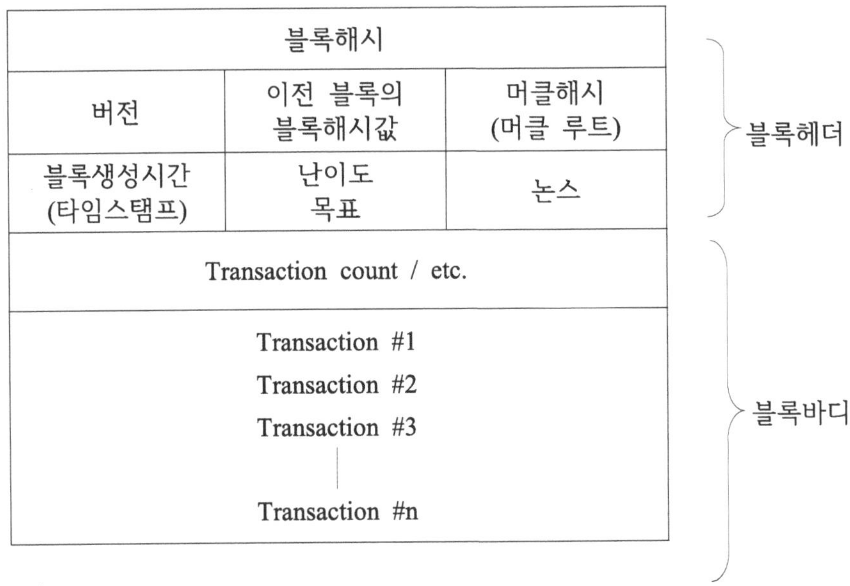

블록의 구조 :
하나의 블록은 헤더와 바디로 구성되며, 헤더에는 해당 블록의 속성이 기록되고 바디에는 10분간의 거래내역 정보가 모두 기록된

블록바디에 기록되는 모든 거래transaction는 마치 토너먼트를 하듯 두 개씩 묶여 해시화(암호화)되며 이러한 해시값들이 나무타고 오르듯이 제2, 제3의 해시값을 발생시킨다. 결국 최종 하나의 해시값으로 요약되고, 이 최종 블록바디의 해시값이 블록헤더의 머클루트란에 입력된다. 이러한 구조를 머클트리 구조라 한다.

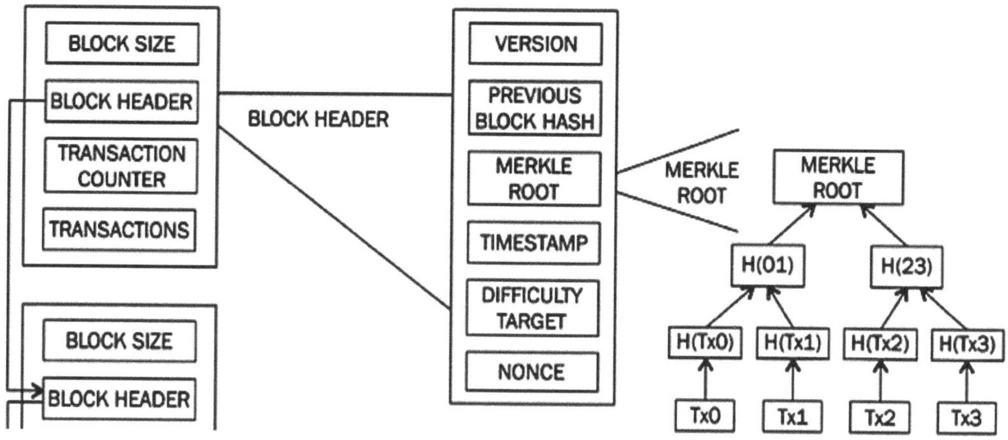

그림 136. 블록헤드에 포함되는 내용

그림의 구조를 보면 알 수 있듯이 블록체인에 기록된 전체 데이터 중에서 어떤 데이터를 조작하더라도 해시값의 불일치가 발생하여 부정행위를 즉시 발견할 수 있으며, 모든 데이터의 해시값이 연동되어 있으므로 불법적인 방법으로 동시에 해시값을 변경하기는 어렵다.

블록체인은 이와 같은 방법을 통해 데이터 전체의 무결성을 유지한다. 하지만 이 방식은 기존에 존재하던 'Time－Stamp'기술방식과 동일한 알고리즘으로, 이것을 특별히 '블록체인'기술이라 하기는 무리이다.

‖ 블록 높이와 채굴난이도

블록체인은 이전 블록헤더의 해시를 이용하여 각 블록이 이전 블록에 연결되어 있는 형태이다. 이런 연결로 인해 어떤 트랜잭션을 고치려면 고칠 트랜잭션을 포함하는 블록과 이 트랜잭션에 연동된 모든 블록을 고치지 않으면 수정이 불가능하다. 이러한 트랜잭션은 성공적인 작업증명 PoW을 거쳐 논스를 구해야만 트랜잭션과 블록을 블록체인에 추가할 수 있다. 블록 높이 block height란 블록체인에서 특정 블록 앞에 있는 블록 수인데, 비트코인의 실시간 블록 높이는 https://btc.com에서 확인할 수 있다.

Latest Blocks

Height	Relayed By	Size(B)	Reward	Time
664,274	BTC.com	1,152,723	6.44592899 BTC	7 minutes ago
664,273	F2Pool	1,293,839	6.84550533 BTC	10 minutes ago
664,272	58COIN&1THash	1,313,458	6.51934836 BTC	23 minutes ago
664,271	F2Pool	1,119,904	6.37641822 BTC	27 minutes ago
664,270	SlushPool	1,121,726	6.46768911 BTC	28 minutes ago
664,269	F2Pool	1,292,319	6.51134981 BTC	30 minutes ago
664,268	58COIN&1THash	1,476,218	6.85264429 BTC	32 minutes ago
664,267	Binance Pool	1,346,740	7.13182739 BTC	33 minutes ago

그림 137. 비트코인의 실시간 높이. **자료출처 : https://btc.com**

이 글을 쓰고 있는 2021년 1월 3일 밤 7시 기준 664,274블록인 것을 확인할 수 있으며, 지난 2020년 5월 11일(UTC기준) 비트코인은 세 번째 반감기가 실행되어 채굴보상이 12.5BTC에서 6.25BTC로 줄어들었다.

비트코인은 새로운 블록이 약 10분마다 블록체인에 추가되도록 유지하기 위해 매 2016블록(약2주)마다 난이도를 평가 후 유동적으로 조정한다. 난이도는 무작위로 논스값을 대입하여 해당 블록의 해시값을 찾는 것이 얼마나 어려운가를 나타내는 수치이다. 이때 새로운 블록의 생성 시간이 평균 10분보다 짧으면 채굴난이도가 높아지고, 평균 10분보다 길다면 채굴난이도가 낮아지는 방식으로 작동한다. 비트코인 채굴난이도는 최초에는 1이었고, 2020년 4월 21일 기준으로 약 15조 9천 500억 정도이다.

비트코인의 채굴난이도는 다음 식으로 계산된다.

$$\text{난이도(목푯값)} = \frac{\text{이전난이도} \times \text{블록평균생성시간}}{2016 \times 10\text{분}}$$

‖ 무효블록Stale block

A와 B(또는 둘 이상)의 채굴자가 동시에 논스를 찾아 블록을 생성하는 경우에 발생 할 수 있는 형태이다. 이 경우 A, B 둘 다 유효한 작업증명으로 인정받아 각각 새로운 블록을 생성한다. 채굴자가 유효한 블록 생성에 성공하면 즉각적으로 이 사실을 네트워크상에 전파하게 된다. 이 경우 네트워크 내에서 순간적으로 두 가지 다른 업그레이드 버전이 노드들에게 전파되는 것이다.

이 시점부터 둘 중 어느 노드가 더 빨리 새로운 블록을 자신에게 추가하는가 하는 치열한 경합이 시작된다. 순간적으로나마 블록체인 네트워크 내에 상이한 두 가지 업그레이드 버전이 전파되고, 노드들은 둘 중 하나를 선택하여 채굴을 진행하는 비정상적인 상황이 발생하는 것이다.

그러나 두 노드가 처한 지리적 여건, 인터넷 속도 등 환경적인 변수에 따라 블록체인 네트워크 내에서 전파속도가 미세하게나마 다를 수 있고 간혹 예상 못한 이유로 데이터 전송이 지연되는 경우도 있다. 분명 둘 다 유효한 블록을 생성했지만 오직 하나만 살아남아서 활성화 되는 것이다.

이 중요한 순간에 만약 B로부터 업데이트 받은 제3의 채굴자가 다음 블록 생성에 성공한다면 어떻게 될까?

그 노드는 자신의 블록을 네트워크에 업데이트한 후 즉각적으로 이 사실을 모든 노드들에게 전파할 것이다. 이 사실은 순식간에 A블록에 근거하여 채굴중인 노드들에게도 전파될 것이고, 이후 모든 노드들은 B의 체인에 블록을 추가할 것이다. 이렇게 하여 B의 체인은 메인체인으로 활성화 되고 A의 블록은 무효블록Stale block이 되어 소멸 된다. 즉 A의 블록은 잠시 블록체인의 일부가 되었지만 곧 무효처리 되는 것이다.

이때 비활성화 되어 무효블록으로 확정된 A체인에 속한 블록들의 트랜잭션들은 어떻게 될까?

해당 트랜잭션들은 mempool[1)]에 저장되었다가 무효블록으로 확정되면 메인체인으로 이관되어 트랜잭션이 진행된다.

무효블록은 일반적으로 네트워크 내에서 심각하게 받아들여지지는 않지만 때로는 네트워크를 공격하거나 부정행위가 발생 할 수 있는 여지를 제공하기도 한다.

예를 들어 어떤 송금자가 무효블록을 통해 송금한 상황이 벌어졌다고 하자. 그러면 이 거래기록은 해당 블록이 무효화 되고 트랜잭션이 메인체인으로 이관되기 전에, 동일한 자금을 사용하고자 하는 두 번째 거래를 보증하는

1) mempool은 블록체인에서 유효성을 인정받은 트랜잭션들이 거래가 확정되기 전에 대기하는 공간이다.

용도로 악용 될 여지가 있는 것이다. 물론 무효블록이 발생하는 상황은 지극히 드물지만 이것이 기술적으로는 가능하므로 주의 할 필요가 있다.

‖ 고립블록Orphan block

orphan의 사전적 의미는 '고아'이다. 이름에서 알 수 있듯이 고립블록(고아블록)은 기원을 알 수 없는 블록이다. 비트코인 백서에 따르면 '고립블록은 이전 hash field points를 알 수 없는 블록이다. 따라서 이 블록은 유효하지 않다'라고 규정한다. Bitcoin에서 고립블록은 메인체인으로부터 거부당하였거나 메인체인의 일부가 아닌 블록을 일컫는다.
고립블록도 표면적으로 둘 또는 그 이상의 채굴자가 거의 같은 시간에 새로운 블록을 생성 할 때 발생한다. 여타의 블록과 마찬가지로 고립블록도 생성 시점에는 적법하고 유효하다고 승인 받은 것이었다. 그러나 그 이후로 네트워크 내에서 배척당하여 결국 소멸 된다. 고립블록은 메인체인과 분리되어 있어서 분리블록Detach block이라고도 불린다. 그렇다면 네트워크는 어떻게 고립블록임을 결정하는가?

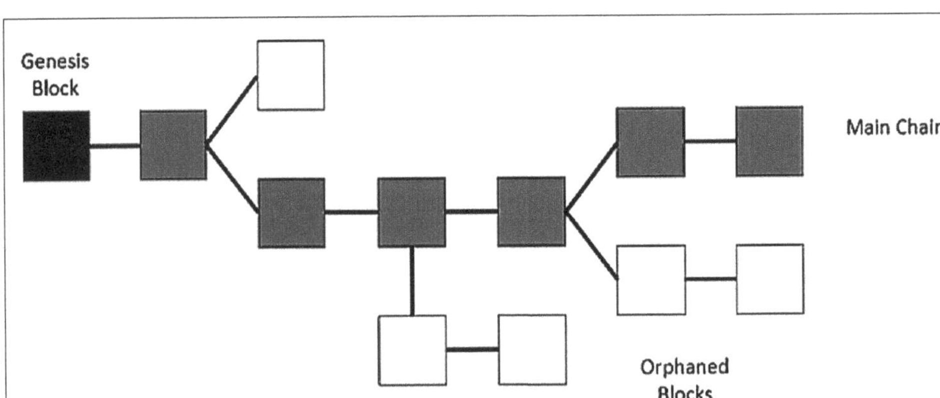

그림 138. 고립블록.
자료출처 : https://micobo.medium.com/april-2018-3f575ef0cb31

위 그림을 보면 고립블록이 무효블록과 같은 형태임을 알 수 있다. 물론 두 블록 모두 메인체인에서 벗어난 짧은 체인에 속한다는 것은 동일하다. 그러나 블록의 내면을 들여다보면 분명한 차이가 있다.

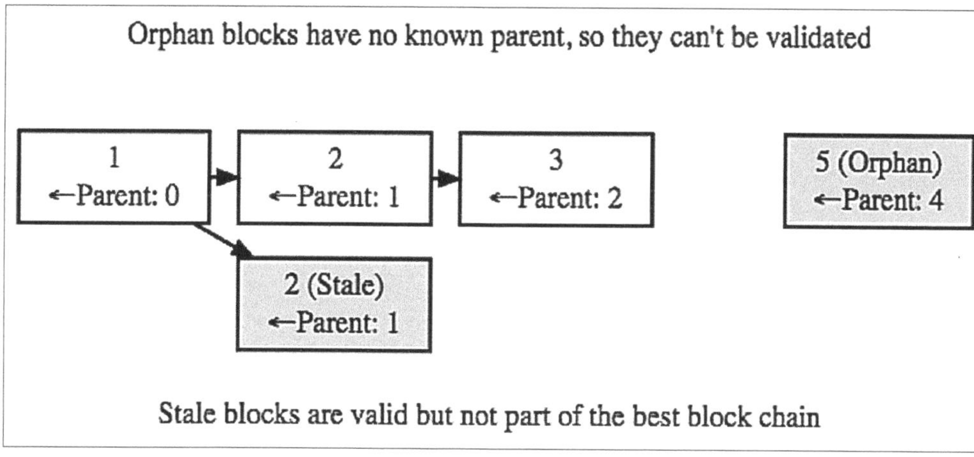

그림 139. 고립블록과 무효블록 비교
자료출처 :
https://medium.com/@blockchain101/confirmation-times-stale-blocks-reverse-transaction-double-spending-and-the-51-attack-in-simple-bd65a32d32b3

무효블록은 네트워크 내에서 빠르게 메인체인을 형성하지 못한 탓에 소멸되지만(환경적 요인이 큼), 고립블록은 네트워크 내에서 배척당하여 소멸된다(블록의 기원을 알 수 없는 비정상적인 블록으로 판정 됨). 즉 무효블록은 정상적인 상황에서 다른 블록과의 경쟁에서 압도당한 것이지만, 고립블록은 태생적으로 비정상적인 블록인 것이다.

채굴자가 새로운 블록을 생성하면 이전 블록에 추가하여 연결하게 되는데 만약 고립블록에 연결한다면 결과적으로 채굴에 따른 보상을 받지 못하게 된다. 따라서 그 기원(이전 해시필드 포인트)을 알 수 없는 블록은 고립블록으로 간주되고 네트워크 내에서 배척당하게 된다.

또한 블록체인 네트워크는 고립블록의 수가 많아지면 '51% 공격', '이중 지불 문제'와 같은 위험이 발생 할 수 있는 잠재적 가능성에 대해서도 주목하고 있다.

이런 위험성 때문에 https://www.blockchain.com/charts/n-orphaned-blocks 에서는 매일 고립블록의 발생여부를 공개하고 있다.

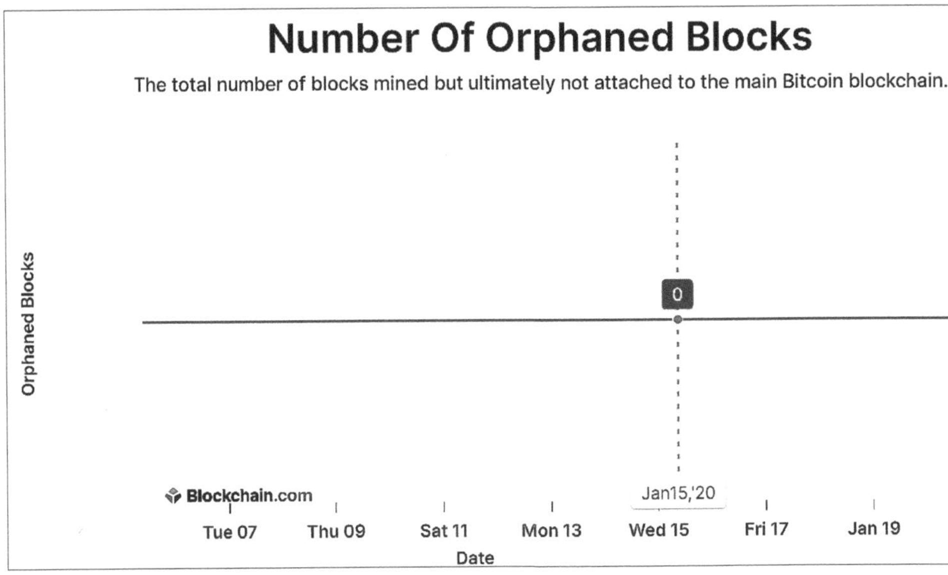

그림 140. 고립블록 발생 상황.
자료출처 : https://www.blockchain.com/charts/n-orphaned-blocks

3.4.3 트랜잭션 과정과 분산원장 기술

블록을 생성하는 일반적인 과정은 다음과 같다.

먼저 노드가 개인키를 생성한 후, 이 개인키로 디지털 서명하여 트랜잭션을 시작한다.

트랜잭션은 플러딩 프로토콜flooding protocol[1]에 의해 미리 설정된 기준에 따라 트랜잭션의 유효성을 검증하는 피어들에게 전파된다. 트랜잭션이 유효하다고 검증되면 블록에 포함되어 네트워크상에 전파되는데 이 시점부터 승인된confirmed 트랜잭션으로 인정받는다.

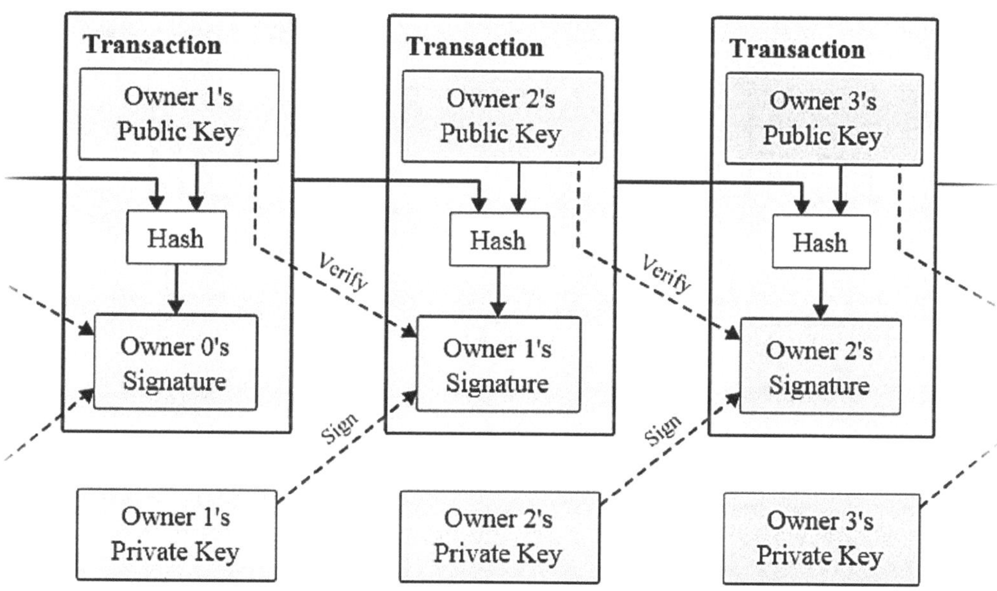

그림 141. 트랜잭션 흐름도

자료출처

https://www.spatialsource.com.au/surveying/sweden-plans-to-adopt-blockchain-for-land-transactions

1) 플러딩이란 어떤 노드에서 온 하나의 패킷을 네트워크에 접속되어 있는 다른 모든 노드에게로 단순하게 복사하여 전송하는 무제어 포트 배정 방식이다.

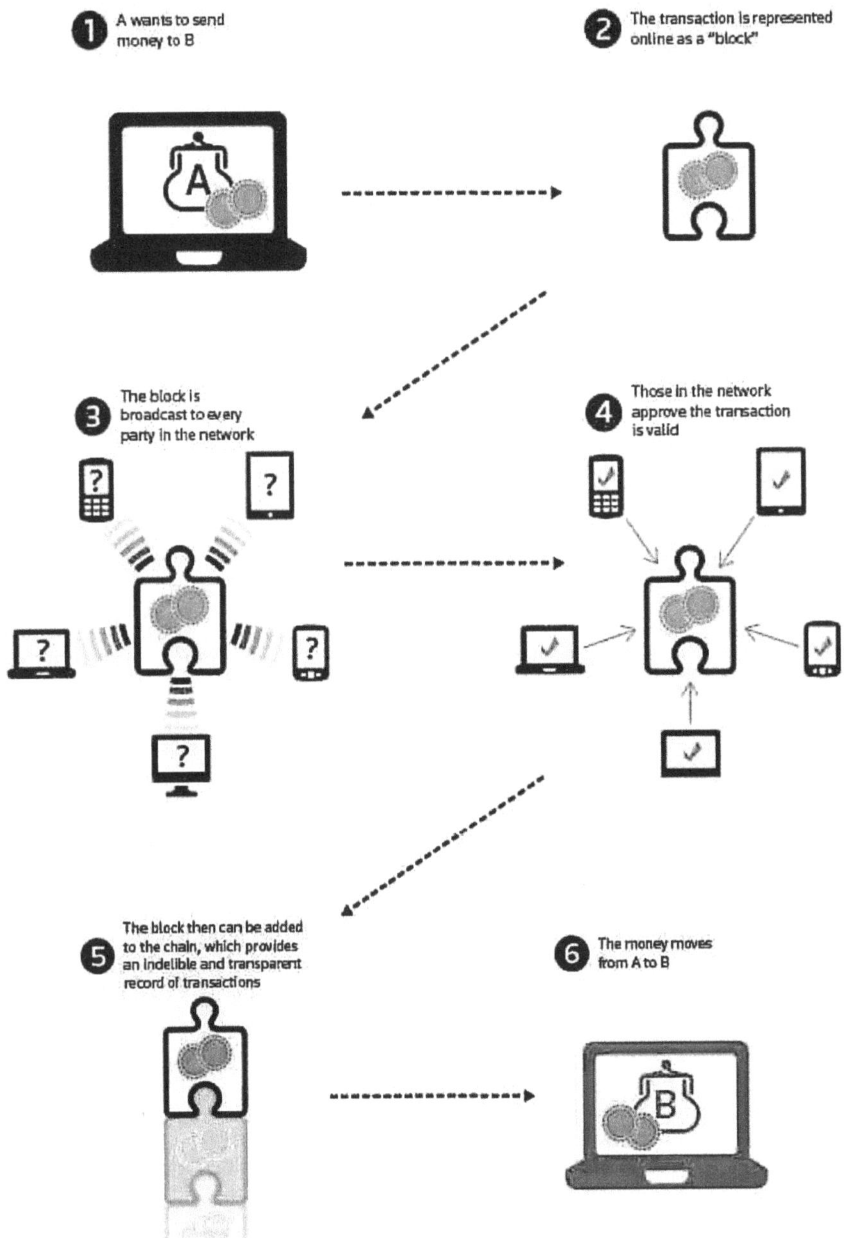

그림 142. 블록체인 트랜잭션 유효성 검증 과정
https://7altcoins.com/academy/blockchain-development-and-programming-tutorial-for-beginners/

이 트랜잭션을 포함하여 새로 생성된 블록은 원장의 일부가 된 것이고 그 다음 블록은 이 블록에 암호화 되어 링크된다. 이때 앞에 승인된 트랜잭션은 두 번째 승인을 받게 되고, 이 트랜잭션을 포함하는 블록은 첫 번째 승인을 받게 된다. 이렇게 새로운 블록이 생성될 때마다 트랜잭션이 재승인되는데, 비트코인 네트워크에서는 트랜잭션이 최종 확정됐다고 인정받으려면 여섯 번의 승인이 필요하다. 이렇게 확정된 모든 트랜잭션은 암호화 되어 보호되므로 높은 보안성과 네트워크 무결성을 확보하게 된다. 하지만 블록체인이 지닌 태생적 문제는 있다. 최초 제네시스 블록이 생성되고 여섯 번의 승인을 거치는 동안, 정보의 입력단계에서 거짓 정보를 입력한다 할지라도 블록체인의 수정불가 원칙에 따라 블록체인 시스템이 그 거짓정보가 변경되지 않도록 오히려 보호해 준다는 것이다. 즉 블록체인은 한번 등록된 정보가 변경이나 수정되지 않았음을 보장하는 시스템이지 애초의 정보가 진실하다는 것을 보장하는 것은 아니다. 이는 블록체인 자체의 문제이다. 이처럼 블록체인은 현실과 만나는 지점에서 거짓정보에 가장 취약한데 이를 '최초 1마일 문제'라고 한다.

블록체인 기술은 지난 수년간 진화와 발전을 거듭해 왔는데, 이러한 기술적 진화 및 활용의 관점에 따라 다양한 유형의 블록체인으로 분류할 수 있다. 먼저 모든 블록체인은 기술적으로 보면 공유 데이터베이스나 분산원장에 속한다. 그러나 모든 분산원장이 블록체인인 것은 아니다. 블록체인은 계속 길어지는 트랜잭션 블록으로 구성되는 특이한 유형의 공유 데이터베이스이지만, 분산원장은 이처럼 계속 길어지는 트랜잭션 블록으로 반드시 구성될 필요는 없다. 아이러니한 점은 지난 몇 년 동안 블록체인 기술을 가장 적극적으로 연구하고 도입에 앞장서는 영역이 바로 금융업계라는 점이다. 은행과 같은 중앙통제기관을 없애고자 했던 사토시가 이 상황을 어떻게 바라보고 있을지 궁금하다.

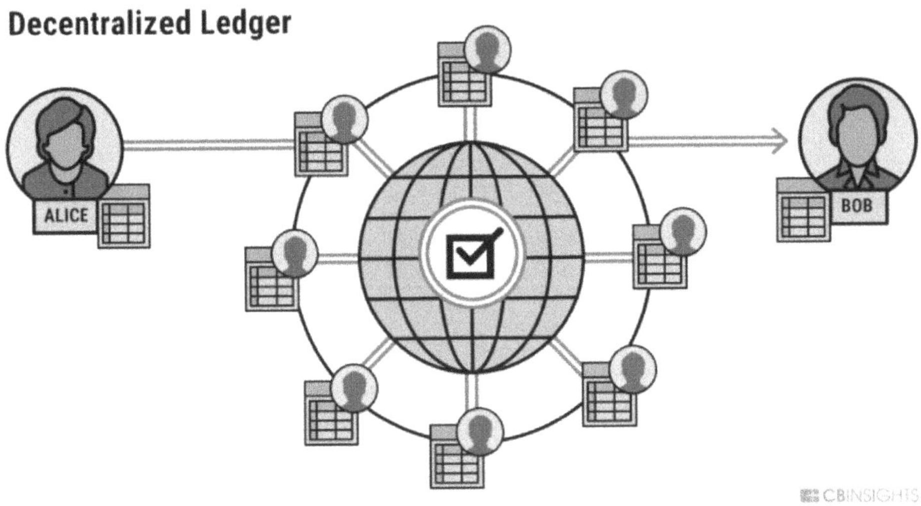

그림 143. 단순한 분산원장. 분산원장이 반드시 블록체인 네트워크일 필요는 없다.
자료출처 : https://www.cbinsights.com/research/what-is-blockchain-technology/

금융업계에서 블록체인 기술을 설명할 때 일반적으로 분산원장 또는 분산원장기술(DLT, Distributed Ledger Technology)이라는 용어를 사용한다. 금융업계의 비즈니스 입장에서 유용한 분산원장기술은, 참여자가 누구인지 알고 있는 상황에서 참여자간 공유가 일어나는 허가형 블록체인permissioned blockchain이다. 이러한 분산원장기술에는 암호화폐가 없거나 있더라도 채굴과정이 필요하지 않다. 허가형 원장permissioned ledger은 네트워크의 참여자를 사전에 알고 있고 상호 신뢰하는 형태의 블록체인이다. 이러한 허가형 원장에서는 분산합의 메커니즘이 필요 없다. 허가형 블록체인이 반드시 사설 블록체인private blockchain일 필요는 없으며 공용 블록체인public blockchain이라 할지라도 접근제어를 하면 허가형 블록체인이 된다. 조금 전 언급한 사설블록체인은 원장을 공유하기로 협의된 컨소시엄이나 그룹, 회원에게만 공개하는 블록체인이다. 반면 공용 블록체인은 원장이 일반 대중에게 공개되어 있으며 누구나 노드로서 참여 할 수 있다. 공용블록체인과 같은 비허가형unpermissioned 원장의 모든 네트워크 참여자는 원장의 사본을 보관하고 분산합의 메커니즘에 참여하여 원장의 최종상태를 결정할 수 있다. 사유블록체인proprietary blockchain은 블록체인 기술의 핵심인 탈중앙화에서 벗어난 개념이므로 주류는 아니다. 이는 조직 내의 특수한 상황에서 데이터의 공유 및 신뢰성을 보장해야 하는 경우에 활용할 수 있다.

비토큰식 블록체인tokenless blockchain은 값을 전송하는 장치가 없는 형태로 설계된 것이다. 노드 간에 값을 전송할 필요가 없고 정보만 공유하면 될 때 유용한 방식이다. 이는 사설 블록체인과 비슷한데 토큰사용이 필요 없다는 것이 유일한 차이점이다. 불변성, 보안성, 합의기반 업데이트 등의 이점만 있으므로 일반적인 블록체인에서는 사용하지 않는다.

이에 비해 토큰식 블록체인tokenized blockchain은 채굴 또는 초기분배를 통한 합의 프로세스의 결과물로 암호화폐를 생성하는 일반적인 블록체인이다.

3.4.4 블록체인의 합의 알고리즘

블록체인기술에서 중요한 개념인 합의 알고리즘은 구현하고자 하는 블록체인의 유형에 따라 다르게 선택된다. 여기서 '합의consensus'의 의미는 신뢰하지 못하는 노드들 간에 데이터의 최종상태를 일치시켜나가는 과정을 의미한다.

다수의 노드가 참여하는 분산시스템에서 하나의 값에 합의하기는 상당히 어렵다. 이때 일부 노드에 장애가 발생하더라도 전체 노드들 간에 일치하는 값을 얻는 과정을 '분산합의distributed consensus'라고 한다. 그리고 분산합의 과정을 통해, 네트워크상에 악의적인 노드(비자틴노드)가 있더라도 합의 알고리즘이 작동되어야 하는데 이를 '결함허용fault tolerant'이라고 한다.

블록체인 시스템은 수많은 노드가 P2P네트워크로 연결되어 트랜잭션을 처리하고 기록하는 '분산원장시스템'이다. 시스템 내의 모든 원장에는 동일한 거래내용이 기록 되어야 하고, 모든 노드들이 동일한 원장을 공유하도록 하는 것이 블록체인에서의 합의 알고리즘이다. 이러한 합의 알고리즘으로 가장 대중적으로 사용되는 방식은 작업증명(PoW, Proof of Work), 지분증명(PoS, Proof of Stake), 위임지분증명(DPoS, Delegated Proof of Stake), 활동증명(PoA, Proof of Activity), 평판기반 메커니즘(reputation-based mechanism)등이 있다.

‖ 작업증명 PoW, Proof of Work

작업증명방식의 기본개념은 1993년에 신시아 드워크(Cynthia Dwork) 하버드대 교수와 모니 나오르(Moni Naor) 바이츠만 과학연구소 교수에 의해 처음 제시되었다. 이후 2004년에 할피니(Hal Finney)의 재사용가능한 작업증명 RPoW을 거쳐 2008년에 이르러 사토시 나카모토가 논문 <Bitcoin : A Peer-to-Peer Electronic Cash System>에서 비트코인에 적용하며 대중에게 널리 알려진 합의 알고리즘이다. 비트코인, 라이트코인Lite Coin, 이더리움 등 여러 암호화폐 블록체인에서 사용되는 대표적인 합의 알고리즘 방식이라 할 수 있다. 이 방식은 네트워크에서 수용할 값을 제안하기 전에 충분한 컴퓨팅 파워, 전기, 시간, 리소스 등을 소모했음을 입증하므로 써 네트워크의 유지에 기여했음을 인정받고, 그에 대한 보상을 받는 방식이다. 현재로서는 시빌공격Sybil Attack 같은 블록체인 네트워크에 대한 공격에 대비해 가장 완벽에 가까운 방어방법으로 인정받는 알고리즘이다.
비트코인이 채택한 작업증명의 암호퍼즐(Nonce)을 찾는 과정을 수학적으로 살펴보면, '현재 최신 블록의 해시값(H_1)과 새롭게 등록될 데이터(D_1, D_2, ⋯, D_n)들의 해시값(H_2), 그리고 임의의 값(Nonce)을 해시함수에 입력하여 얻은 출력값이 목푯값(K)보다 작아지도록 하는 임의의 값(Nonce)을 찾는 과정'이다.

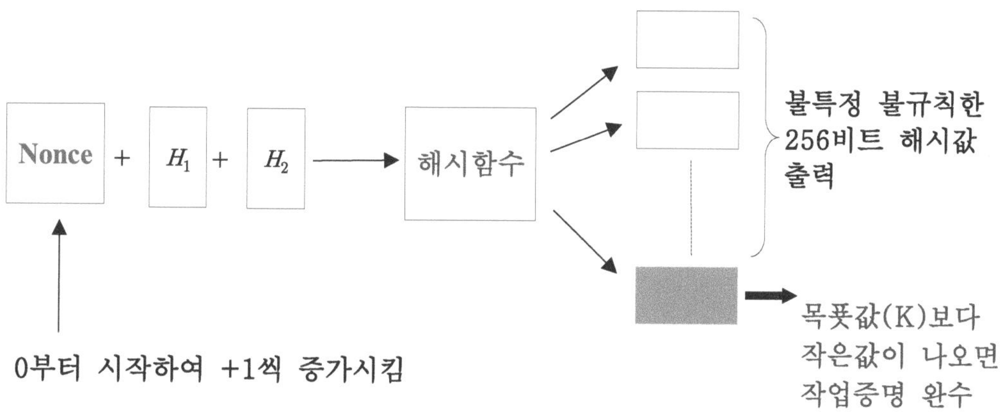

그림 144. 논스를 구하는 과정

논스Nonce는 블록체인에서 새로운 블록을 생성하기 위한 퍼즐의 해답이라 할 수 있다. 채굴노드가 논스를 찾아내야 정당성이 입증되고, 이 블록은 네트워크에 추가 되며 이에 따른 보상도 받게 된다. 논스는 '단 한번 사용되는 숫자 Number used Once'라는 의미로, 논스가 바뀔 때마다 블록헤더의 해시값도 다시 계산 된다. 이렇게 발견된 논스는 이전 블록 해시값과 함께 결합되어 새로운 블록의 해시값이 된다.
직전 블록과 최신 블록은 논스를 매개로 하여 서로 체인으로 연결된다. 따라서 피어들은 최신 블록을 역추적해 첫 번째 블록까지 갈 수 있고, 지난 블록들에서 어떤 거래가 진행 되었는지 모두 살펴 볼 수도 있다.

$$H\,(N \| P\_hash \| Tx \| Tx \| Tx\ldots \| Tx\,) < Target$$

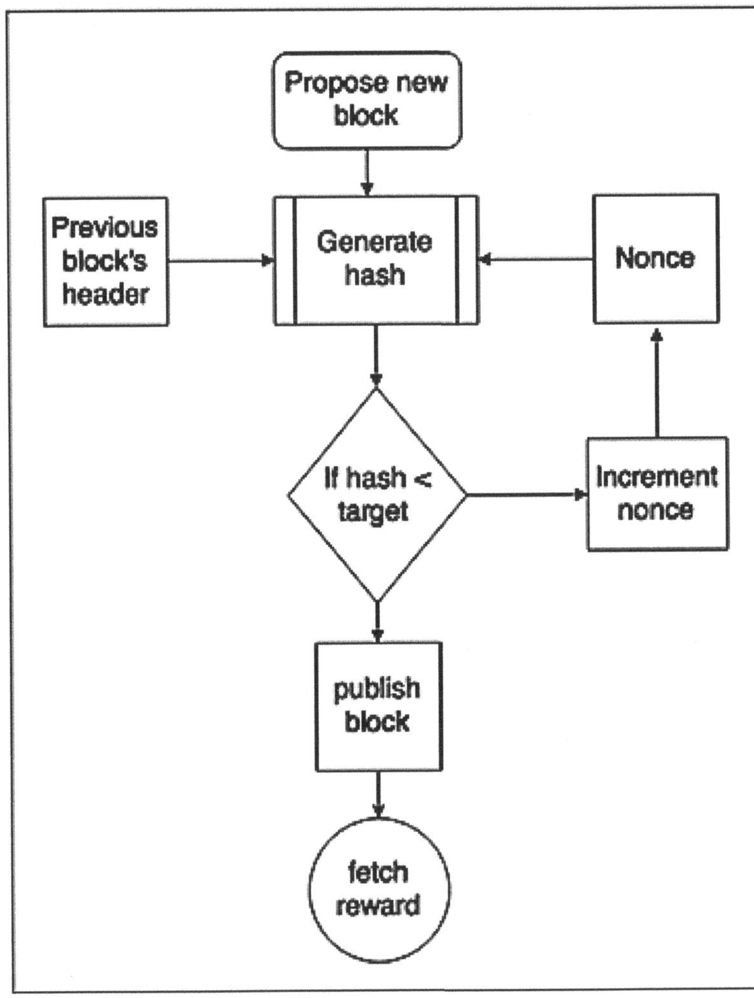

그림 145. 논스를 구하는 순서도

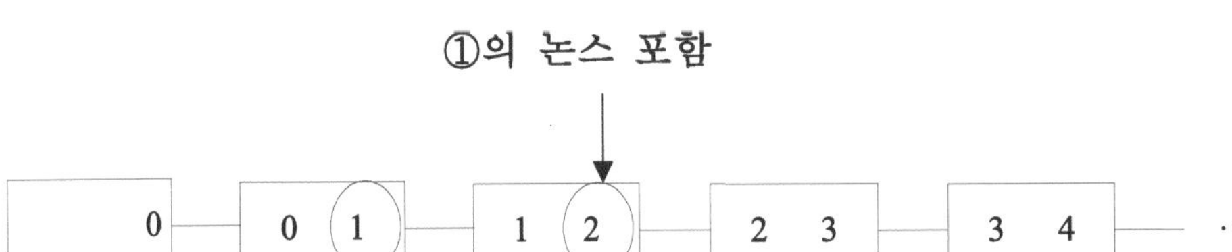

블록의 앞뒤로 역추적하여 전체 내용의 위변조 여부를 실시간으로 확인이 가능하며, ①을 해킹하더라도 ②의 논스로 인해 경보가 즉각 발동되는 구조이다.

논스를 찾는 것은 어렵지만, 이 값이 맞는지 여부를 확인하는 것은 역함수 기법을 활용하여 매우 간단하게 확인할 수 있다. 이처럼 작업증명방식의 가장 큰 장점은 보안성에 있는데, 악의적인 공격자가 블록체인 시스템을 공격하기 위해서는 전체 네트워크 참여노드의 51% 이상을 장악해야 하는데 이는 불가능에 가깝다. 그러나 이로 인한 문제점도 상당하다. 논스를 찾는 과정의 난이도 탓에 트랜잭션 속도가 매우 느리게 진행된다. 그뿐 아니라 동시에 두 명 이상이 논스를 찾을 경우 포크가 일어나는 상황이 발생 할 수 있다. 또한 논스를 찾는 단순반복 작업을 위해 소모되는 전력과 컴퓨팅 비용, 거래 속도 문제 등은 계속해서 지적되고 있는 문제점이다.

‖ 지분증명 PoS, Proof of Stake

지분증명방식은 해당 암호화폐의 보유량(지분율)에 따라 다음 블록을 생성할 수 있는 권한이 주어지는 방식이다. PoS는 작업증명방식의 에너지 소모 문제를 해결하기 위해 2012년 써니 킹(Sunny King)과 스캇 나달(Scoot Nadal)이 제안한 합의 알고리즘 방식이다.

작업증명과 마찬가지로 블록이 생성될 때 보상이 지급되는데, 지분증명에서는 지분에 대한 이자의 개념으로 보상이 지급되는 형태이다.

자산을 보유하고 있는 노드들은 자신이 합의하고자 하는 블록에 자신의 '자산내역증명 리스트'를 포함시키게 되는데, 이때 전체 지분율 대비 과반수 이상의 노드들이 동의하면 블록이 새롭게 생성된다.

얼핏 보면 지분증명방식이 자산을 많이 가진 노드에게 일방적으로 유리한 듯 보이지만, 내면을 보면 반드시 그런 것은 아니다. 그리고 PoS에서 중요한 개념 중 하나가 코인 숙성도coin age인데, 코인 숙성도는 코인의 보유기간과 코인 보유수에 따라 결정된다. PoS에서는 코인 숙성도가 높아짐에 따라 다음 블록을 제안하고 서명할 가능성이 증가한다.

기존 작업증명방식에서 51%의 해시파워를 갖기 위해 지불해야 하는 비용이 약 1조라면, 지분증명방식에서 전 세계 자산의 51%를 갖기 위해서는 약 100조 이상의 자금이 필요하다. 이렇게 100배가량 차이가 나기 때문에 지분증명방식이 오히려 중앙 집중화가 더욱 어렵다.

지분증명방식에서는 코인을 가진 노드라면 누구나 자유롭게 참여 가능하기 때문에 오히려 탈중앙화와 분산화가 더 잘 된다고 볼 수 있는 것이다. 지분증명방식은 지분을 가지고 있는 노드가 악의적인 시도를 통해 얻을 수 있는 이점보다 네트워크가 정상적으로 작동할 때 얻을 수 있는 이점이 더 크다는 아이디어에 따라 설계된 방식이다.

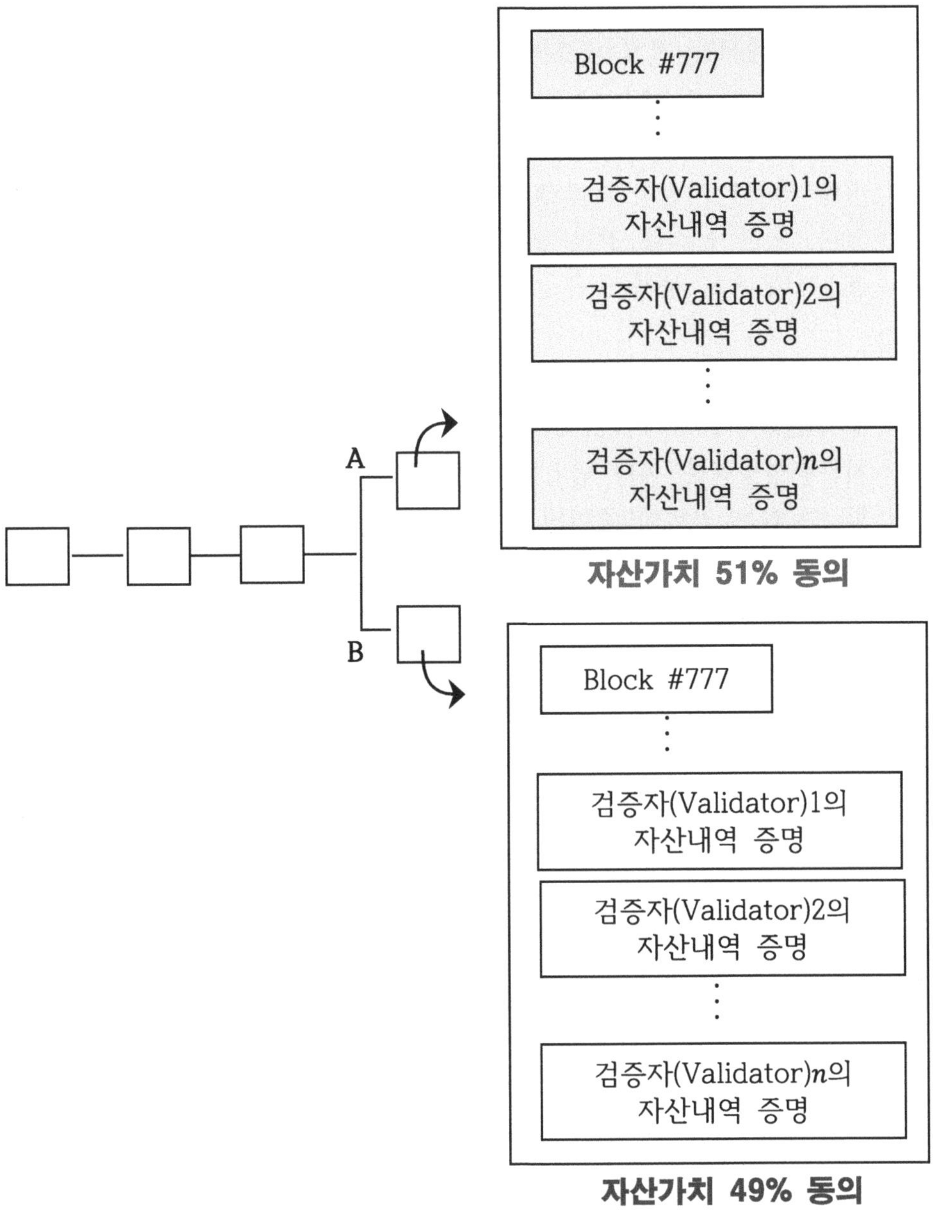

위의 경우 A라인으로 체인이 활성화되고, B라인은 향후에 A라인으로 합쳐진다.

그림 146. 지분증명방식 개념도

그러나 지분을 보유한 노드들의 무분별한 합의에 따른 부작용을 최소화하기 위한 방편으로 최근에는 '보증금'과 '벌금'제도를 두어 이 문제를 해결하려하고 있다.

피어코인PeerCoin, 네오NEO, 스트라티스Stratis 등이 이 방식을 채택하고 있다.

Ⅱ **평판기반 메커니즘** PoR, Proof of Reputation

시간이 경과하면서 쌓은 평판에 따라 리더를 선출하는 방식이다. 평판은 다른 멤버들의 투표를 근거로 한다.

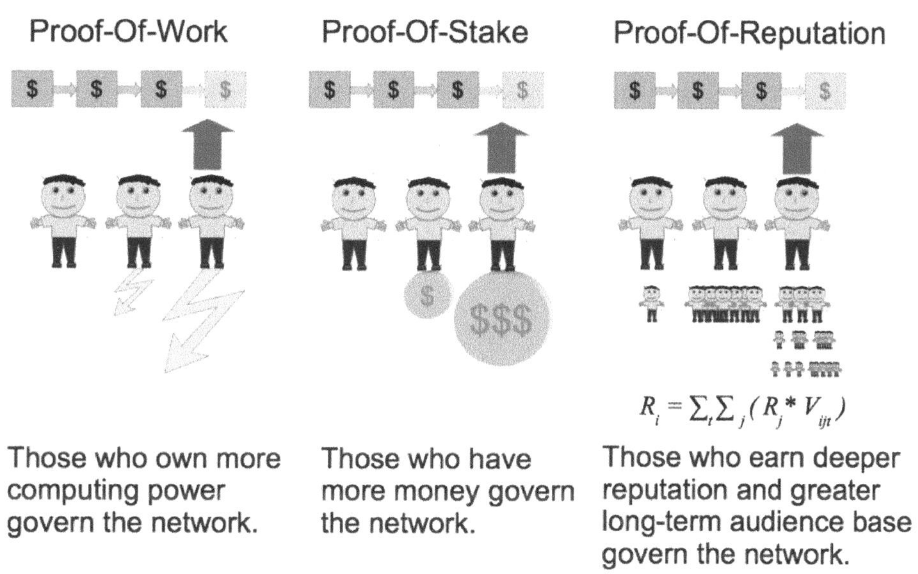

그림 147. PoW, PoS, PoR 비교
자료출처 :
https://steemit.com/blockchain/@aigents/proof-of-reputation-as-liquid-democracy-for-blockchain

Ⅱ **중요도증명** PoI, Proof of Importance

네트워크내에서 활동한 기여도에 따라 보상을 주는 방식이다. 보유한 지분이 많을수록 보상수준도 높아지는 것은 PoS와 같지만, 지분 이외에도 거래량과 신용도 등을 평가에 반영하여 보상을 진행하는 부분이 PoS와의 차이점이다.

Ⅱ **활동증명** PoA, Proof of Activity

PoS와 PoW를 조합한 합의알고리즘 방식이다. 이해관계자를 의사무작위 pseudorandom로 추출하지만, 코인을 더 많이 소유한 노드가 소유량에 비례하여 선택될 확률이 높도록 설계한다. 작업증명방식을 메카니즘의 첫 번째 단계에서만 사용하고, 그 다음 단계부터는 지분증명방식으로 전환한다. 이 방식은 에너지 소모량을 최소화하면서도 높은 수준의 보안을 달성한다는 장점이 있다.

Ⅱ **권한증명** PoA, Proof of Authority

주로 프라이빗 블록체인에서 채택하는 증명방식이다. 네트워크내에서 검증자로 권한을 위임받은 계정이 다른 노드들의 거래와 블록생성을 허가해주는 방식이다. 유효성 검사 시간을 줄일 수 있어 블록 생성 주기가 짧고, 트랜잭션을 빨리 처리 할 수 있는 장점이 있다. 하지만 블록체인의 근본정신인 탈중앙화와는 부합하지 않는 형태이다.

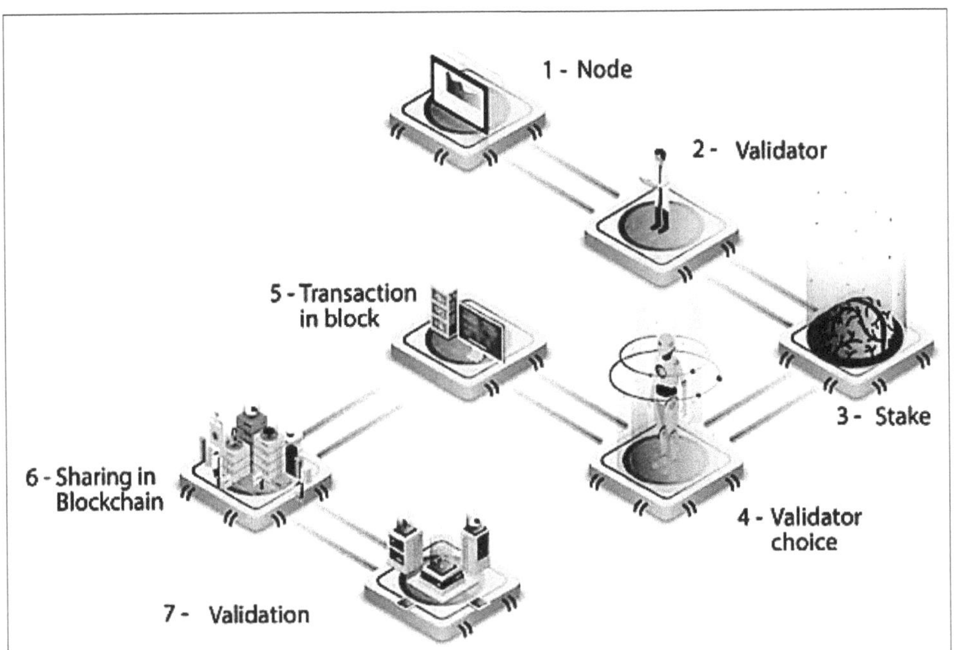

그림 148. 권한증명 개념도

자료출처 : https://affidaty.io/blog/en/2019/08/blockchain-proof-of-authority-poa/

3.4.5 블록체인기술은 CAP정리를 깨뜨렸는가?

CAP정리는 1988년 전산학자 에릭 앨런 브루어(Eric Allen Brewer, 1964~)가 가설로 내세운 명제로서, 브루어의 정리Brewer's theorem라고도 한다. 이 정리는 어떠한 분산컴퓨팅 시스템도 일관성Consistency, 가용성Availability, 분할허용성Partition tolerance이라는 세 가지 조건을 동시에 모두 만족시킬 수 없다는 정리이다. 2002년 낸시 린치Nancy Lynch와 세스 길버트Seth Gilbert가 CAP정리를 증명하므로써 이 정리는 사실로 입증되었다. 이 세 가지 성질을 하나씩 살펴보면 다음과 같다.

일관성 또는 정합성은, 분산시스템상의 모든 노드가 동일한 순간에 동일한 최신 데이터를 갖도록 보장하는 속성이다. 가용성은 시스템의 각 노드에서 데이터가 사용가능하고, 모든 요청에 노드들이 아무런 장애 없이 응답할 수 있다는 속성이다. 마지막 속성인 분할허용성 또는 분할내성은 네트워크 장애로 인해 노드간에 통신할 수 없거나 시스템 일부가 망가지더라도 분산시스템이 계속해서 올바르게 작동하도록 보장한다는 속성이다.

지금부터 분산시스템이 이상의 세 가지 속성을 동시에 만족하지 못한다는 사실을 확인하기 위해, 노드가 단 2개뿐인 분산시스템을 가정하여 세 가지 속성을 적용해보자.

먼저 일관성은, 두 노드가 동일한 시간에 동일한 최신 데이터의 사본을 가지고 있는 경우에 인정된다. 가용성은 두 노드가 모두 작동중이고, 최신 데이터 사본으로 응답할 수 있는 경우에 인정된다. 그리고 분할허용성은 두 노드간에 올바르게 통신 가능한 경우에 인정된다.

이제 분할(장애)이 발생하여 두 노드가 서로 통신할 수 없는 경우를 가정해 보자.

분할허용성은 장애가 발생해도 분산시스템이 올바르게 작동하도록 보장하는 속성이다. 그런데 새로운 업데이트가 한 노드에게만 전달되는 경우에 해당 노드가 이를 수용하면, 두 노드 중 하나만 업데이트되므로 일관성이라는 속성에 위배된다. 만약 업데이트를 전달 받은 임의의 한 노드가 응답하지 않으면 이번에는 가용성에 위배된다.

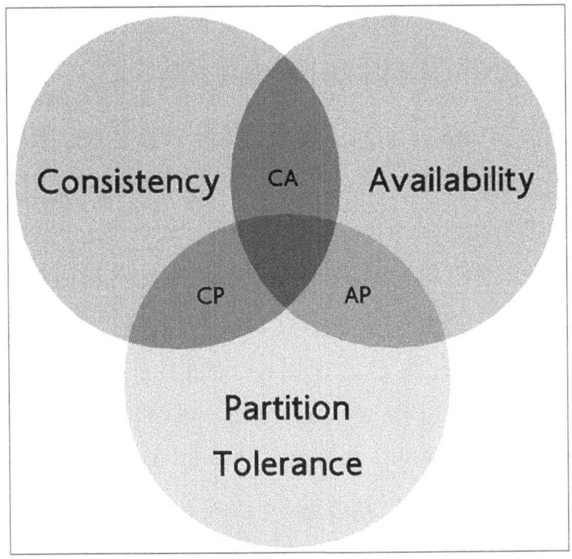

그림 149. CAP정리 개념도
https://www.stackchief.com/blog/CAP%20Theorem%20Explained

이와 같이 분할허용성으로 인해, 일관성과 가용성을 동시에 달성할 수 없게 되는 것이다. 그런데 블록체인에서는 이 세 가지 속성이 모두 달성되고 있다.

과연 블록체인 기술은 CAP정리를 넘어선 것일까? 답은 '그렇지 않다'이다. 그렇다면 왜 이런 착시현상이 발생하는 걸까? 먼저 블록체인에서 일관성은 합의 알고리즘을 통해 네트워크상의 모든 노드가 동일한 사본을 갖도록 보장함으로써 완성된다. 이를 상태머신복제state machine replication라고도 하는데, 블록체인 알고리즘은 상태머신복제를 달성하기 위한 수단인 것이다.

즉 블록체인 기술은 CAP정리를 깬 것이 아니라, 일관성이라는 속성에 절묘하게 시간축을 추가함으로써 가용성과 분할허용성을 달성한 것이다. 다시 말하면 블록체인상에서 일관성은 가용성 및 분할허용성과 동시에 만족되지는 않지만, 시간이 흐르면 달성되도록 설계한 것이다. 이를 최종 일관성eventual consistency이라고 하며, 시간이 지나면서 여러 노드에서 유효성을 검증하는 과정을 거쳐 일관성이 완성된다. 이를 달성하기 위해 비트코인은 채굴이라는 개념을 도입하였다. 채굴mining은 작업증명 합의알고리즘에 따라 여러 노드들이 합의 달성을 촉진하는 과정이며, 여러 노드들의 참여에 따라 최종일관성을 완수해나가는 프로세스라고 할 수 있다.

3.4.6 비트코인, 월렛주소와 개인키 생성하기

비트코인Bitcoin은 비트코인bitcoin이라는 암호화폐를 생성하고 사용가능하게 해주는 P2P네트워크, 프로토콜, 소프트웨어의 조합을 일컫는 명칭이다. 즉, 대문자 B로 시작하는 Bitcoin은 알고리즘을 가리키고, 소문자 bitcoin은 암호화폐 비트코인을 가리킨다.

비트코인 프로토콜에서는 디지털화폐의 이중지불문제를 해결하기 위한 방법으로 블록에 모든 트랜잭션을 영구적으로 기록하고 유효성검사와 승인Confirmation메커니즘을 구현하는 방식을 택했다. 이러한 bitcoin 암호화폐의 단위는 다음과 같다.

단위	약어	별칭	BTC 환산 가치
사토시(Satoshi)	SAT	사토시	0.00000001 BTC
마이크로비트 (Microbit)	μBTC(uBTC)	마이크로비트코인 또는 비트	0.000001 BTC
밀리비트(Millibit)	mBTC	밀리비트코인	0.001 BTC
센티비트 (Centibit)	cBTC	센티비트코인	0.01 BTC
데시비트(Decibit)	dBTC	데시비트코인	0.1 BTC
비트코인(Bitcoin)	BTC	비트코인	1 BTC
데카비트 (Decabit)	daBTC	데카비트코인	10 BTC
헥토비트 (Hectobit)	hBTC	헥토비트코인	100 BTC
킬로비트(Kilobit)	kBTC	킬로비트코인	1000 BTC
메가비트 (Megabit)	MBTC	메가비트코인	1000000 BTC

날짜	종가	오픈	고가	저가	거래량	변동 %
2020년 12월 09일	18,196.6	18,322.4	18,371.5	17,658.8	125.55K	-0.71%
2020년 12월 08일	18,326.6	19,170.8	19,288.6	18,229.2	101.41K	-4.40%
2020년 12월 07일	19,170.7	19,368.4	19,424.6	18,908.8	61.98K	-1.08%
2020년 12월 06일	19,379.9	19,146.0	19,417.1	18,873.0	54.56K	1.22%

그림 150. investing.com에서 암호화폐의 실시간 거래상황을 살펴볼 수 있다.

http://gobittest.appspot.com/PrivateKey **실습**

Bitcoin네트워크에서 bitcoin의 소유와 트랜잭션을 통한 값 전송 등을 위해서는 당사자들의 개인키와 공개키 그리고 값을 주고받을 주소가 필요하다. 여기서 개인키는 비트코인의 소유권을 증명하기 위해 디지털서명을 할 때 사용된다. 개인키는 무작위로 선택된 256비트의 수인데, 일반적으로 지갑 임포트 형식(WIF, Wallet Import Format)으로 인코딩되며, WIF를 개인키로 혹은 개인키를 WIF로 변환하는 것이 가능하다.

TP's Go Bitcoin Tests - Private keys

<- Go back.

Wallet import format to private key

[Random]

1 - Wallet import format

5HueCGU8rMjxEXxiPuD5BDku4MkFqeZyd4dZ1jvhTVqvbTLvyTJ [Send]

2 - Converting WIF as Base58 string to byte array

800C28FCA386C7A227600B2FE50B7CAE11EC86D3BF1FBE471BE89827E19D72AA1D507A5B8D

3 - Dropping last 4 checksum bytes

800C28FCA386C7A227600B2FE50B7CAE11EC86D3BF1FBE471BE89827E19D72AA1D

4 - Dropping first byte. This is the private key

0C28FCA386C7A227600B2FE50B7CAE11EC86D3BF1FBE471BE89827E19D72AA1D

[Send]

Private key to wallet import format

Random

1 - Private key

0C28FCA386C7A227600B2FE50B7CAE11EC86D3BF1FBE471BE89827E19D72AA1D

Send

2 - Add 0x80 byte to the front

800C28FCA386C7A227600B2FE50B7CAE11EC86D3BF1FBE471BE89827E19D72AA1D

3 - SHA-256 hash of 2

8147786C4D15106333BF278D71DADAF1079EF2D2440A4DDE37D747DED5403592

4 - SHA-256 hash of 3

507A5B8DFED0FC6FE8801743720CEDEC06AA5C6FCA72B07C49964492FB98A714

5 - First 4 bytes of 4, this is the checksum

507A5B8D

6 - Adding 5 at the end of 2

800C28FCA386C7A227600B2FE50B7CAE11EC86D3BF1FBE471BE89827E19D72AA1D507A5B8D

7 - Base58 encoding of 6

5HueCGU8rMjxEXxiPuD5BDku4MkFqeZyd4dZ1jvhTVqvbTLvyTJ

Send

WIF checksum checking

Random

1 - Wallet import format

5HueCGU8rMjxEXxiPuD5BDku4MkFqeZyd4dZ1jvhTVqvbTLvyTJ   Send

2 - Converting WIF as Base58 string to byte array

800C28FCA386C7A227600B2FE50B7CAE11EC86D3BF1FBE471BE89827E19D72AA1D507A5B8D

3 - Dropping last 4 checksum bytes from 2

800C28FCA386C7A227600B2FE50B7CAE11EC86D3BF1FBE471BE89827E19D72AA1D

4 - SHA-256 hash of 3

8147786C4D15106333BF278D71DADAF1079EF2D2440A4DDE37D747DED5403592

5 - SHA-256 hash of 4

507A5B8DFED0FC6FE8801743720CEDEC06AA5C6FCA72B07C49964492FB98A714

6 - First 4 bytes of 5, this is the calculated checksum

507A5B8D

7 - Take the last 4 bytes of 2, this is the original checksum

507A5B8D

Are 6 and 7 identical? Does 2 start with a 0x80 byte? If so, success!

공개키는 개인키에서 유도된다. 일반 노드들은 오픈된 공개키를 이용해 트랜잭션이 해당 개인키로 서명됐는지 검증할 수 있다. 이 검증과정을 통해 비트코인의 실제 소유권이 입증된다. 공개키의 길이도 256비트이며, 압축형식으로 또는 압축하지 않은 형식으로 나타낼 수 있다. 압축하지 않은 공개키는 16진수 형식이며 접두사로 0×04를 사용한다. 압축형식을 취하면 블록체인에 공개키를 저장하는 공간을 50% 정도 감소시킬 수 있다.

비트코인 주소는 개인키에서 유도된 공개키를 두 번 해싱하여 생성하는데, 해싱은 먼저 SHA-256 알고리즘으로 한 후 RIPEMD-160으로 한 번 더 해싱하여 완성한다. 이렇게 얻은 160비트 해시값의 앞부분에 버전 번호를 붙인 후, 마지막으로 베이스58체크기법[1)]으로 인코딩한다.

1) 베이스58체크는 2ZI1처럼 헷갈릴 수 있는 여러 문자간의 혼동을 피하기 위해 사용되는 방법이다.

www.blockchain.info **주소생성, 개인 월렛 만들기 실습**

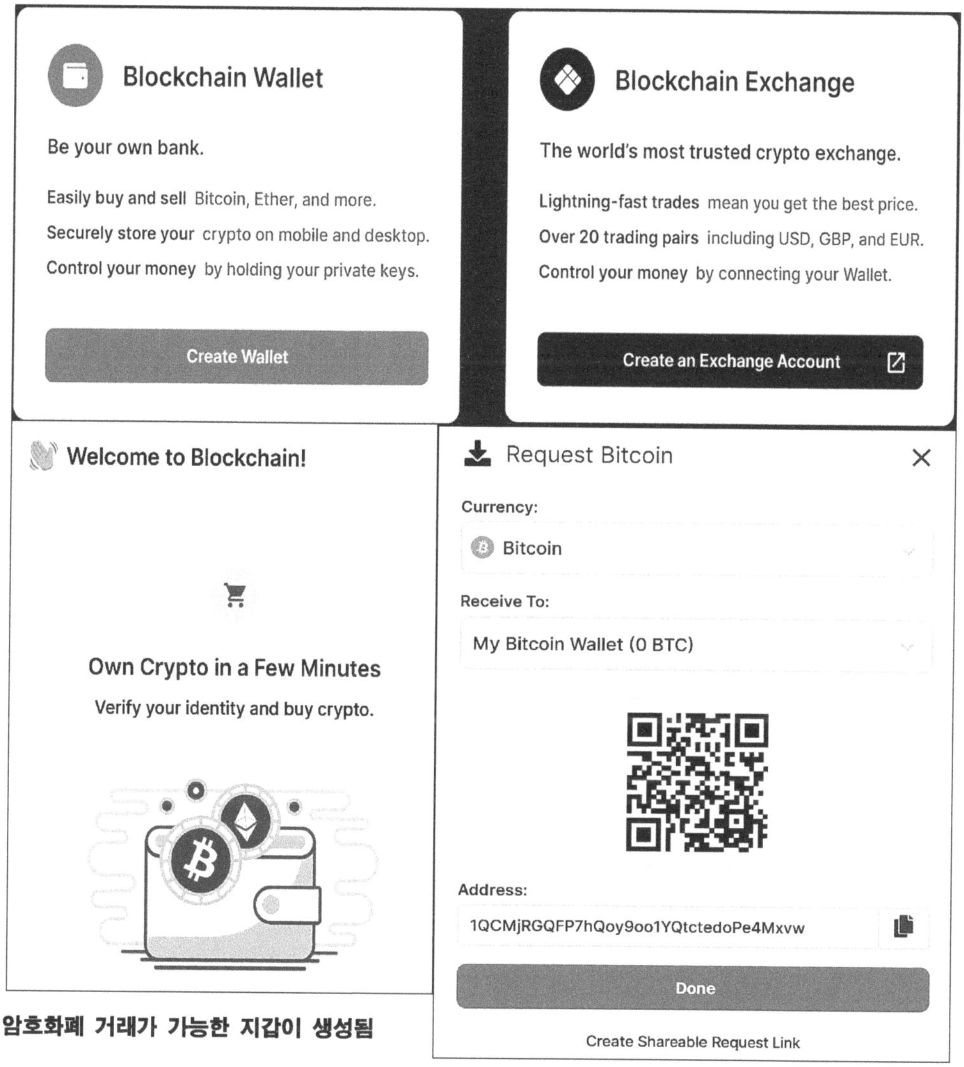

암호화폐 거래가 가능한 지갑이 생성됨

그림 151. 주소, 지갑 만들기

비트코인 주소는 26~35자의 길이이며 숫자 1 또는 3으로 시작한다. 주소는 프라이버시나 보안문제로 인해, 한번만 사용할 것을 권장한다. 그리고 비트코인에는 사람이 읽을 수 있는 메시지를 포함하여 주소를 생성하는 것도 가능하다. 이를 과시용 주소vanity address라고 하는데, 무차별 대입방법 brute-force method을 사용하여 생성한다.

https://bitcoinvanitygen.com/ **과시용 주소생성 실습**

그림 152. 과시용 주소

bitaddress.org **종이지갑 개인키, QR코드 생성 실습**

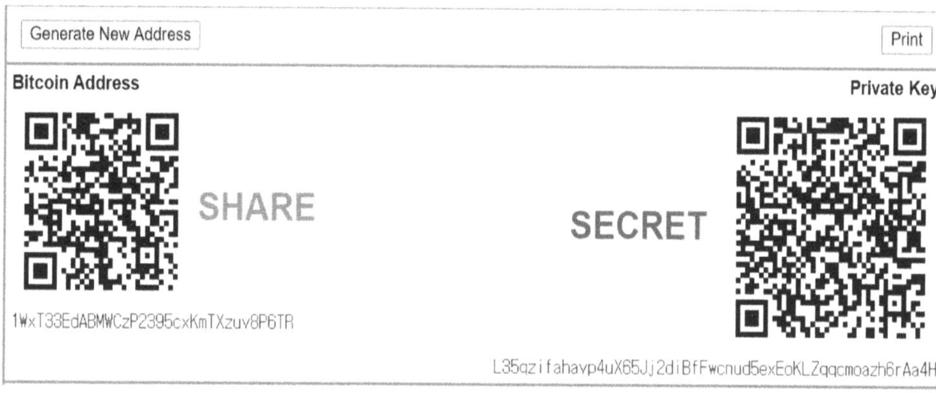

그림 153. 종이지갑, 개인키 QR코드 생성하기

3.5 암호화폐를 넘어, 암호상품의 시대로

3.5.1 이더리움, 블록체인 2.0 시대를 열다

1994년 러시아에서 출생한 천재 프로그래머 비탈릭 부테린(Vitalik Buterin, 1994. 1~)은 아버지가 알려준 비트코인을 접하면서 큰 영향을 받는다. 그는 2011년에 비트코인 매거진을 만들면서 암호화폐에 대해 심취하여, 2012년부터는 본격적으로 새로운 암호화폐 알고리즘인 이더리움 백서를 작성하기 시작했다. 그로부터 2년 후, 부테린은 2014년 스위스에서 이더리움 재단을 설립하여 세계 최초로 ICO(Initial Coin Offring)를 통한 개발자금 펀딩에 성공한다.

그림 154. 비탈릭 부테린 사진출처 : Forbes

비트코인이 금융을 대체하면서 디지털화폐의 기능만 할 수 있었던 것에 비해, 이더리움은 화폐기능에 계약기능까지 더하면서 블록체인 생태계를 활성화시킨 일등공신이다. 이와 같이 이더리움은 거래기록뿐 아니라, 스마트계약 기능을 통해 계약서, 이메일, 전자투표 등 다양한 어플리케이션을 투명하게 운영할 수 있는 확장성을 제공한다. 즉 이더리움은 프로그래밍이 가능한 블록체인 2.0버전인 것이다.

스마트계약이란 if-then의 구조로 계약서를 프로그래밍 해두고 계약조건이 충족되면 제3자의 개입이 없어도 자동으로 계약이 실행되는 규약이다. 즉,

'프로그램(계약관계)'과 '프로그램에 대한 입력데이터'가 기록되며, 이 데이터에 따라 자동적으로 산출될 '프로그램에 대한 출력'도 이력으로 축적된다. 일반적인 프로그램이 어떤 논리로 결과값이 나왔는지 외부에서 모르는 반면, 스마트계약은 '사전에 프로그램이 블록체인상에 공개'되어 모든 피어들이 검증할 수 있다.

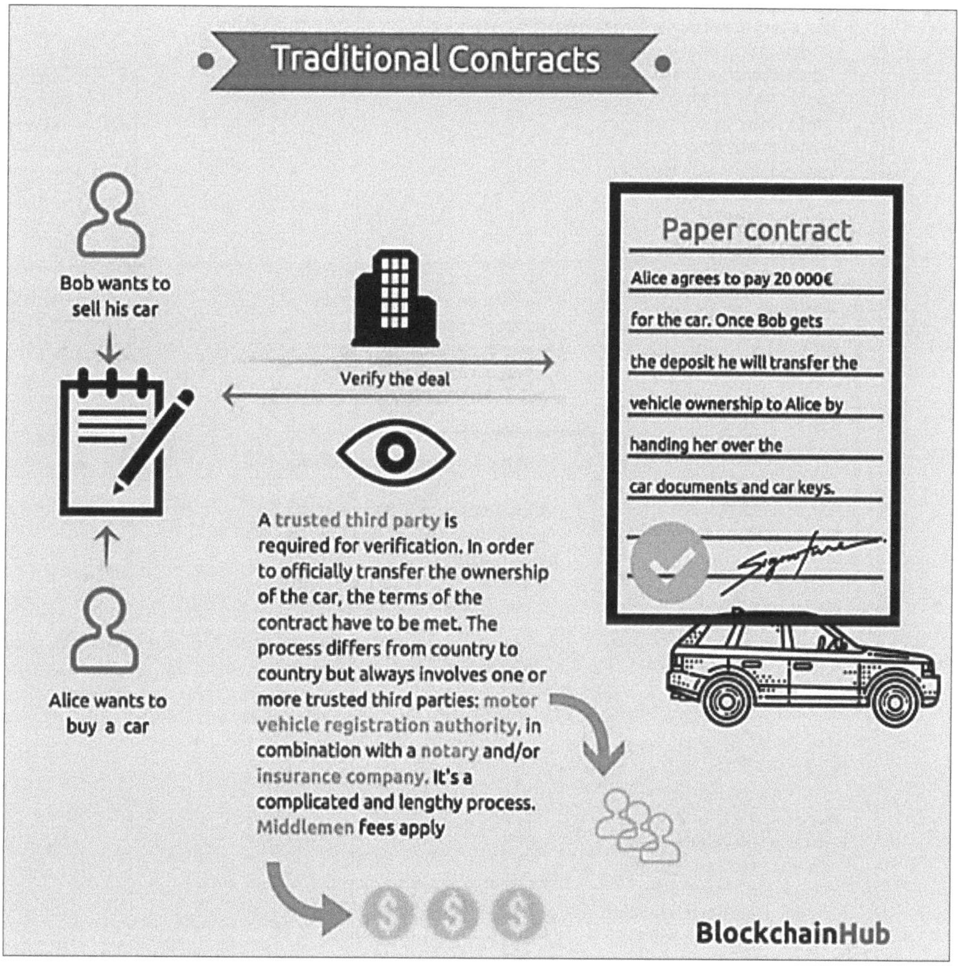

그림 155. 전통적인 계약방식
자료출처 : https://blockchainhub.net/smart-contracts/

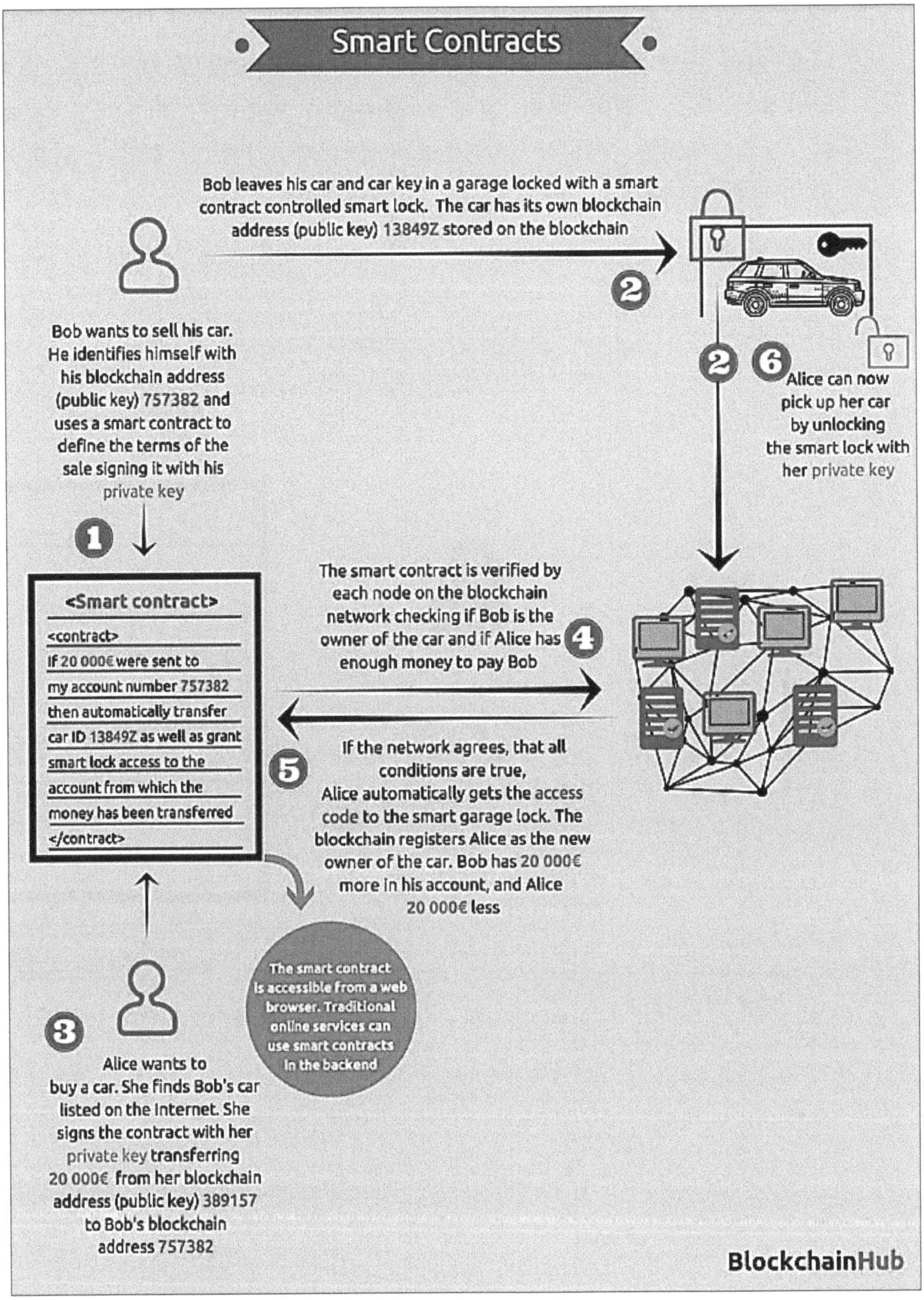

그림 156. 스마트계약 방식
자료출처 : https://blockchainhub.net/smart-contracts/

하지만 블록체인에 탑재된 스마트계약자체의 타당성까지 보증하지는 못하는 한계가 있다. 최초의 '스마트계약'개념은 1994년 닉 사보Nick Szabo가 제안했지만, 그 당시에는 기술적 한계로 인해 구현이 어려웠다. 이더리움은 블록체인계의 안드로이드라고 할 수 있다. 블록체인의 운영체제(OS)역할을 하는 이더리움은 가상머신 EVM(Ethereum Virtual Machine)을 제공하는데, 여기에서 블록체인의 디앱DApp[1])을 만들려는 업체들의 협업이 이루어진다. www.stateofthedapps.com에서 DApp에 관한 다양한 정보를 검색할 수 있다.

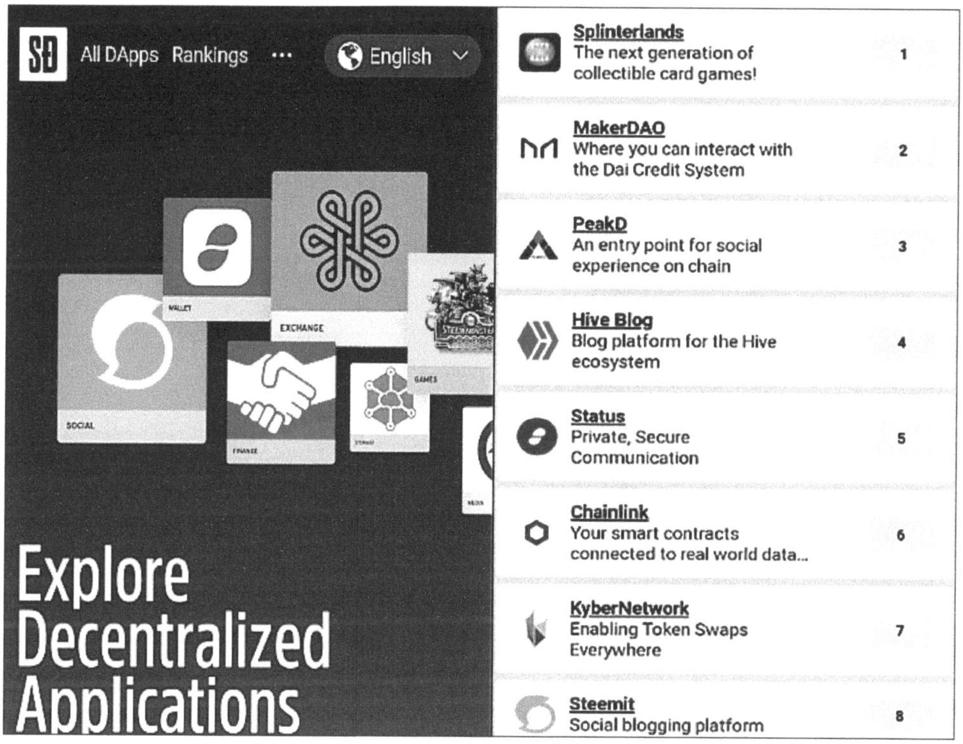

그림 157. 다양한 디앱들

1) DApp : 중앙서버에서 작동하는 것이 아니라, 분산화 되어 있다. 즉 하나의 컴퓨터가 아니라, 컴퓨터들의 P2P네트워크상에서 구동된다. front-end는 기존 앱과 크게 다르지 않지만 Back-end가 다르다.

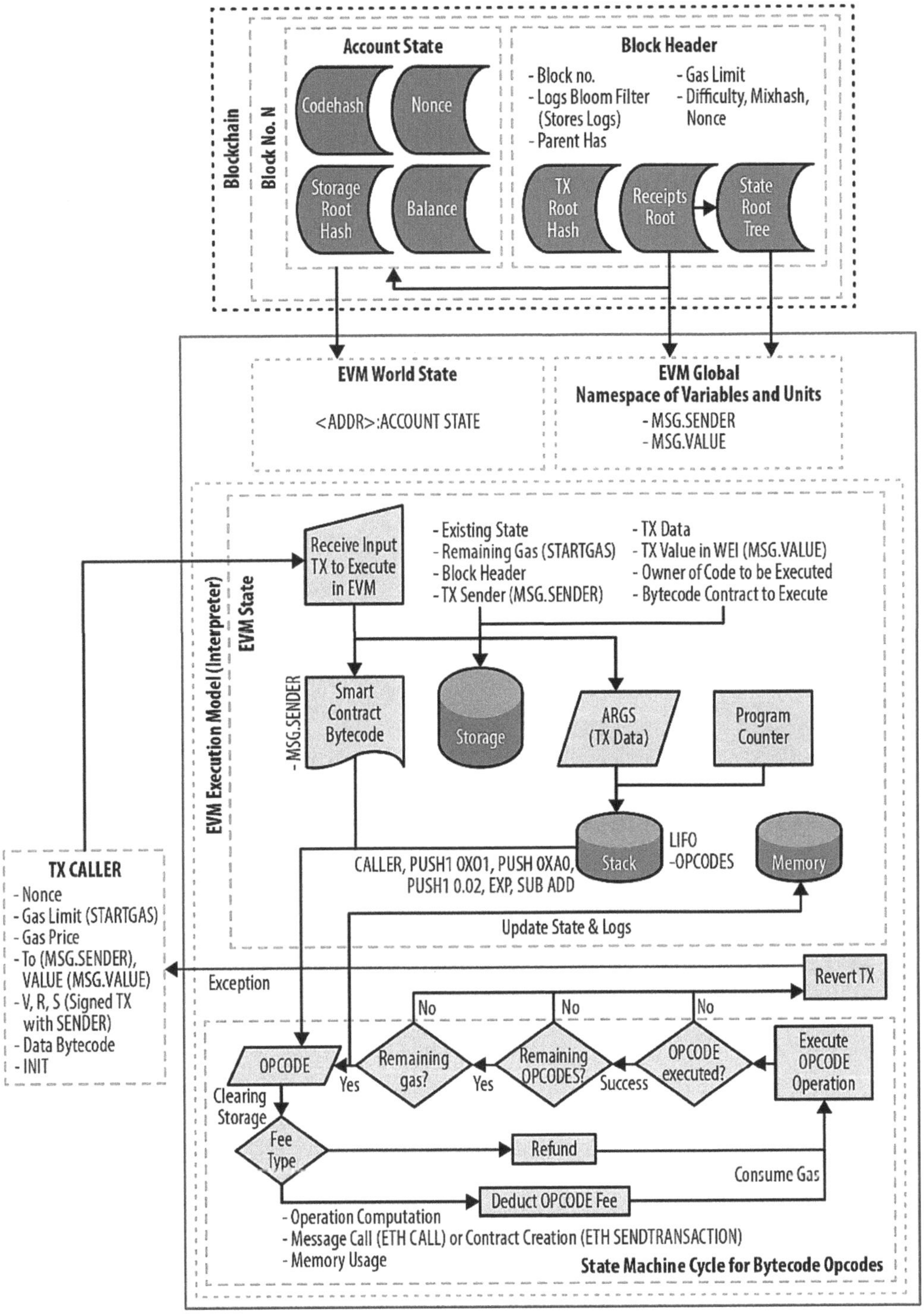

EVM Architecture and Execution Context

그림 158. 이더리움 EVM 개념도

출처 : http://github.com/ethereumbook/ethereumbook/blob/develop/13evm.asciidoc

EVM의 작업은 이더리움 프로토콜에 정의된 대로 스마트계약 코드의 실행 결과 유효한 상태 변화를 계산하여 네트워크 상태를 업데이트 하는 것이다. 가장 상위레벨에 EVM월드상태(EVM World State)가 있는데, 이는 이더리움 주소를 계정(Account)에 매핑 한 것이다. 이더리움 주소는 이더 잔액, 논스, 계정의 스토리지, 계정의 프로그램 코드를 의미한다. 여기서 이더잔액은 주소의 계좌가 소유한 웨이로 저장되며, 계정의 스토리지는 스마트계약에서만 사용하는 영구 데이터 저장소이다. 프로그램 코드도 계정이 스마트계약 일 때만 존재하게 된다.
이더리움으로 인해 촉발된 블록체인 생태계는 알트코인 춘추전국시대를 맞이하며 블록체인 3.0시대를 열었다. 대표적인 알트코인은 다음과 같다.

종 류	특 징
이오스, 에이다, 네오, 퀀텀, NEM	속도, 처리량 개선. 스마트계약 기능뿐 아니라 자율적 의사결정장치(Smart Governance)를 추가하여 3세대 블록체인 플랫폼 추구
스텔라	확장성을 높임
대시, 모네로, Z캐시	보안과 익명성 강화
스팀잇, 비트쉐어, IoTA	용도가 특화되도록 설계

또한 IoT에 특화된 코인인 IoTA는 M2M(Machine-to-Machine)거래에 최적화하기 위해 블록체인 대신 탱글tangle이라는 알고리즘을 개발했다, 탱글은 블록과 체인이 없는 돌연변이 블록체인인데, 사용자가 많아지면 많아질수록 속도가 향상되는 특징이 있다. 이처럼 블록체인 생태계는 공유와 개방과 협업을 통해 새로운 경제시스템을 만들어가고 있다.

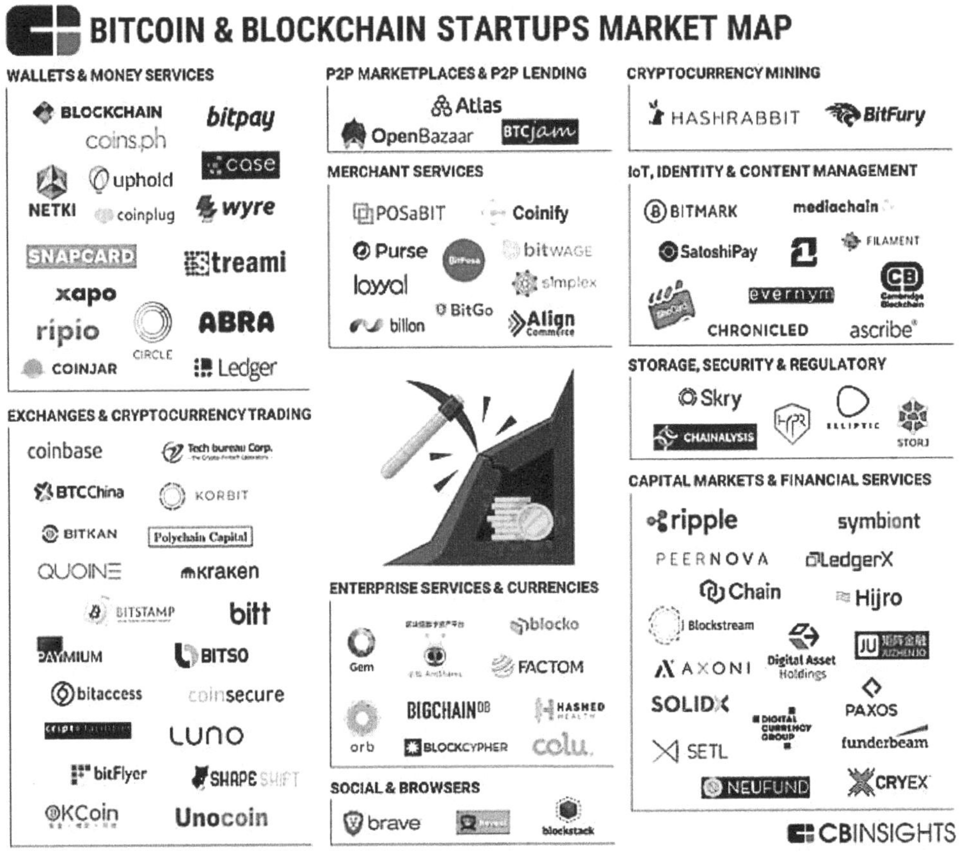

그림 159. 블록체인 기반 스타트업 기업들
그림출처 : cbinsights.com

3.5.2 코인? 토큰?

비트코인, 이더리움, 이오스, 퀀텀과 같은 블록체인 플랫폼이 발행하는 화폐를 코인Coin이라하고, 그러한 플랫폼을 기반으로 개발된 디앱이 발행하는 화폐를 토큰token이라고 한다. 그리고 코인플랫폼들은 토큰 발행기준을 미리 제공한다. 예를 들어 이더리움이나 이더리움에서 파생된 코인을 기반으로 하는 디앱들은 이더리움이 제공하는 토큰기준인 ERC-20 표준을 따르게 된다. 이러한 이유는 디앱개발사 마다 별도의 토큰기준을 만드는 것이 어려울 뿐 아니라, 또 이더(ETH)의 프로그래밍 기준을 따르는 것이 교환, 전송, 지갑사용 등 여러 측면에서 디앱 개발자에게 오히려 유리하기 때문이다.

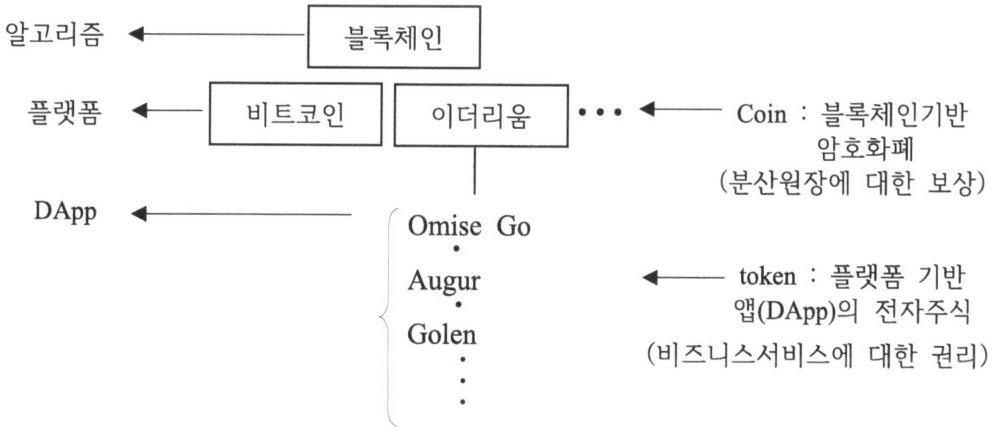

그림 160. 코인과 토큰의 관계

Ⅱ 블록체인 유형

비트코인과 이더리움 등이 만들어가는 블록체인 생태계를 퍼블릭 블록체인public blockchain이라 하는데, 퍼블릭 블록체인에서는 누구에게나 참여와 협업의 기회가 열려있으며 누구나 이 생태계 속에서 사업도 할 수 있고 프로그램 변형도 허용된다. 퍼블릭 블록체인의 정보는 투명하게 공개되며 이런 특징 때문에 비허가형 블록체인permissionless blockchain이라고도 한다. 99%의 혁명인 퍼블릭 블록체인 생태계가 커지자 1%들의 대응도 시작되었다. 그 결과물이 바로 프라이빗 블록체인private blockchain 혹은 허가형 블록체인permissioned blockchain)이다. 프라이빗 블록체인은 노드의 참여자격이 제한되고 권리와 역할도 제한적인 구조로 설계된다. 이는 기존 업무 프로세스에 블록체인 기술을 접목시켜 효율성을 높이고 보안을 강화하고자 하는 목적을 추구한다. 프라이빗 블록체인은 서비스 제공자의 승인을 받아야만 참여 할 수 있고, 승인된 자(또는 기관)만 트랜잭션을 검증하고 거래를 승인 할 수 있다. 승인받은 노드만 참여하므로 속도가 빠르고 효율성도 좋은 장점이 있다. 특히 기업에서 활용도가 높아서 엔터프라이즈 블록체인 enterprise blockchain이라고도 한다.

대표적인 프라이빗 블록체인으로는 코다Corda와 하이퍼레저패브릭Hyper ledger Fablic을 들 수 있다. 코다는 세계최대 블록체인 컨소시엄인 R3(알쓰리)가 자체개발한 블록체인 플랫폼인데 금융회사가 중심이 되어 만든, 금융업에 최적화된 프라이빗 블록체인이다. 하이퍼레저패브릭은 리눅스재단이 주도하고 R3도 부분적으로 참여한 하이퍼레저의 프로젝트 중 하나이며 R3에 비해 범용성이 넓다. 2018년 3월에 나온 하이퍼레저 패브릭은 허가 받은 사용자만 참여 가능한 프라이빗 블록체인이다. R3에서는 데이터를 거래 관련 당사자에게만 전달하지만 하이퍼레저패브릭은 네트워크 내의 다수의 참여자들에게 암호화된 데이터를 전달할 수 있다. 참여 노드들이 프로세스 진행과정의 데이터를 공유해야 하는 물류나 유통부문에서는 R3보다 하이퍼레저패브릭이 적합하다.

이외에도 퍼블릭 블록체인과 프라이빗 블록체인의 한계를 극복하기 위해 이 둘의 장점을 절충한 컨소시엄 블록체인도 나타나고 있다. 현재 산업과 관련한 많은 블록체인이 컨소시엄 블록체인의 형태를 띠고 있다. 최근 홍콩금융청HKMA이 12개의 다국적 은행과 함께 개발한 프로젝트인 이트레이드커넥트eTrade Connect, 중소기업 위주의 무역금융 블록체인 위트레이드 We.Trade, 대기업 중심의 무역금융 블록체인 마르코폴로MarcoPolo 등이 대표적인 컨소시엄 블록체인 방식이다.

그림 161. 블록체인 유형

출처 : sphinxsolution300.wixsite.com

3.5.3 블록체인에서 개인키의 관리문제

블록체인에서 서명키는 키의 소유자가 누구인지는 관여하지 않는다. 사람이 아니라 키로 식별되며 서명키는 '자산'을 나타내는 표식이다. 블록체인은 통제를 위한 중앙기관이 배제된 알고리즘이기 때문에 서명키 분실 같은 위급한 상황 발생시 효력정지절차를 접수하는 기관이 존재하지 않는다. 개인키를 입수한 사람은 누구든 트랜잭션을 실행할 수 있다. 만약 개인키의 유출이 의심된다면 서명키가 불법적으로 사용되기 전에 기존 개인키를 파기하고 새로운 서명키를 생성하여 자신의 자산을 보호해야 한다.

개인키 관리 방법	내 용	비고
소프트웨어에 의한 관리	서명키를 암호화하여 파일형태로 저장장치(HDD, SSD등)에 보관하는 것. 서명키를 사용할 때는 비밀번호 등을 입력하여 암호화된 서명키를 복호화 한다.	서명키를 본인이 관리
디바이스에 의한 관리	서명키를 전용 디바이스에 저장해두고 트랜잭션 시에만 사용함으로써, 서명키를 항시 멀웨어 등의 위험에서 지키려는 방법이다.	
서비스에 의한 관리 (온라인 지갑)	이용자는 온라인지갑서비스에 자신의 서명키를 맡겨두고, 트랜잭션을 생성하기 위해 서명키가 필요할 때마다 온라인지갑서비스 측에서 제공하는 이용자 인증수단(ID, 비밀번호 등)을 통해 접속한다.	서명키 관리를 제3자인 서비스 업체에 위탁

블록체인의 개인키 관리유형

3.5.4 블록체인이 해결해야 할 몇 가지 난제들

‖ 비트코인은 개인의 프라이버시를 보호할 수 있는가?

사토시는 자신의 논문에서 '모든 거래를 공개해도 비트코인 어드레스와 개인의 정보를 분리하기만 하면 프라이버시를 보장할 수 있다'고 주장한다. 그러나 적어도 거래를 한 상대방에게는 비트코인 어드레스와 소유자의 대응관계가 드러날 여지가 있다. 주소를 알면 비트코인 잔고뿐 아니라, 지금까지의 거래이력까지 모두 알 수 있다. 이에 대응하여 믹싱서비스[1]나 다크월렛을 통한 익명성 보장기법도 개발되었지만 일반인이 이용하기엔 한계가 있다.

‖ 암호기술로서의 안정성과 시스템 전체의 안정성 검증이 충분히 이루어 졌는가?

안정성 검증이 충분하지 않다고 해서 현재 블록체인의 안정성이 직접적으로 위협 받고 있다는 것은 아니지만, 블록체인의 설계자체에 '취약성이 없다'는 것이 검증되지 않았기 때문에 운용상의 위험을 항상 염두에 두어야 한다.

‖ 암호기술을 이용한 시스템에서의 운용상의 위험요인은 충분히 검토되었는가?

블록체인에서는 데이터의 무결성을 보증하기 위해 디지털서명을 사용한다. 각 사용자는 개인키(비밀키)와 공개키를 사용하는데 시간의 경과와 함께 공개키에서 개인키를 유추할 가능성이 높아지기 때문에 통상적으로 키페어에는 유효기간이 설정되어 있다. 또한 블록체인에는 키 관리 방법에 관한 운용지침이 없어서 키 관리는 이용자에게 전적으로 위임된 상태이다. 그러나 키뿐만 아니라 해시함수나 디지털서명 등의 암호기술도 시간이 흐르면서 암호의 강도가 약해진다. 이것을 위태화compromise라고 한다. 또한 양자컴퓨터Quantum Computer가 상용화되면 지금의 디지털서명방식은 그 유효성을 잃게 된다. 이에 대한 대응책으로 양자컴퓨터에서도 사용할 수 있는 암호기

1) 복수이용자의 서로 다른 거래를 같은 비트코인어드레스를 통해 중개하여 자금 흐름 추적을 회피하도록 하는 서비스기법

술로 '격자이론에 근거한 암호', '부호이론에 근거한 암호', '해시기반의 암호' 등이 연구 중이지만 이런 암호기술을 블록체인에 적용하는 방안에 대한 검토는 아직 시작되지 않았다.

Ⅱ확장성과 탈중앙화의 상호간 충돌문제는 해결 가능한가?

블록체인 기술을 적용할 때 장부의 처리성능에 관한 사양을 사전에 정해야 한다. 비트코인은 10분간 1MB의 데이터를 기록하는 사양으로 설계되어있다. 이 말은 단위시간당 처리할 수 있는 거래건 수에 제약이 있다는 의미이다. 비트코인의 속도로 처리할 수 있는 거래건수는 1초당 7건 정도인데, Visa카드의 초당 거래가능건수 3,200건과 비교할 때 터무니없이 느린 속도이다. 물론 처리성능을 높이려면 사양을 변경하여 10분간 처리할 수 있는 데이터의 크기를 확대하면 된다. 하지만 그렇게 되면 각 노드들이 보관해야 할 컴퓨팅리소스가 커지게 되고 결과적으로 자금력이 있는 노드만 이용할 수 있게 되므로 네트워크 참가자가 줄어들 것이다. 이 경우 '탈중앙화'라는 취지를 해치게 된다. 나아가 '중앙집권적인 운영자가 불필요'하다는 장점도 함께 사라지게 될 것이다.

이와 같은 문제를 해결하기 위한 블록의 확장 대책의 하나로 '분리된 증거'라는 뜻의 세그윗(SegWit, Segregated Witness) 기술이 제안되었다. 이 기술은 동일한 크기의 블록에 보다 많은 거래를 저장할 수 있는 기술로서 2017년 8월 24일부터 실제 적용되기 시작했다.

서명란	거래내용
1.157249884···	1. 1ga2242bsefyo...... 2. ha1774ma98ee...... 3. ffhk23exjl77kd.....

트랜잭션내에 서명란 자체가 차지하는 부피는 크지만 실제 서명의 크기는 작다. 반면에 거래내용은 빼곡하게 기록되어 있다.

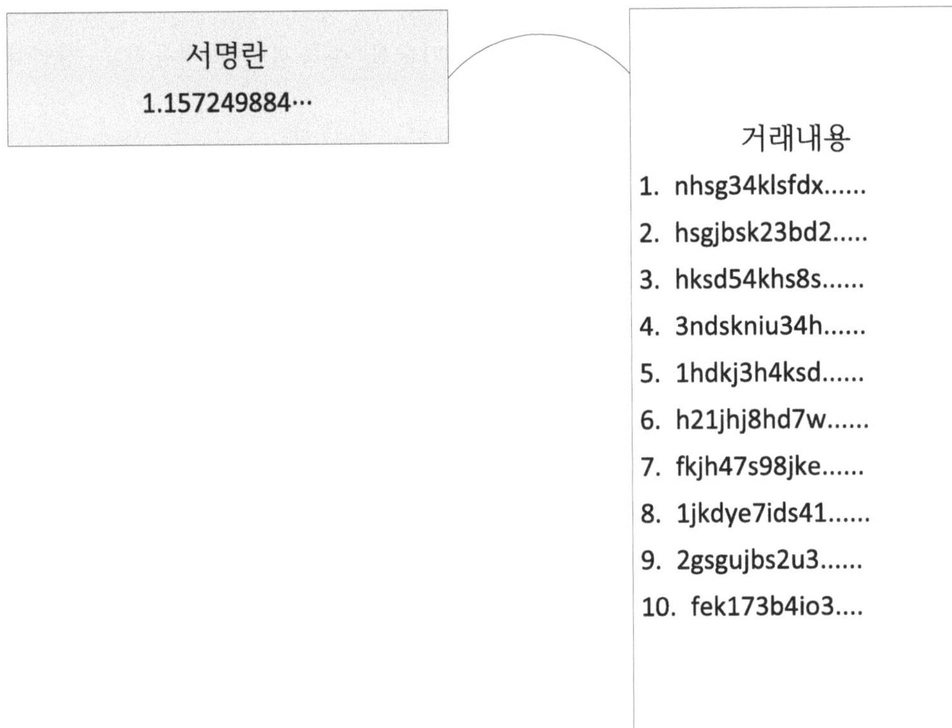

세그윗은 위와 같이 디지털서명부분을 블록에서 따로 Witness라는 영역으로 분리시켜 더 많은 트랜잭션을 처리할 수 있도록 하였다.

세그윗에서는 트랜잭션 데이터에 포함되어 있는 디지털서명영역을 트랜잭션에 포함된 각각의 입출력영역이 아니라 트랜잭션 내에 '증인Witness'이라는 새로운 영역을 확보하여 배치한다. 이 세그윗 기술의 도입으로 디지털서명영역을 트랜잭션에서 분리할 수 있게 되었다.

세그윗은 트랜잭션 입력값에서 디지털서명데이터를 제거함으로써, 더 많은 트랜잭션을 단일블록에 저장할 수 있도록 하였다. 트랜잭션은 입력값과 출력값이라는 두 가지 주 요소로 구성되는데, 입력값에는 전송자의 공개주소가 포함되고 출력값에는 수신자의 공개주소가 포함된다. 이때 전송자는 반드시 전송하려는 자금이 있다는 것을 디지털서명을 통해 증명해야 한다. 서명데이터가 단일블록의 65%까지 차지하는 경우도 있다.

비록 세그윗을 통해 블록의 크기가 달라지지는 않지만, 유효한 블록의 크기가 증가하는 효과를 얻을 수 있다. 그러나 세그윗을 활용한다 하더라도 블록의 유효성 증가효과는 3배 정도 수준에 불과하다. 1초당 30트랜잭션을 넘기 어려운 것이다. 이런 상황에서 블록체인 네트워크 밖에서 결제를 하는 '페이먼트 채널Payment Channel'[1]이나 '라이트닝 네트워크Lightning Network'[2]가 주목을 받고 있다.

‖블록체인을 '무신뢰성에 기반한 신뢰시스템'이라고 하는 것은 올바른 표현인가?

블록체인이 보증하는 것은 거래기록인 트랜잭션의 '시간적 순서의 보존' 즉 '순서변경 불가능성'뿐이다. 그 외에 기록된 내용의 '정당성'에 대해서는 보증하지 않는다. 따라서 블록체인에 기록된 내용 자체가 정당하다는 확인 또는 '신뢰'를 위한 시스템이 별도로 필요하다.

‖작은 계산능력으로 블록체인 전체를 지배하는 '이기적 채굴 Selfish mining'은 해결 가능한 문제인가?

악의적 노드의 계산능력이 전체의 50%보다 작아도 블록의 생성을 제어할 수 있는 방법 중 하나가 '이기적 채굴'이다. 이 방법을 사용하면 전체의 41%의 계산능력만 확보해도 50%이상의 확률로 블록을 생성할 수 있다.

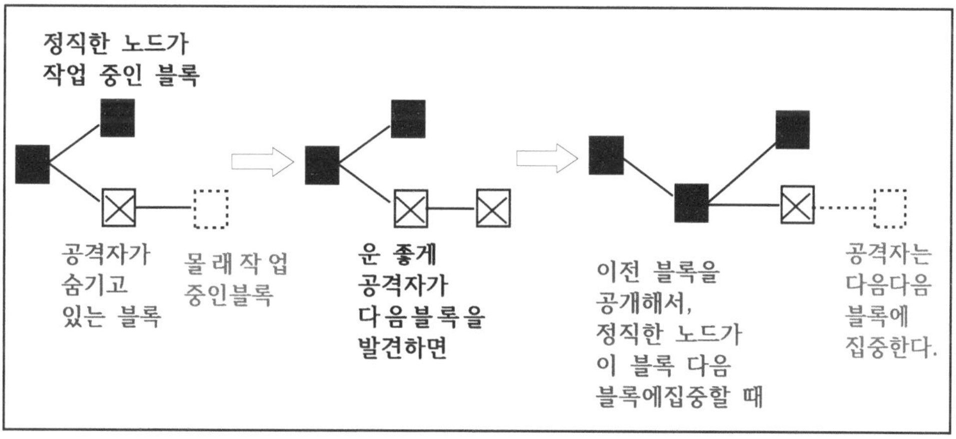

그림 162. 이기적채굴 진행도

1) 페이먼트채널 : 빈번하게 거래가 발생하는 두 거래 당사자 간에 자유롭게 전송 가능한 공탁금을 블록체인 상에 넣어두고 그 금액 한도 내에서 오프체인 결제를 진행하는 방식

2) 라이트닝 네트워크 : 페이먼트 채널의 경우 거래상대의 수만큼 공탁금을 별도로 넣어둬야 한다. 이를 개선하여 블록체인 상에 넣어둔 공탁금의 범위 내에서 복수의 상대와 거래할 수 있도록 하는 방식

이기적 채굴을 하는 악의적 노드는 블록의 채굴에 성공한 다음 바로 네트워크에 알리지 않고 숨겨둔다. 이런 방식으로 다른 정직한 노드가 이전 블록을 채굴하는 사이에 악의적 노드는 다음 블록을 채굴할 수 있다. 이 전략을 취하면 채굴노드가 전체의 약 33% 이상의 계산능력을 가진 경우 실질적으로는 그 이상의 확률로 블록을 생성할 수 있다.
여기서 알 수 있듯이, 특정 블록체인을 지배하는데 필요한 계산능력의 비율은 과반수가 아니라 더 낮은 수치라는 사실을 명심할 필요가 있다.

‖ 패스트 페이먼트Fast Payment에서 일어나는 비트코인의 이중사용 공격은 어떻게 막을 것인가?

생성된 블록이 정당한 블록이라는 사실을 확인하기 위해서는 일반적인 경우 트랜잭션이 기록된 다음 블록이 5개 이상 연결될 때까지 기다려야 하는데, 약 1시간 정도가 소요된다. 이를 해결하기 위해 많은 업체에서 패스트페이먼트 거래를 시행하고 있다. 이 방식에서는 업체가 트랜잭션을 수신하고, 서명의 검증과 지불에 사용된 코인의 미사용이 확인되기만 하면 지불이 완료되었다고 인정해준다. 하지만 패스트페이먼트의 취약성을 이용해 이중지불공격을 할 수가 있다.
공격자는 먼저 패스트페이먼트가 가능한 업체에서 코인을 이용한 다음 지인이나 자신의 계좌로 같은 코인을 송금하고 곧바로 업체가 확인한 거래를 무효화하는 방식으로 이중지불공격을 시도할 수가 있다.
이 경우 패스트페이먼트 결제를 수용한 업체가 이중거래의 위험을 감당할 수밖에 없는 상황이다.

‖ 비트코인의 암호기술은 언제까지나 안전할 것인가?

블록체인이 세상에 처음 모습을 드러낸 당시에는 안전한 암호기술이었다 하더라도 시간이 지나면 모든 암호기술은 점점 취약점을 드러낼 것이고 이에 대한 공격도 가능해질 것이다. 비트코인이 채택한 SHA-256은 입력된 데이터에 대해 256비트로 고정된 길이의 해시값을 생성한다. 해시함수 SHA-256은 2030년 이후에도 사용가능할 것으로 예상되지만, 비트코인의 신규 발행과 화폐사용은 그 이후로도 계속될 것이다. 이렇게 블록체인을 장기적으로 운용하다보면 언젠가는 디지털서명방식이나 해시함수에 대한 공격도 현실화 될 수 있다.

또한 트랜잭션의 디지털서명방식이 취약하면 공격자가 서명키를 유추해낼 가능성이 있다. 이런 사태가 발생하기 전에 새로운 서명방식으로 바꾸거나 서명키를 변경하는 등의 대책을 세울 필요가 있다.

3.5.5 블록체인, 4차 산업혁명과 마주하다

중요한 거래를 하거나 물건을 구매할 때 우리는 거래의 무결성을 어떻게 보장 받을 수 있을까? 서류가 위조되었거나 물건에 하자가 있다면 큰 손해를 볼 수도 있다. 특히 코로나19 팬데믹 이후 비대면 서비스가 일상이 되면서 보안성과 신뢰성은 더욱 중요한 문제가 되었다. 이는 기업의 입장에서도 반드시 해결해야 할 과제이다.

"어떻게 하면 소비자의 신뢰를 얻을 수 있는가?"

최근 이 해답을 블록체인에서 찾고자 하는 기업이 늘어나고 있다. 제품생산을 위한 최초 원재료 구매 과정부터 제품이 소비자의 손에 도착 할 때까지의 모든 과정을 블록체인 네트워크에 기록하여 투명하게 공개하는 유통관리 시스템을 적용하는 방식이다.
현지에서 원재료를 구입한 후 가공, 유통, 판매되기까지의 모든 과정이 단계마다 검증을 거쳐 데이터로 블록에 저장되고 제품마다 고유ID가 생성되도록 하는 것이다. 소비자가 제품 구매 시 QR코드를 스캔하면 제품에 대한 정보와 모든 생산 이력을 파악 할 수 있다. 이렇게 세분화 된, 전 과정에 걸친 다중검증으로 생성된 정보의 신뢰도는 단일검증보다 높을 것이다. 이것이 블록체인을 통한 공급망 관리 및 위조방지기술이다.

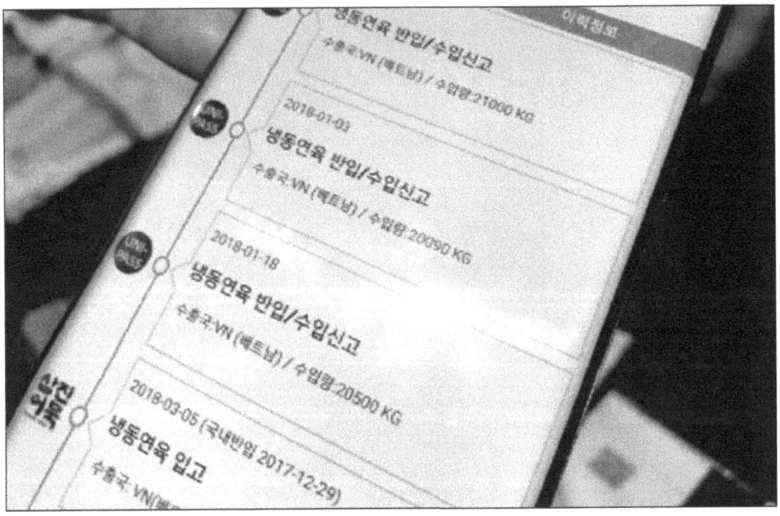

그림 163. 삼진어묵의 블록체인 유통관리이력시스템. 어묵포장지의 QR코드를 통해 어묵에 사용된 생선의 어획단계부터 진열대에 오르기까지의 이력을 확인할 수 있다.

사물인터넷 또한 블록체인 기술의 수혜자이다. IoT네트워크의 최대약점은 해킹위험이 높고 그 피해범위가 광범위하고 치명적이라는 점이다.

실제로 달리는 자동차를 해킹하여 핸들과 브레이크를 조작한다던지, 출입문의 잠금장치를 해제하는 등 IoT 전 영역에서 해킹을 통한 기기조작이 가능하다. 심지어 IoT로 연결된 심장박동기도 해커가 외부에서 조종 가능한 것으로 드러났다. 이는 IoT기술 상용화에 심각한 위협요인이다. 블록체인 기술은 IoT의 이런 치명적인 약점을 상당부분 보완할 것으로 기대된다.

블록체인의 최대 강점은 암호화된 분산원장기술로써 데이터의 진본성 유지와 위변조 방지기능이 뛰어나다는 점이다. 블록체인의 스마트계약 기능을 통해 IoT기기가 특정요구조건을 충족할 때에만 작동하도록 한다면 IoT네트워크의 확장성, 보안성, 데이터 처리속도 등에서 안정성 확보와 함께 비용절감 효과까지 가능 할 것이다. 특히 앞으로 IoT네트워크에 연결되는 기기의 수가 폭발적으로 늘어날수록 블록체인 기술은 진가를 발휘 할 것이다.

정보가 블록체인 네트워크로 분산되어 있고 암호화되어 공유되는 상황에서 네트워크 보안을 뚫는 것은 불가능에 가깝다. 또한 중앙집중식 네트워크 사용시 단일지점 장애에도 전체 네트워크를 사용 할 수 없는 위험에 노출되지만, P2P기반의 분산형 네트워크 시스템인 블록체인은 특정지점의 장애에도 불구하고 나머지 IoT네트워크를 위험으로부터 보호 할 수 있다.

이런 강력한 장점으로 인해 블록체인 기술은 인공지능, 사물인터넷, 스마트팩토리, 유통망관리 등 산업 전 영역으로 적용범위가 확장되며 4차 산업혁명시대에 디지털 초융합의 핵심역할을 담당하게 될 것이다.

글을 마무리하며……

지금 우리는 여태껏 겪어보지 못한 미래와 마주하고 있다.

그 변화의 중심에 인공지능과 블록체인이 있다. 새로운 기술이 주도하는 4차 산업혁명시대에는 생산하고 판매해서 돈을 버는 것이 아니라, 연결하고 융합하는 방식으로 부를 창조하게 될 것이다. 또한 블록체인은 우리를 암호화폐를 넘어 암호상품의 시대로 이끌어 줄 것이다. 클라우드 가상머신에 자신의 취향과 사이즈를 입력하면 주문한 상품의 해시값이 지갑주소로 발송될 것이다. 소비자는 가까운 스튜디오 공방으로 가서 전송받은 해시값을 3D 프린트에 입력하면 실물상품이 출력되고, 그와 동시에 블록체인의 스마트계약을 통한 결제가 이루어지는 방식이 일상화 될 것이다. 머지않아 인공지능이 탑재된 3D 프린트가 늘어선 형태의 마이크로 팩토리가 지금의 편의점처럼 도시 곳곳에 들어서는 풍경과 마주할 것이다. 이제 인터넷을 넘어 인터클라우드로 융합되는 세상이 오고 있다. 변화의 방향성을 정확히 읽을 수 있어야 승자의 자리에 오를 수 있다.

우리는 여전히 미래를 알 수 없지만, 한 걸음씩 미래를 향해 발을 내딛고 있다. 지금 글을 마무리하는 이 순간에도 신기술과 이론이 쏟아져 나오고 있다. 최대한 독자들이 현장감을 느낄 수 있도록 집필하고자 최선을 다했으나 모두 담아내지 못했다는 아쉬움이 남는다. 내일 우리는 또 다른 미래와 조우 할 것이다. 모든 것이 매일 진화하는 지금, 우리도 매일 진화하여야 한다. 이 작은 책 한 권이 독자들의 거대한 도약에 도움이 될 수 있다면 더 없이 기쁘겠다.

그림 찾아보기

Reference

1. 제4차 산업혁명, 클라우스 슈밥, 새로운 현재, 2017
2. 4차 산업혁명의 충격, 클라우스 슈밥 외26인, 흐름출판사, 2017
3. 우리는 어떤 미래를 원하는가, 박성원, 이새, 2017
4. 초예측 부의미래, 유발 하라리 외4인, 2020
5. 스캔들 세계사, 이주은, 파피에, 2017
6. 인간은 필요없다, 제리카플란, 한스미디어, 2018
7. 죽음이란 무엇인가, 셜리 케이건, 엘도라도, 2014
8. 호모데우스, 유발하라리, 김영사, 2017
9. 디지털혁명 4.0, 조원경, 로크미디어, 2018
10. 역사의 역사, 유시민, 돌베개, 2018
11. 세계경제포럼, <일자리의 미래>보고서, 2016
12. 5년후 당신의 일자리가 사라진다, 강규일, 책들의 정원, 2019
13. 코로나 이후의 세계, 제이슨 셍커, 미디어숲, 2020
14. 4차 산업혁명에서 살아남기, 김대식, 창비, 2018
15. 4차 산업혁명 이야기, 강병구, 키출판사, 2018
16. 코로나19 이후의 미래, 이경상, 중원문화, 2020
17. 파스칼의 인간연구, 미키 기요시, 도서출판b, 2017
18. 빅데이터 컴퓨팅 기술, 박두순 외 5인, 한빛아카데미, 2014
19. 4차 인간, 이미숙 외1인, 한빛비즈, 2020
20. 프리에이전트의 시대, 다니엘 핑크, 에코리브르, 2004
21. 외로워지는 사람들, 셰리터클, 청림출판, 2012
22. IT빅4, 코쿠보 시게노부, 세종연구원, 2018
23. 인공지능시대 우리 아이 뭐 먹고살지, 최창기, 나무와 바다, 2018
24. 모두의 딥러닝, 조태호, 길벗, 2020
25. 처음 배우는 인공지능, 다다사토시, 한빛미디어, 2020
26. 의료인공지능 최윤섭, 클라우드나인, 2018
27. 노동의 종말, 제레미 리프킨, 민음사, 2005
28. 로숨의 유니버셜 로봇, 카렐 차페크, 모비딕, 2015
29. 부의미래, 앨빈토플러, 청림출판, 2006,
30. 3D프린팅을 위한 바이오 잉크 개발동향, 이배훈, 2017
31. 로봇과 함께 살기, 폴 뒤무셸, 희담, 2019
32. 블록체인 트랜드 2020, 커넥팅랩, 비즈니스북, 2019
33. 블록체인의 미해결문제, 이현욱, 한스미디어, 2018
34. 알기쉬운 블록체인, 쉬밍싱 외2인, 북스타, 2018
35. 블록체인으로 무엇을 할 수 있는가, 김용태, 연암사, 2018
36. 블록체인 완전정복, 임란 바쉬르, 에이콘, 2019

37. 혁신적인 일자리를 위한 블록체인, 정동원, 북랩, 2019
38. 블록체인 혁명 2030, 박영숙 외2인, 교보문고, 2019
39. Doucerr, Syil Attack, 2002
40. Aspnes, Exposing Computationally-Challenged Byzantine Impostors, 2005
41. Vannever Bush, As we may think, 1945
42.http://www.hani.co.kr/arti/international/international_general/446564.html#csidx80404fd5aa4df66b6c94f62adcbfe3e
43.https://expressedtounfold.wordpress.com/2020/06/19/xenobot/
44.https://www.how2shout.com/what-is/what-is-turing-test-and-it-used-for.html
45.https://www.slideshare.net/jbhuang/lecture-29-convolutional-neural-networks-computer-vision-spring2015
46.https://en.wikipedia.org/wiki/Perceptron
47.https://medium.com/@encodebox/auto-encoder-in-biology-9264da118b83
48.http://jepilia.org/journal/view.php?viewtype=pubreader&number=3#!po=33.8710
49.https://commons.m.wikimedia.org/wiki/
50.2019 UNESCO International Centre for Documentary Heritage
51.http://www.senate.gov/artandhistory/art/artifact/Ga_Cartoon/Ga_cartoon_38_00392.htm
52.https://bitcoin.org/bitcoin.pdf
53.https://sketchplanations.com/the-two-generals-problem
54.https://academy.horizen.io/technology/advanced/attacks-on-blockchain/
55.https://www.comparitech.com
56.https://freecontent.manning.com/cryptographic-hashes-and-bitcoin/
57.https://slideplayer.com/slide/9400105/
58.https://micobo.medium.com/april-2018-3f575ef0cb31
59.https://medium.com/@blockchain101/confirmation-times-stale-blocks-reverse-transaction-double-spending-and-the-51-attack-in-simple-bd65a32d32b3
60.https://www.blockchain.com/charts/n-orphaned-blocks
61.https://www.spatialsource.com.au/surveying/sweden-plans-to-adopt-blockchain-for-land-transactions
62.https://7altcoins.com/academy/blockchain-development-and-programming-tutorial-for-beginners/
63.https://www.cbinsights.com/research/what-is-blockchain-technology/
64.https://steemit.com/blockchain/@aigents/proof-of-reputation-as-liquid-democracy-for-blockchain
65.https://affidaty.io/blog/en/2019/08/blockchain-proof-of-authority-poa/

66.https://www.stackchief.com/blog/CAP%20Theorem%20Explained
67.http://gobittest.appspot.com/PrivateKey
68.www.blockchain.info
69.https://bitcoinvanitygen.com/
70.https://blockchainhub.net/smart-contracts/
71.http://github.com/ethereumbook/ethereumbook/blob/develop/13evm.asciidoc

찾아보기 Index

■ **저자소개**

하용만

– 전) 동의대학교 데이터정보학과 부교수
– 현) West Visayas State University 특임교수

장종욱

– 현) 동의대학교 ICT공과대학 컴퓨터공학과 교수

우리 곁에 온 미래 **4차 산업혁명**

인　쇄 : 2021년 3월 5일
발　행 : 2021년 3월 10일
저　자 : 하용만 · 장종욱
발행처 : 도서출판 한산
서울시 서대문구 수색로6길 43번지 105-602호
TEL : (02)304-3504 FAX : (02)304-3505
발행인 : 김 기 영
등록번호 : 제 10-1745 호
ISBN : 979-11-87555-35-3 93560

정가. 18,000원